재미있는 생화학

BIOCHEMISTRY

재미있는 생화학

이호재 · 김나현 · 배지현 · 윤기남
조남철 · 최성희 · 한인화

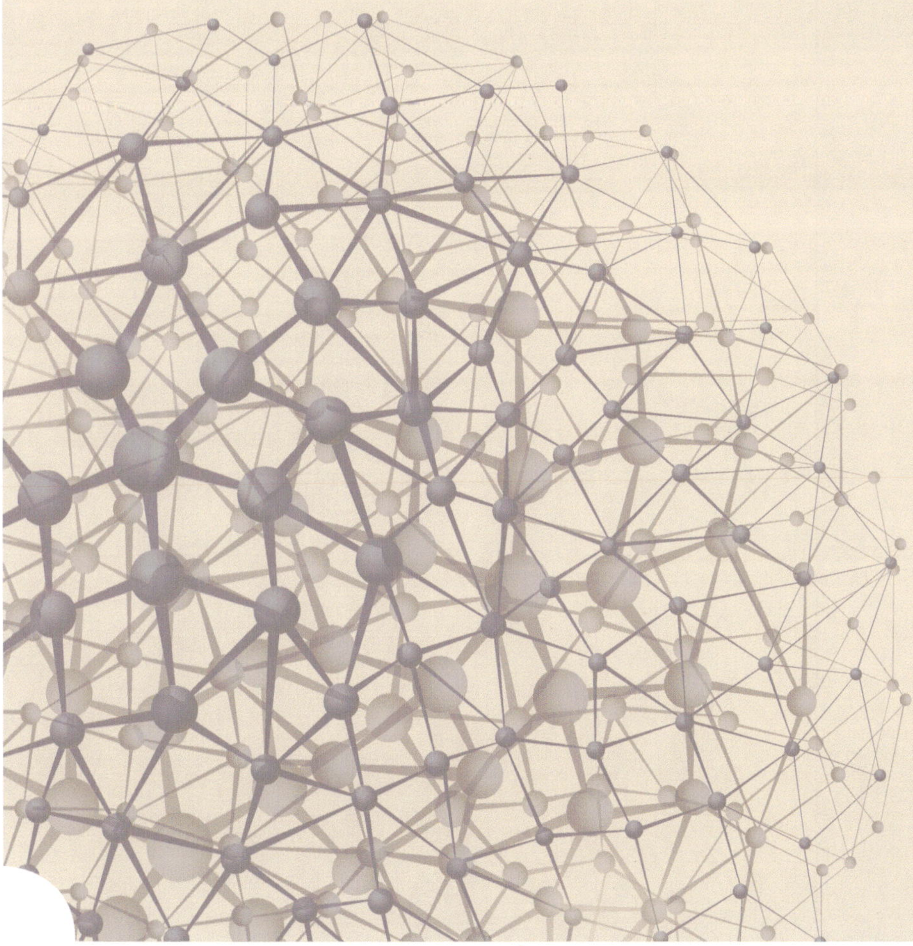

수학사

머리말

생화학은 '생명현상의 본질을 화학적으로 연구하는 학문'이다. 이러한 사실만으로도 얼마나 다이내믹한 학문인가? 생명현상을 다룬다는 의미에서 흥미롭고 그것을 화학적으로 다룬다는 의미에서 다분히 과학적이니 말이다. 이 정의를 통해서 연상할 수 있듯이 생화학은 식품학, 영양학, 임상병리학, 의학, 약학, 간호학, 보건학, 자연과학, 농학 등 생물체를 다루거나 그와 연관된 많은 학문분야에서 매우 중요하게 다루고 있는 과목이다.

그러나 생명체를 구성하고 있는 물질은 그 종류가 다양하고 이름도 생소하며 이와 관련된 화학반응이 매우 복잡하게 얽혀 있어 이를 제대로 이해하기 위해서는 종합적인 사고를 필요로 한다. 그러므로 '생명현상을 다룬다'는 기발하고도 재미있는 소재에도 불구하고 생화학이 어려운 과목으로 인식되어 온 것이 사실이다.

필자는 오랫동안 생화학을 강의해 오면서 이 학문을 처음 접하는 사람들에게 생화학의 진가를 보다 쉽게 전달할 수 있는 교재의 필요성을 절실히 느낀 바 있다. 이 책은 생화학을 다루는 관련 학과 학생은 물론 화학적 지식이 부족한 학생들도 최소한의 화학적 지식으로 생화학의 기초를 쉽게 이해하고 응용할 수 있도록 핵심 내용을 간략화하고 가능한 쉬운 용어를 사용하였으며, 그림과 도표를 많이 사용하여 내용의 이해에 도움이 될 수 있도록 하였다.

이 책의 집필을 위하여 저자진은 그동안의 강의 경험과 수집해온 자료를 바탕으로 여러 차례의 토의과정을 거쳐 원고를 완성하였으나 다소 미진한 부분이 있을 것으로 생각한다. 향후 기회가 있을 때마다 주변의 충고를 겸허하게 받아들여 더욱 좋은 교재로 거듭날 것을 다짐한다.

끝으로 함께 원고를 정리해 주신 집필진 교수님들과 출간을 위해 애써주신 수학사 이영호 사장님을 비롯한 직원들께 깊은 감사를 드린다.

2013년 여름

저자대표 이호재

차 례

6 아미노산과 단백질

7 핵산과 유전정보

8 효소

9 생체에너지론

10 탄수화물대사

11 전자전달계와 산화적 인산화반응

부록

1
생화학이란 어떤 학문인가

1. 생명의 본질과 생화학

2. 생체의 기본단위 세포

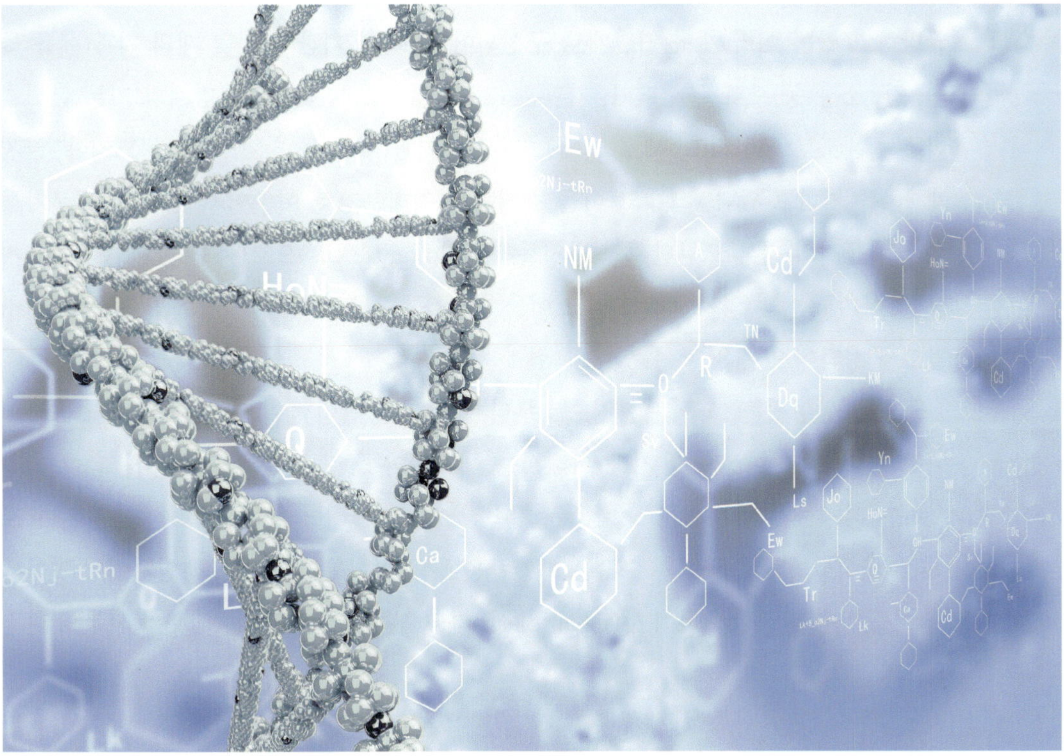

1. 생명의 본질과 생화학

생명체와 무생명체의 구분은 어디에서 비롯되는가?

생명체인 인간은 스스로 존재의 근원에 대한 의문을 품고 꾸준히 이에 대한 해답을 추구해 왔다. 생화학은 이러한 의문을 풀기 위한 노력들을 체계화시킨 학문으로서 '생명현상의 본질을 화학적으로 연구하는 학문'이라고 정의할 수 있다.

1) 생명체의 특성

"생명체란 무엇이라고 생각하는가?"

이와 같은 질문에 즉각 대답하기란 그리 쉽지만은 않을 것이다. 하지만 무생명체와 비교하여 생명체만의 특성을 찾아보면 어떨까?

아마도 조금 전보다는 답하기에 약간의 수월함을 느낄 수 있을 것이다. 예를 들어, 바윗덩이와 여러분 자신을 비교해 보기로 하자.

먼저 생명체인 자신은 무생명체인 바윗덩이에 비하여 매우 복잡하게 생겼지만 또 자세히 들여다보면 어떠한 규칙에 의하여 상당히 조직적이고 체계적인 구성을 이루고 있음을 발견할 수 있을 것이다. 예를 들어, 생명체인 사람을 들여다 보면 특정한 기능을 담당하고 있는 여러 개의 기관계로 구성되어 있고 이 기관계는 몇 개의 기관(예를 들면, 간, 소장 등)으로 구성되며, 기관은 조직으로, 조직은 다시 생명체의 기본 단위를 이루는 세포로 구성되고, 세포 안에는 작은 소기관(예를 들면, 핵, 미토콘드리아, 골지체 등)을 지니고 있다. 그리고 이들 소기관은 거대분자로 이루어져 있고, 거대분자들은 생체물질의 기본 교환단위인 빌딩블록(building blocks)으로(예를 들면, 단당류, 지방산, 아미노산 및 염기 등), 그리고 이들 빌딩블록은 불과 몇 가지밖에 되지 않는 원소들로 구성되어 있음을 알 수 있다(그림 1-1).

둘째로 생명체는 그들의 환경으로부터 에너지를 받아들이고 활용하는 능력을 지니고 있다. 생명현상의 유지를 위해서는 에너지와 물질이 공급되어야 하고 이를 활용하는 과정에서 발생되는 노폐물을 지속적으로 제거해야 한다. 이러한 과정은 효소(enzyme)에 의해 촉매되는 수많은 화학반응에 의해 이루어지는데, 생명체에서 일어나는 이들 반응을 종합하여 대사(metabolism)라고 부른다. 생명체는 내부와 외부의 환경

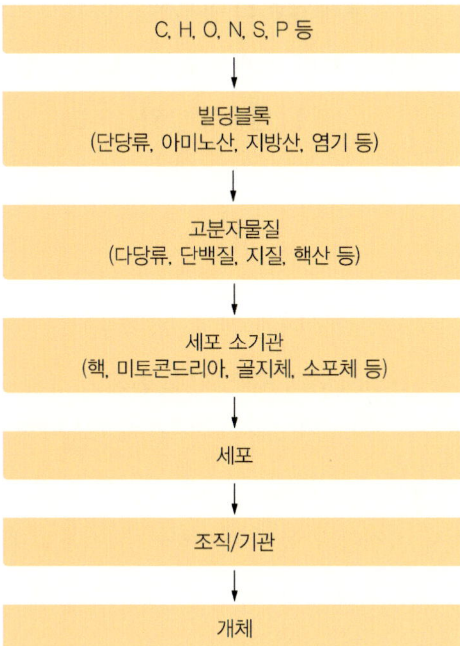

그림 1-1 생명체의 구성체계

이 변화될 때에도 이러한 대사과정을 일정하게 조절하는 능력을 지니고 있는데, 이를 항상성(homeostasis)이라고 한다.

셋째, 바윗덩이와 자신을 구분하는 가장 큰 차이점이라고 한다면 생명체인 사람에게는 정보를 운용하는 능력이 있다는 것이다. 생명체를 구성하고 있는 하드웨어적인 생체물질을 유지 보수하고 생산하는 것은 물론이고 이들 조직과 기관을 운용하는 소프트웨어적인 부분을 가동하는 것은 정교하고 정확한 정보에 따라 이루어진다. 이들 유전정보는 핵산물질(DNA 및 RNA)에 의해 저장되고 운용된다. 이들 유전정보에 따라 아미노산 배열이 결정되고 단백질이 만들어지는데, 이러한 유전정보의 전달과정은 매우 복잡하다. 유전정보는 생명체의 구조와 기능에 대한 정보가 한 세대에서 다음 세대로 전달되는 방법이기도 하다.

우리는 이제부터 "생명체의 본질", 다시 말해서 "살아있는 상태란 무엇인가?"라는 의문에 대한 해답을 찾기 위해서 여러 가지 측면으로 생명체를 해부하고 분석해 볼 것이다. 이러한 과정에 있어서 무엇보다 중요한 것은 자신이 가고 있는 길의 현재 위치를 정확하게 인식하고 있어야 한다는 것이다. 숲 안에 들어가면 나무만 보이고 숲 전체의 모습을 망각하기 쉽다. 탄수화물에 대하여 공부하든 단백질에 대하여 살펴보든 그 배움의 목적은 생명현상의 본질을 보다 자세히 들여다보기 위함이며, 또 이러한 현상들과 독자 각자의 전공 학문과는 어떠한 연관성이 있는지를 찾아보기 위함임을 잊지 말아야 할 것이다.

앞으로 생화학을 보다 쉽게 이해하기 위하여 크게 3가지 분야로 나누어서 이 과목을 공부하게 될 것이다.

첫째는 생명체 구성성분들의 화학구조와 그들의 생물학적 기능 사이의 관계를 연구하는 구조화학(structural chemistry)적 측면이며, 둘째는 생체에서 일어나는 화학반응들을 총체적으로 연구하는 대사과정(metabolism)으로서 생체에 필요한 에너지가 만들어지고 이용되는 과정 등이 포함된다. 셋째는 생물학적 정보를 저장하고 전달할 때 일어나는 화학반응으로서 이러한 반응에 관여하는 화학물질에는 어떤 것들이 관여하고 이들을 통한 생체 내 정보의 운용체계는 어떻게 구성되어 있는지를 살펴보는 분자유전학적 측면(molecular genetics)이다.

2) 생명체의 구성

생명현상을 이해하기 위해서는 먼저 생명체를 구성하고 있는 물질 및 그 구성체계에 대하여 이해하는 것이 필요하다. 아무리 복잡한 생명체라 하더라도 그것을 구성하고 있는 성분은 매우 간단한데, 원소 수준에서 보면 탄소(C), 수소(H), 산소(O), 질소(N), 황(S), 인(P) 등과 그 외 미량으로 존재하는 원소들로 되어 있다. 다시 말해서, 무생물을 구성하는 원소가 역시 생명체를 구성하기도 한다는 이야기인데, 인간은 죽어서 흙으로 돌아간다는 말이 헛된 소리는 아닌 것이다. 특히, 눈여겨 볼 것은 자연계에 존재하는 100여 종의 원소 중에서도 생체를 구성하는 주된 원소는 불과 20여 종 정도밖에 되지 않는다는 것이다. 생명체의 종류에 따라 약간의 차이가 있기는 하지만 인체의 경우를 살펴보면 표 1-1과 같은 원소들로 구성되어 있다.

표 1-1에서 보듯이 탄소, 산소, 수소, 질소가 인체의 구성 원소 중 약 96%를 차지하며 그 외 원소들은 미량으로 존재한다.

그렇게도 생각이 복잡하고 생긴 것도 올망졸망 복잡한 사람들이 불과 4가지 정도의 주요 원소로 구성되어 있다니 참으로 놀랍지 않은가?

표 1-1 인체의 원소 조성

원소	%	원소	%	원소	%
산소(O)	65%	황(S)	0.25%	구리(Cu)	0.00013%
탄소(C)	18%	나트륨(Na)	0.15%	요오드(I)	0.00004%
수소(H)	10%	염소(Cl)	0.15%	코발트(Co)	미량
질소(N)	3%	마그네슘(Mg)	0.15%	아연(Zn)	미량
칼슘(Ca)	2%	철(Fe)	0.004%	규소(Si)	미량
인(P)	1.1%	망간(Mn)	0.00015%		

이 기적 같은 사실은 인체를 구성하고 있는 물질이 체계적이고 질서 있는 조직화를 이루고 있지 않다면 불가능한 일이다. 앞으로 생명체에서 물질교환의 기본단위가 되는 빌딩블록들에 대해서 배우게 될 것이다. 모래알이 모여서 시멘트 벽돌이 되고 이것을 이용해 건축물을 완성하듯이 빌딩블록들은 생명체를 만드는 작은 단위체가 되는 물질이라고 생각하면 된다.

한편, 생체 내의 주요 원소 못지않게 중요한 역할을 하는 것이 미량원소들이다. 벽돌은 모래와 자갈이 주요 재료로 되어 있는 물건이지만 시멘트가 있어야 단단한 형체를 이루지 않겠는가? 미량의 무기원소들은 주로 세포막의 투과성 조절이나 효소의 활성화, 삼투압 조절 및 완충작용 등 생명현상을 유지하는 데 있어서 없어서는 안 되는 중요한 여러 가지 기능을 담당하고 있다(표 1-2).

표 1-2 인체 내 주요 미량원소와 그 기능

구분	기능
나트륨(Na)	체액의 주요 양이온으로 삼투압 유지, 효소의 활성화, 신경 흥분전도, 원형질 막의 투과성 유지에 관여
칼륨(K)	세포액의 주요 양이온으로 신경과 근육의 기능 조절에 관여
칼슘(Ca)	뼈와 치아의 성분, 혈액의 응고, 근육수축, 신경자극 전달에 관여
인(P)	핵산, 인지질의 성분, 에너지 대사에 관여
마그네슘(Mg)	뼈와 엽록소의 구성성분이며 신경과 근육의 기능 조절에 관여
철(Fe)	헤모글로빈과 사이토크롬의 성분, 산화환원효소로서 에너지대사 및 엽록소 형성에 관여
황(S)	단백질의 성분, 효소의 활성화에 관여
요오드(I)	갑상선호르몬의 성분
망간(Mn)	헤모글로빈의 합성, 효소의 활성화에 관여
염소(Cl)	체액의 주요 음이온으로 삼투압 조절에 관여
코발트(Co)	헤모글로빈의 합성에 관여, 비타민 B_{12}의 성분

2. 생체의 기본단위 세포

세포(cell)는 생명체를 구성하는 기본단위이며 생명활동이 진행되는 최소의 단위체이다. 세포는 막에 의해 둘러싸인 명확한 형태의 핵을 지니는 진핵세포(eukaryotic cell)와 원시 핵을 지니는 원핵세포(prokaryotic cell)로 나뉘는데, 여기에서는 진핵세포의 구조와 기능을 중심으로 살펴보고자 한다. 세포는 일정한 형태를 지니고 있으며 각각의 특정한 기능을 담당하고 있는 세포 소기관(organelle)이라 부르는 구성체를 포함하고 있다(그림 1-2).

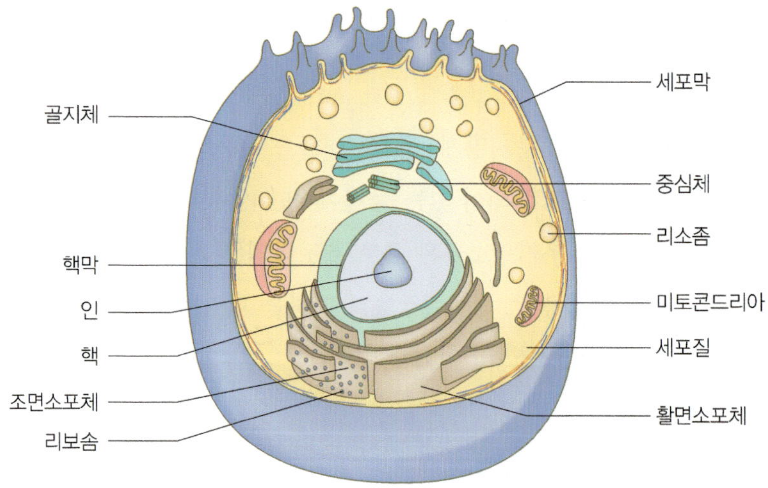

그림 1-2 진핵세포의 구조

1) 세포막(생체막)

세포막(cell membrane)은 세포의 외각을 둘러싸고 다른 부위와 구분되게 하는, 즉 경계가 되는 구조물이다. 세포막의 구조에 대해서는 제5장 지질 편에서 자세히 다루겠지만 두 개의 인지질층(이중 층)과 단백질로 구성된 이중막구조를 하고 있다. 세포막은 질기고 단단하여 생체방어기능을 담당하며, 세포의 내부와 외부 간의 물질교류(이온, 영양분, 노폐물), 정보의 전달(자극의 인식 및 전달, 세포 간의 통신, 호르몬 수용) 등의 기능을 담당한다.

2) 세포질

세포질(cytoplasm)은 세포막에 의해 둘러싸인 세포 내 공간으로서 세포의 수용성 부분인 사이토졸(cytosol)과 세포 소기관들로 이루어져 있다. 세포질은 해당과정, 지방산의 생합성 등 대사가 진행되는 곳이므로 반응에 필요한 효소와 대사물질들을 많이 함유하고 있다.

3) 핵

진핵세포의 핵(nucleus)은 보통 5~10 μg 정도의 크기로 구형 또는 타원형이며 세포의 중앙에 위치하고 핵막으로 둘러싸여 있다. 핵에는 유전정보를 저장하고 있는 DNA를 함유하고 있으며 DNA 복제, RNA 합성 및 NAD^+ 합성 등이 이곳에서 진행된다.

(1) 핵막

핵막도 다른 생체막과 동일하게 이중막구조를 하고 있으며 곳곳에 지름이 50~100 nm 정도의 구멍(핵공)을 지니고 있다. 핵공은 핵질과 세포질과의 물질교환이 이루어지는 통로역할을 한다.

(2) 인

보통 1개의 핵 속에 1개가 존재하지만 세포에 따라서는 여러 개가 있는 것도 있다. 인(nucleolus)의 기능은 리보솜의 성분인 rRNA를 합성하는 장소로서 여기에서 만들어진 rRNA는 핵공을 통하여 세포질로 내보내져 단백질 합성에 관여하게 된다.

(3) 염색사

염색사는 DNA와 히스톤 단백질로 되어 있으며 세포분열 시 염색체(chromosome)가 되는 물질이다. 세포의 총 DNA를 게놈(genome)이라고 하며 하나하나의 유전정보를 조절하는 개별적 단위체를 유전자(gene)라고 한다.

4) 소포체

소포체(endoplasmic reticulum)는 세포 내 곳곳에 그물을 친 듯한 구조를 하고 있는 막 구조물로서 세포막과 핵막에 연결되어 있다. 소포체는 그 표면에 작은 알갱이 모양을 한 리보솜이 붙어 있는 조면소포체와 이것이 없는 활면소포체 두 종류가 있다. 조면소포체는 리보솜에서 합성된 단백질을 전달받아 저장하거나 이를 수송하는 역할을 담당하며 활면소포체는 지방, 인지질, 스테로이드 화합물 등의 합성과 수송 등에 관여한다.

5) 미토콘드리아

미토콘드리아(mitochondria)는 타원형 또는 막대 모양의 세포기관으로 그 크기는 0.2~5 μm 정도이다. 세포의 활동이 활발한 경우에는 수백에서 수천 개까지를 포함하는 경우도 있다. 미토콘드리아의 외곽은 내막과 외막으로 된 이중막으로 되어 있고 내막은 안쪽에 구불구불하게 돌출하여 주름살 모양을 형성하고 있다(그림 1-3). 이 부분을 크리스테(cristae)라고 칭하는데, 크리스테막에는 전자전달계 효소들과 ATP(생체에너지물질) 합성효소가 존재한다. 미토콘드리아는 산소호흡, 즉 TCA회로라고 불리는 대사과정과 전자전달계의 장소로서의 기능을 담당하고 있다. 간략하게 말하자면, 미토콘드리아는 세포 내에서 세포의 활동에 필요한 에너지를 생산, 공급하는 장소, 즉 생명체의 '발전소' 역할을 담당하고 있는 세포 소기관이라고 말할 수 있다.

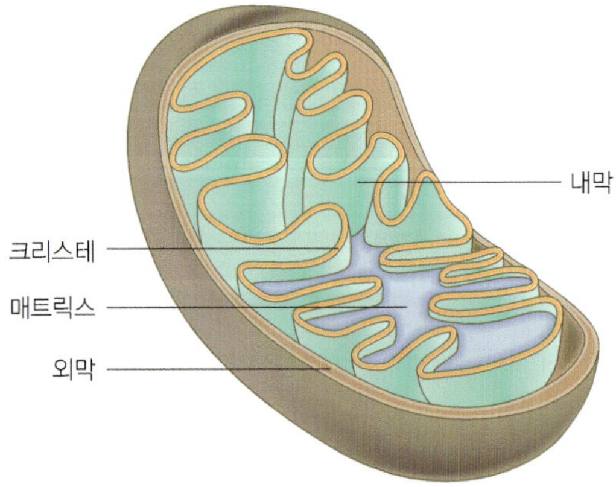

그림 1-3 미토콘드리아를 절단한 3차 구조

6) 리보솜

리보솜(ribosome)은 RNA와 단백질로 되어 있다. 리보솜은 단백질 합성장소로서 단백질 합성을 위한 정보가 mRNA에 전사되어 나오면 이 정보에 따라서 tRNA가 운반한 아미노산을 재료로 하여 단백질이 합성된다. 리보솜은 크기가 다른 두 소단위로 구성되어 있는데, 원핵세포 리보솜(70S)은 50S와 30S 소단위로, 진핵세포 리보솜(80S)은 60S와 40S 소단위로 각각 구성되어 있다.

7) 골지체

골지체(golgi aparatus)는 납작한 주머니 모양을 하고 있으며 동물의 분비세포에 특히 발달되어 있다. 골지체의 주요 기능은 물질을 저장하였다가 분비하는 기능이다. 조면소포체의 리보솜에서 생성된 단백질은 골지체에 저장되어 있다가 필요시 소포체를 통해 분비과립 형태로 방출되거나 단백질에 탄수화물을 결합시켜 당단백질을 만든 후 분비 주머니에 담아 세포 밖으로 방출되기도 한다.

8) 리소좀

리소좀(lysosome)에는 탄수화물, 단백질, 지질 등을 분해하는 가수분해효소가 함유되어 있다. 리소좀은 세포 밖에서 유입된 이물질을 분해하거나, 손상되거나 수명을 다한 세포성분을 분해하는 작용을 한다.

9) 퍼옥시좀

퍼옥시좀(peroxysome)은 과산화물을 분해하는 효소를 지니고 있는 막 구조물이다. 세포는 대사과정에서 과산화물을 만들어 내는데, 이들은 세포에 독성을 나타내므로 생성되는 대로 분해시켜 없애야 한다. 퍼옥시좀에 함유되어 있는 카탈레이스(catalase)는 과산화수소(H_2O_2)를 물과 산소로 분해하여 제거하는 역할을 한다.

$$2H_2O_2 \longrightarrow 2H_2O + O_2$$

10) 엽록체

엽록체(chloroplast)는 녹색식물에 존재하며 비교적 큰 입자 모양을 한 세포기관이다. 엽록체의 외곽은 이중막으로 싸여 있어 세포질과 경계를 이루고 있다. 이 속에는 틸라코이드(thylakoid disk)라는 납작한 주머니 모양이 층 모양으로 쌓인 그라나(granum)를 이루고 있고 막 안쪽에는 스트로마(stroma)라고 하는 기질로 채워져 있다. 틸라코이드의 표면에는 광합성에 필요한 엽록소와 효소가 붙어 있어서 빛을 화학에너지로 바꾸어 ATP를 생산하며 스트로마는 탄소를 고정하여 포도당이나 녹말을 합성한다.

연습문제

❶ 생화학은 무엇을 하는 학문인가?

❷ 생체를 구성하는 주요 원소는 무엇인가?

❸ 생체물질의 기본 교환단위를 부르는 이름은 무엇인가?

❹ 에너지를 생성하는 세포 소기관은 무엇인가?

❺ 원핵세포와 진핵세포의 주요 차이점은 무엇인가?

정답

1. 생명현상의 본질을 화학적으로 연구하는 학문이다.
2. 탄소(C), 수소(H), 산소(O), 질소(N) 및 칼슘(Ca), 인(P), 황(S) 등
3. 단당류, 아미노산, 지방산 등의 빌딩블록(building blocks)
4. 미토콘드리아
5. 진핵세포는 막으로 둘러싸인 진정한 핵이 있으나 원핵세포는 핵막이 존재하지 않아 핵물질들이 세포질 내에 분산되어 있다.

2
기초화학의 지식

1. 생체를 구성하는 원소
2. 원자, 이온 및 분자
3. 화학결합과 분자 모델
4. 동위원소
5. 유기화합물
6. 탄화수소와 작용기
7. 이성질체
8. 입체이성질체
9. 광학활성체
10. 생체분자의 결합

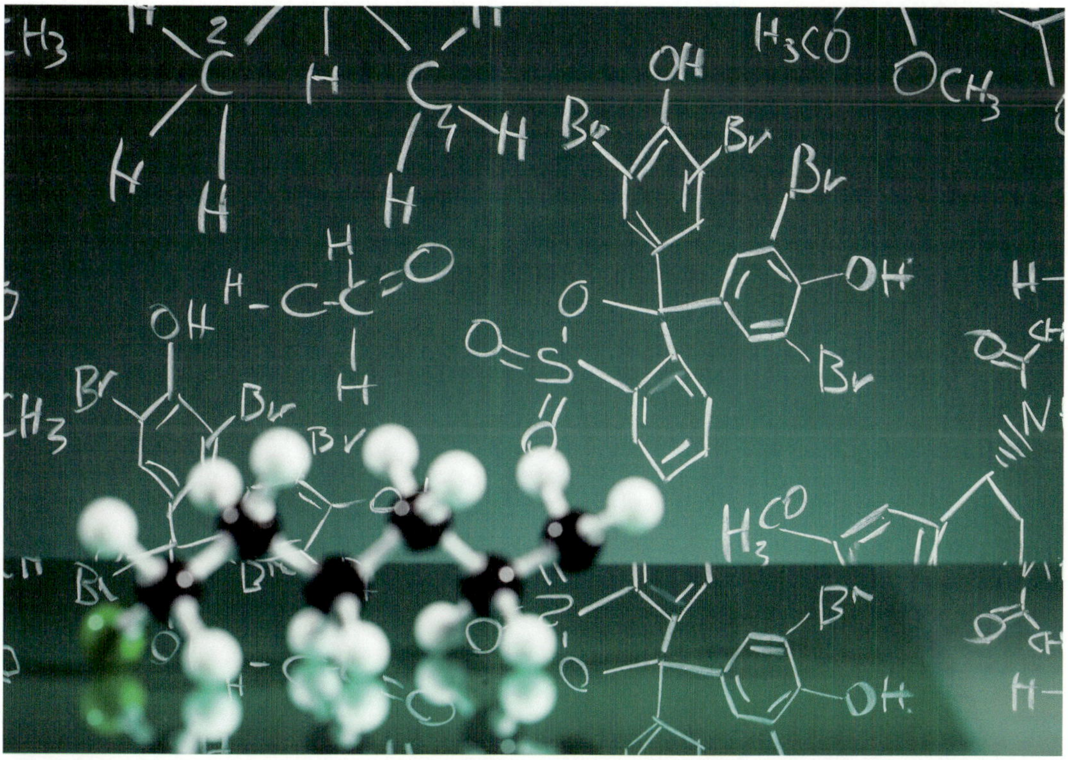

생명체는 탄소를 포함하고 있는 유기물질이다. 그래서 본 장에서는 화학의 기초지식과 함께 유기화학의 기초적인 문제들을 다루어 앞으로 다루게 될 생명체 안에 있는 유기물질의 구조와 그들의 반응을 이해하는 데 도움을 주고자 한다. 생체가 그 구성물질을 표현하는 데 있어서 탄소를 이용하고 있다는 사실은 매우 큰 의미가 있다. 탄소를 중심으로 한 유기화합물의 특성을 간단히 살펴봄으로써 생명체의 오묘함을 유기화학적 측면에서 살펴보기 바란다. 이러한 특성들은 생체에 있는 작은 분자들뿐만 아니라 단백질, 핵산, 세포막과 같은 고분자물질 또는 거대분자들의 구조와 기능을 결정하는 데 극히 중요하게 이바지한다. 그러므로 이러한 상호작용의 본질을 이해하는 것은 앞으로 생명체 안에서 진행되고 있는 여러 가지 현상들을 이해하는 데 있어 많은 도움이 될 것이다.

1. 생체를 구성하는 원소

세포를 구성하고 있는 원소는 자연계에 존재하는 수많은 원소 중에서 단지 27개 원소로만 구성되어 있다(표 2-1). 그중에서도 탄소(C : carbon), 수소(H : hydrogen), 산소(O : oxygene), 질소(N : nitrogen)의 4가지 주요 원소가 세포질량의 95% 이상을 차지하고 있다.

세포를 구성하는 4가지 주요 원소들은 소량의 인(P)과 황(S) 등의 원소와 함께 아미노산, 단백질, 당질, 지질, 핵산 등의 여러 가지 생물학적 기능에 필요한 생체분자를 구성한다.

이들 이외에도 세포에는 칼슘(Ca), 인(P), 나트륨(Na), 칼륨(K), 황(S), 염소(Cl), 마그네슘(Mg) 등의 원소들이 구성성분으로 존재하고 이들을 무기질(mineral)이라 한다. 또한, 이들 중에는 이온상태로 존재하기도 하는데, 전해질 균형과 신경자극의 전달에 필요하며 효소의 활성을 위해서도 필요하다. 그 밖에도 무기질 중 극히 미량으로 존재하면서 특별한 작용을 하는 원소가 포함되어 있는데, 이들을 미량원소(trace element)라 한다.

표 2-1 생물체를 구성하는 원소

생체분자 구성원소	이온형으로 존재하는 원소	미량원소	
탄소(C)	나트륨(Na)	철(Fe)	니켈(Ni)
수소(H)	칼륨(K)	구리(Cu)	크롬(Cr)
질소(N)	마그네슘(Mg)	아연(Zn)	불소(F)
산소(O)	칼슘(Ca)	망간(Mn)	셀렌(Se)
인(P)	염소(Cl)	코발트(Co)	실리콘(Si)
황(S)		요오드(I)	주석(Sn)
		몰리브덴(Mo)	붕소(B)
		바나듐(V)	비소(As)

2. 원자, 이온 및 분자

원자(atom)는 원소의 성질을 나타내는 가장 작은 단위이다. 모든 원자는 원자핵에 양전하(positive)를 띠는 양성자(proton)와 전하를 갖지 않는 중성자(neutron)로 구성되어 있다. 또한, 핵 주위를 음전하(negative)를 갖는 전자(electron)들이 빠르게 돌고 있고 원자가 가진 전자의 수는 원자핵의 양성자 수와 동일하다. 그러므로 양전하와 음전하의 균형으로 인해 같은 수의 양성자와 전자를 갖는 원자는 전기적으로 중성(전하가 없다)을 나타낸다.

각각의 원소는 원자의 핵이 갖는 양성자 수로 원자번호(atomic number)를 갖는다. 예를 들어, 양성자 1개를 갖는 수소는 원자번호가 1이며, 양성자가 6개인 탄소는 원자번호가 6이다(그림 2-1). 원자핵의 양성자 수와 중성자 수를 더한 값을 그 원소의 질량 수(mass number)라고 한다. 탄소는 양성자(6개)와 중성자(6개)를 더한 12가 질량수이다.

전자는 일정 에너지를 얻으면 원자로부터 방출될 수 있다. 원자가 전자를 잃으면 양(+)으로 하전되어 양이온(cation)이 되고, 원자가 전자를 얻어서 음(-)으로 하전되면 음이온(anion)이 된다.

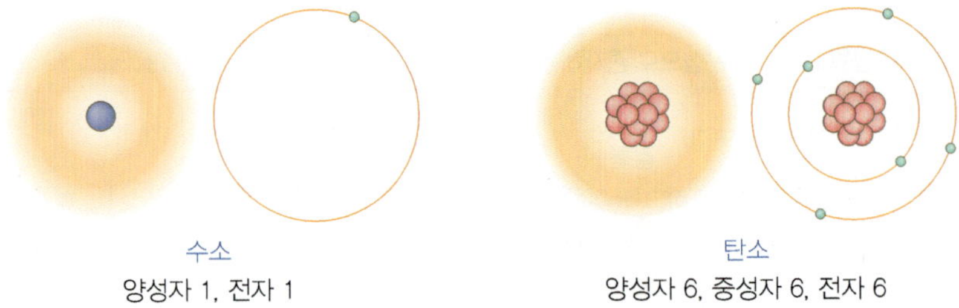

그림 2-1 **수소와 탄소의 원자 모형**

3. 화학결합과 분자 모델

분자(molecular)는 단순히 화학결합에 의해 연결된 같은 또는 다른 종류의 원소 둘 이상으로 이루어진다. 분자는 화학적 조성을 원소기호를 이용하여 나타낼 수 있는데, 메테인(CH_4)은 탄소(C) 원자 하나에 수소(H) 원자 네 개가 결합한 것을 나타낸다(그림 2-2). 이러한 원소기호의 조합을 분자식(molecular formula)이라 하며, 분자 내에서 원자들이 각각 결합하고 있는 것을 표시한 것을 구조식(structural formula)이라고 한다(그림 2-2).

분자식과 구조식을 통합하여 화학식(chemical formula)이라고 한다.

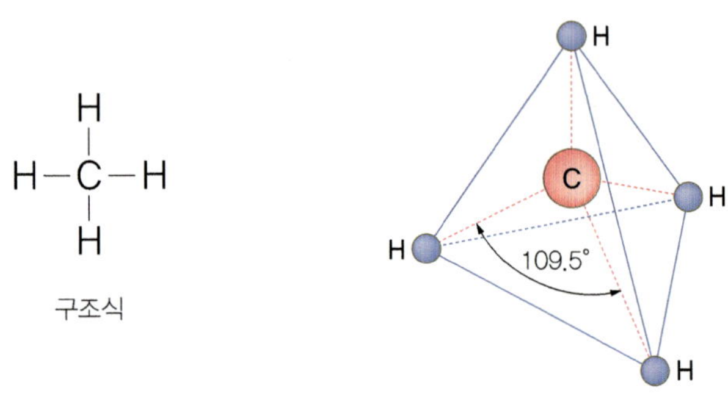

그림 2-2 **메테인(CH_4)의 화학구조**

4. 동위원소

핵 속에 같은 수의 양성자를 갖는 원소가 다른 수의 중성자를 갖는 형태로 존재할 수 있다. 즉, 원자번호는 같지만 질량 수가 다른 원자를 동위원소(isotope)라고 한다. 동위원소는 화학적 성질이 거의 동일하기 때문에 다양한 생물대사 연구에 트레이서(tracer)로서 활용되기도 한다. 그러한 예로 ^{125}I, ^{131}I, ^{51}Cr, ^{99}mTc, ^{59}Fe 등이 있다.

5. 유기화합물

탄소원소를 포함하는 화합물을 유기화합물이라고 한다. 대부분의 유기화합물은 탄소원자로 된 사슬이나 고리를 가지고 있다. 생명체를 유지하거나 또는 재생시키는 데 사용되는 유기물질을 생체분자라 부르는데, 이들 고형성분의 원소 구성은 네 가지 원소, 즉 탄소(C), 수소(H), 산소(O), 질소(N)가 주가 된다. 탄소원소는 혼성궤도함수를 형성하여 다양한 형태의 결합이 가능하기 때문이다. 따라서 탄소원소는 산소, 질소, 수소 및 다른 탄소 등의 다양한 원소들과 공유결합이 가능하여 특정한 모양 및 다양한 입체구조를 형성하는 것이 가능하다. 따라서 복잡한 생체 화합물이 그 기본 골격으로서 왜 탄소를 이용하고 있는지를 이해할 수 있을 것이다(그림 2-3).

한편, 대부분의 생체분자는 비대칭을 이루고 있으며 생체 내에서는 이들을 서로 인식하고 식별하는 것이 가능하다. 비대칭성을 인식하고 식별한다는 것은 매우 중요한 의미를 지닌다. 이 특성은 생체 내에서 필요로 하는 성분을 만드는 데 있어서 1/2의 노력만 하면 된다는 의미이다.

탄소를 이용해서 다양한 크기, 다양한 모양을 지니게 된 분자는 여기에 작용기(functional group)를 부착하면 특정한 생화학적 특성을 지니는 다양한 생체분자의 역할을 하게 된다.

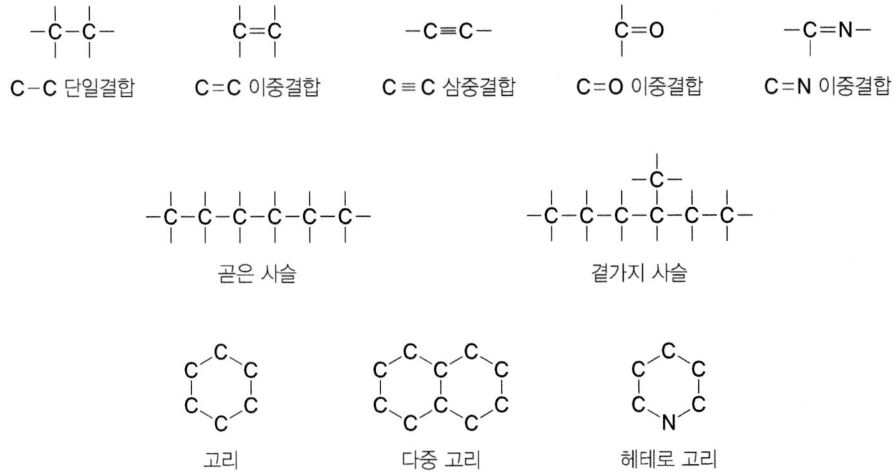

그림 2-3 **탄소의 다양한 결합 형태**

6. 탄화수소와 작용기

1) 탄화수소

탄소와 수소로 된 유기화합물을 탄화수소(hydrocarbon)라고 한다. 탄화수소에는 결합양식에 따라 지방족 탄화수소와 방향족 탄화수소로 나눌 수 있는데, 편의상 지방족이란 탄화수소 사슬이 직선상을 이루는 화합물군을 말하며 방향족이란 고리 모양을 이루는 화합물군을 말한다. 지방족 탄화수소는 포화탄화수소와 불포화탄화수소로 나눌 수 있다. 이때 포화와 불포화라는 말은 분자 중의 모든 결합이 단일결합만으로 이루어진 화합물인지 또는 이중이나 삼중결합을 포함하는 화합물인지를 의미한다. 다시 말해서, 탄소가 공유결합할 수 있는 숫자만큼 수소가 채워져 있는지 그렇지 않은지를 의미하는 것이다.

직선상의 포화탄화수소를 알케인이라고 한다. 모든 알케인의 분자식은 일반식 C_nH_{2n+2}로 표시된다(표 2-2).

표 2-2 알케인 화합물의 명칭

이름	화학식	이름	화학식
메테인(methane)	CH_4	노네인(nonane)	C_9H_{20}
에텐(ethane)	C_2H_6	데케인(decane)	$C_{10}H_{22}$
프로페인(propane)	C_3H_8	운데케인(undecane)	$C_{11}H_{24}$
뷰테인(butane)	C_4H_{10}	도데케인(dodecane)	$C_{12}H_{26}$
펜테인(pentane)	C_5H_{12}	트리데케인(tridecane)	$C_{13}H_{28}$
헥세인(hexane)	C_6H_{14}	-	
헵테인(heptane)	C_7H_{16}	-	
옥테인(octane)	C_8H_{18}	아이코세인(eicosane)	$C_{20}H_{42}$

한편, 이중결합을 지니고 있는 화합물을 알켄, 삼중결합을 지니는 화합물을 알킨이라고 한다. 이중결합과 삼중결합은 단일결합과 달리 탄소에 결합해 있는 원자나 원자단의 회전이 불가능하다.

2) 작용기(functional group)

(1) 하이드록실기

하이드록실기(-OH)를 가진 물질을 알코올(alcohol)이라 한다. 알코올의 명명은 모체가 되는 탄화수소 이름의 끝에 -올(-ol)을 붙인다. 모체명이 C_3H_8의 프로페인일 경우에는 수소 1개가 OH기와 치환되면 C_3H_7OH가 되고 이 분자의 이름은 프로판올이라고 부른다. 알코올기는 -OH기가 결합해 있는 탄소에 알킬기(편의상 R로 표현)가 결합해 있는 숫자에 따라 1, 2, 3차 알코올로 분류한다. 또한 분자 내에 부착된 하이드록실기(-OH)의 숫자에 따라서 1가, 2가, …, 다가 알코올로 분류한다. 당류는 다가 알코올에 해당하며 다가 알코올은 높은 극성으로 인하여 같은 수의 탄소원자를 지니는 다른 물질보다도 물과의 친화성이 크다.

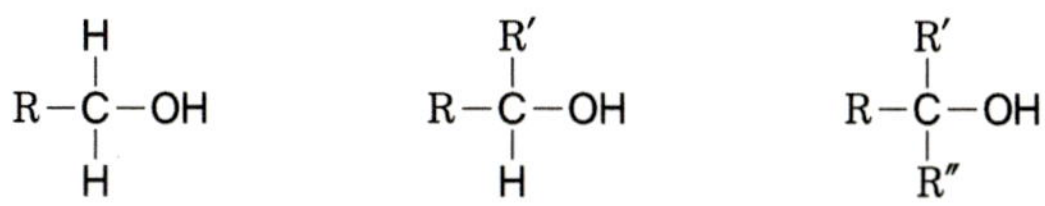

1차 알코올 2차 알코올 3차 알코올

(2) 카복실산

산을 나타내는 전형적인 기능기는 카복실기(-COOH)로서 물에서는 해리되어서 수소이온과 음이온인 -COO⁻ 이온을 형성한다.

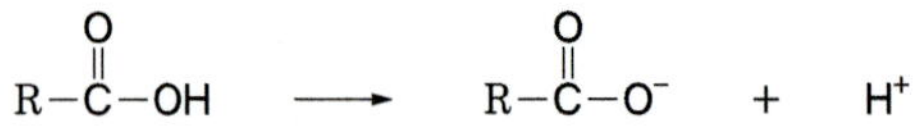

(3) 에스터

알코올은 유기산과 작용하여 에스터(ester)를 만든다. 즉, 에스터란 산에서 -OH기와 알코올에서 -H가 분리되어 물을 형성하면서(탈수) 생성되는 물질을 말한다. 산은 유기산이거나 또는 무기산일 수도 있으므로 인산에스터(인산과의 에스터), 티오에스터(황과의 에스터) 등도 가능하다.

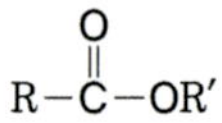

에스터

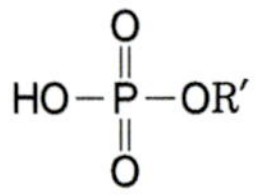

인산에스터

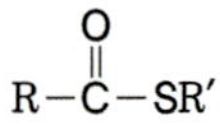

티오에스터

(4) 에터

알코올 중의 하이드록실기 수소가 알킬기로 바뀐 것이 에터(ether)이다. 에터결합은 생체 내에서 그다지 흔하지는 않다.

R−O−R′

에터

(5) 알데하이드와 케톤

알데하이드(aldehyde)와 케톤(ketone)은 카보닐기(carnonyl group, -C=O)를 지닌다. 당은 다가 알코올이면서 동시에 알데하이드 또는 케톤이기도 하다.

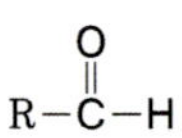

알데하이드

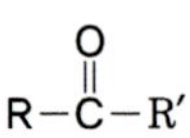

케톤

(6) 아민

암모니아의 N-H결합이 N-C결합으로 치환된 화합물을 아민(amine)이라 한다. 아민도 알코올과 같이 1, 2, 3차 아민이 있다.

암모니아　　1차 아민　　2차 아민　　3차 아민

표 2-3 주요 작용기(functional group)의 구조와 예

작용기	구조	예
하이드록실기 (hydroxy group)	$-OH$	CH_3-CH_2-OH 에탄올(ethanol) 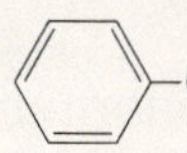 -OH 페놀(phenol)
알데하이드기 (aldehyde group)	$-\overset{O}{\overset{\Vert}{C}}-H$ ($-CHO$)	CH_3-CHO 아세트알데하이드(acetaldehyde)
카복실기 (carboxyl group)	$-\overset{O}{\overset{\Vert}{C}}-OH$ ($-COOH$)	CH_3-COOH 초산(acetic acid)
케톤기 (ketone group)	$>C=O$ $\left(-\overset{O}{\overset{\Vert}{C}}-\right)$	$(H_3C)_2C=O$ 아세톤(acetone)
아미노기 (amino group)	$-NH_2$	$H_2\underset{NH_2}{\underset{\vert}{C}}-COOH$ 글리신(glycine)
페닐기 (phenyl group)	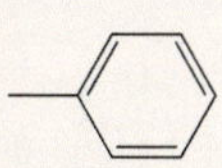	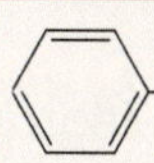 $-CH_2-\underset{NH_2}{\underset{\vert}{CH}}-COOH$ 페닐알라닌(phenylalanine)
설프하이드릴기 (sulfhydryl group = thiol group)	$-SH$	$HS-CH_2-\underset{NH_2}{\underset{\vert}{CH}}-COOH$ 시스테인(cysteine)
아세틸기 (acetyl group)	$-\overset{O}{\overset{\Vert}{C}}-CH_3$ ($-COCH_3$)	$CH_3-\overset{O}{\overset{\Vert}{C}}-CH_2-COOH$ 아세토아세트산(acetoacetate)

7. 이성질체

두 화합물의 화학식은 동일하나 물리적 또는 화학적 성질이 다른 것을 이성질이라 하며 또한 이러한 성질을 가지고 있는 화합물을 이성질체(isomer)라고 한다. 예를 들면, 시스-2-뷰텐(*cis*-2-butene)과 트랜스-2-뷰텐(*trans*-2-butene)은 이성질체로서 이 두 물질의 화학식은 동일하나 끓는점, 녹는점 등의 물리·화학적 성질은 다르다. 이성질체의 종류에는 다음과 같은 것들이 있다.

(1) 구조이성질체(structural isomer)

CH_3CH_2OH vs CH_3-O-CH_3

(2) 위치이성질체(positional isomer)

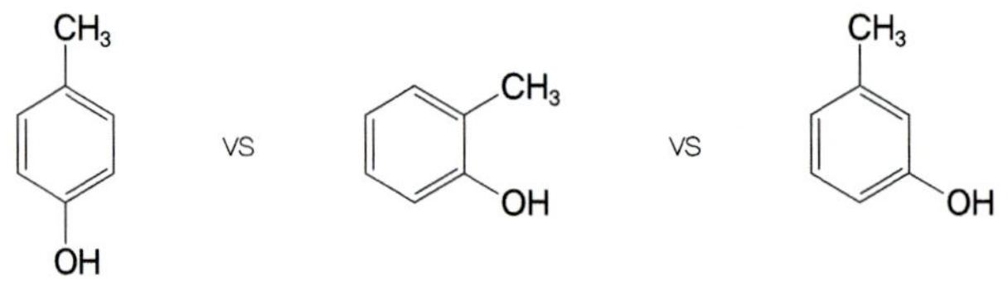

(3) 입체이성질체(stereo isomer)

d-타타르산(*d*-tartaric acid) vs *l*-타타르산(*l*-tartaric acid)

(4) 기하이성질체(geometrical isomer)

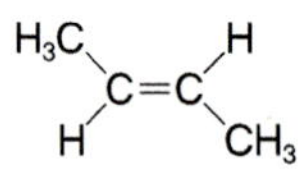

*trans*형

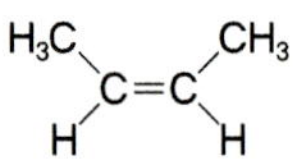

*cis*형

8. 입체이성질체

탄소와 결합한 4개 기능기의 종류가 모두 다를 때 이 탄소를 '비대칭탄소(asymmetric carbon)'라고 한다. 예를 들면, 알라닌의 경우 비대칭탄소원자 C*를 포함하고 있다(그림 2-4).

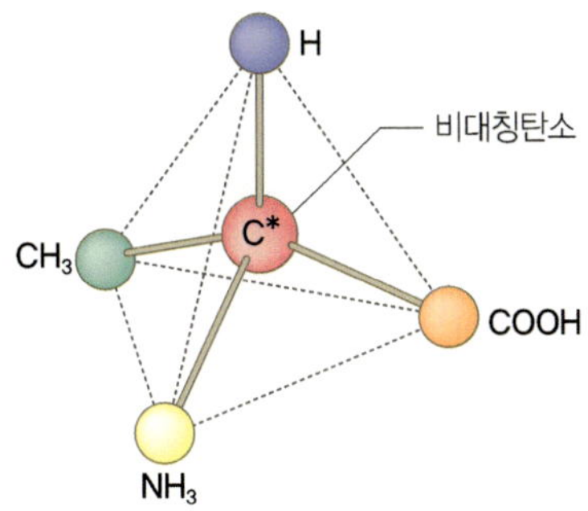

그림 2-4 알라닌의 비대칭구조

이렇게 비대칭탄소를 가진 화합물은 입체이성질체를 갖는다. 입체이성질체란 비대칭탄소원자에 결합된 원자나 원자단의 배열이 다름으로 인해서 나타나는 이성질체를 말한다. 입체이성질체의 숫자는 분자 내에 함유되어 있는 비대칭탄소원자의 수가 많을수록 그 수가 많은데, 이론상 최대 2^n개(n : 비대칭탄소의 수)까지의 입체이성질체가 만들어질 수 있다.

$$\text{입체이성질체의 수} \leq 2^n \text{ (n : 비대칭탄소의 수)}$$

생체 내에 존재하는 탄수화물, 펩타이드, 핵산 등은 2개 이상의 비대칭탄소원자를 함유하고 있다.

한편, 입체이성질체는 그 모양을 구분하기 위하여 다음과 같은 기준으로 표기하기로 약속하고 있다.

- 우회전성 글리세르알데하이드와 공간적 배열이 동일한 입체이성질체를 'D'형으로 표기한다(그림 2-5).
- 좌회전성 글리세르알데하이드와 공간적 배열이 동일한 물질을 'L'형으로 표기한다.

이러한 기준은 편광면의 회전방향이 아니라 단순히 입체적인 구조상의 관계만을 나타내는 표기방법이다.

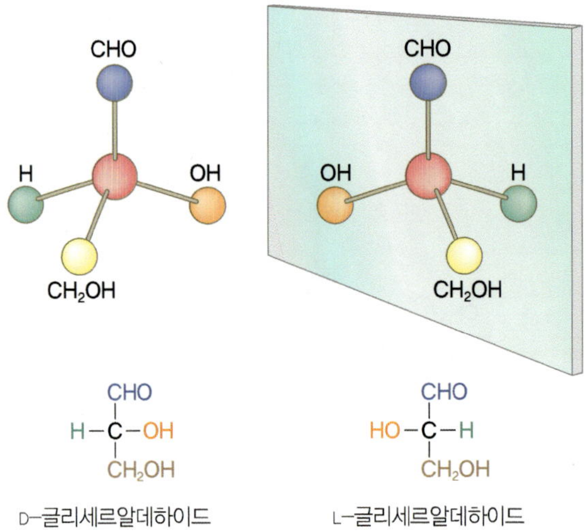

그림 2-5 글리세르알데하이드의 입체구조

9. 광학활성체

비대칭탄소를 지니는 화합물의 용액은 광학활성을 가진다. 광학활성이란 편광면을 회전시키는 성질을 말하며 이러한 성질을 가지고 있는 물질은 광학활성체라고 한다(그림 2-6). 이 광학활성체가 편광면을 시계방향으로 회전시키는 성질을 우선성, 시계반대방향으로 회전시키는 성질을 좌선성이라 한다.

① 우선성(dextrorotatory ; *d* 또는 + 표기) : 편광면을 시계방향으로 회전시키는 성질

② 좌선성(levorotatory ; *l* 또는 − 표기) : 편광면을 시계반대방향으로 회전시키는 성질

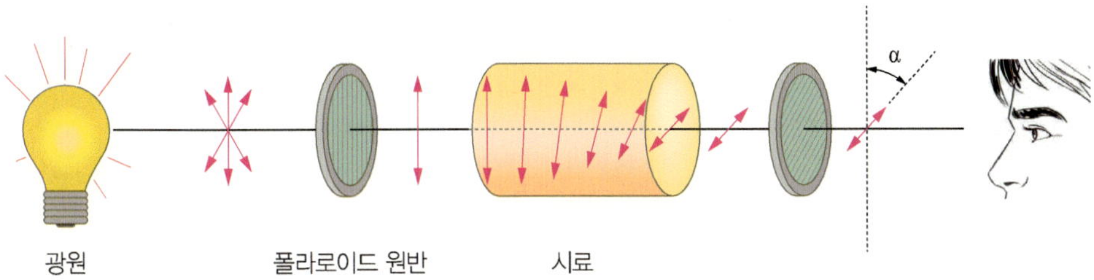

그림 2-6 **평면편광 및 광학활성도 측정**

편광면 회전의 크기는 화합물의 종류, 시료의 농도, 빛의 파장, 용액의 양, 용매 및 온도 등에 따라서 변하게 된다. 그러므로 선광도 값은 $[\alpha]_D^T$ 값으로 표기하여 온도(T), 파장(D는 나트륨광원의 파장, 589 nm) 등을 표시한다.

$$[\alpha]_D^T = \frac{\alpha \times 100}{l \times C}$$

예로서, $[\alpha]_{20}^{500}$ 라고 표시하면 20℃에서 500 nm 빛을 이용하여 측정한 선광도 값이 우선성을 나타내며 10°만큼 편광면을 회전시킴을 의미한다.

광학이성질체는 동일한 화학적 성질을 가지고 있지만 그 물리적 성질의 일부와 생리적 성질의 거의 전부가 다르다. 광학활성체는 입체구조와 광학활성을 동시에 표현하기 위하여 다음과 같이 두 가지 방식을 복합하여 표기한다(그림 2-7).

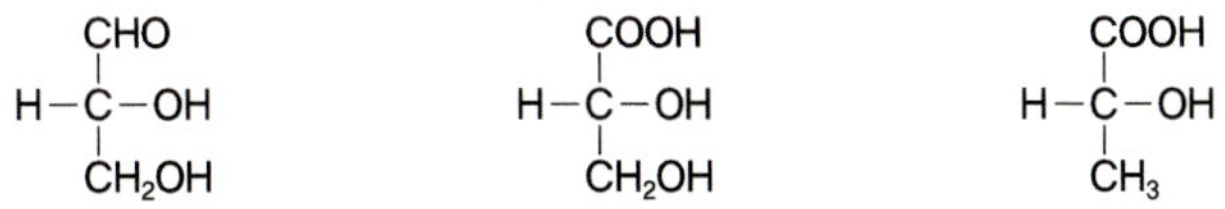

D(+)-글리세르알데하이드　　D(+)-글리세르산　　D(+)-락트산

그림 2-7 **광학활성체의 표기방법**

라세미 혼합물

회전방향이 상반된 두 개의 광학이성질체가 같은 양으로 혼합되어 있어 회전성이 상쇄되어 광학활성을 잃은 물질

10. 생체분자의 결합

1) 이온결합

양성자보다 많은 전자를 가진 원자는 음의 전하를 띠고, 전자보다 많은 양성자를 가지는 원자는 양의 전하를 띤다. 전하를 띠지 않는 염소원자는 17개의 전자를 가지므로 세 번째 오비탈(orbital) 준위에 공백이 하나 있다. 이때 염소는 다른 곳으로 전자를 받아들여서 공백을 채우고자 한다. 이렇게 받아들인 여분의 전하는 염소원자를 음이온(Cl^-)으로 만든다.

나트륨원자는 같은 오비탈에 전자가 하나뿐이기 때문에 7개를 획득하기보다는 한 개를 내보내는 것이 쉽다. 만약 최외각에 있는 한 개의 전자가 궤도를 이탈하면 나트륨원자는 양성자에 비해 전자가 부족해져서 양이온(Na^+)이 된다(그림 2-8).

양전하를 가진 양이온과 음전하를 갖는 음이온이 정전기적으로 서로 당기는 현상을 이온결합이라 한다. 양이온과 음이온이 규칙적인 배열을 통해 입체적으로 정렬하게 되는 결정을 이온결정이라고 하고, 이온결합(ionic bond)을 통해 생성된 물질을 이온성 물질이라 한다.

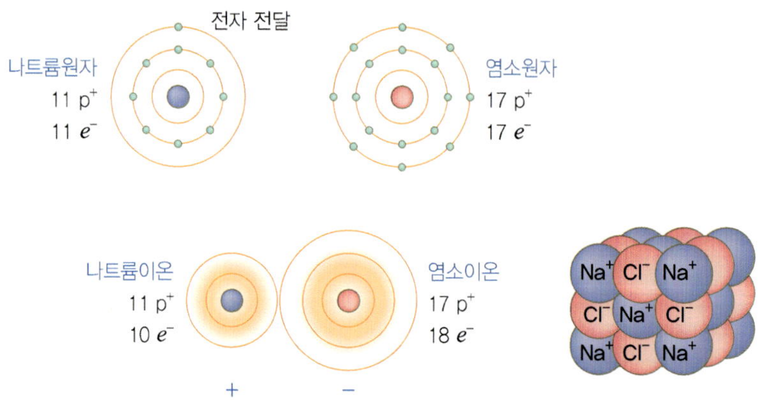

그림 2-8 나트륨(Na)과 염소(Cl)의 이온결합과 이온성 물질(NaCl)

2) 공유결합

공유결합(covalent bond)은 화학결합의 일종으로 전자 한 쌍을 두 원자가 서로 공유함으로써 결합을 유지하는 화학적인 결합상태이다. 공유결합으로는 배위결합, 펩타이드결합, 에스터결합 등이 있다. 물 분자를 예로 들면, 수소원자와 산소원자가 각각 전자를 내놓아 전자쌍을 만들고, 이 전자쌍을 함께 나누어 가짐(공유)으로써 결합되어 있다. 이때 비공유 전자쌍이 공유 전자쌍을 강하게 밀기 때문에 물 분자는 굽은형 구조를 가진다.

비극성 공유결합에서는 같은 원자 사이(H_2, O_2, N_2 등)에서 형성된다. 두 원자가 전자를 동등하게 공유하기 때문에 분자는 양 말단에서 전하의 차이가 없다.

극성 공유결합은 다른 원자와 원자 사이에서 형성된다. 두 원자 간의 전기음성도의 차이에 따라 전자를 잡아당기는 힘이 달라서 전자의 편향이 생기게 된다. 즉, 전자의 분포에 따라 미약하게나마 양전하와 음전하를 띠는 것을 볼 수 있다. 그러한 예로, 물 분자(H-O-H)는 2개의 극성 공유결합을 가진다.

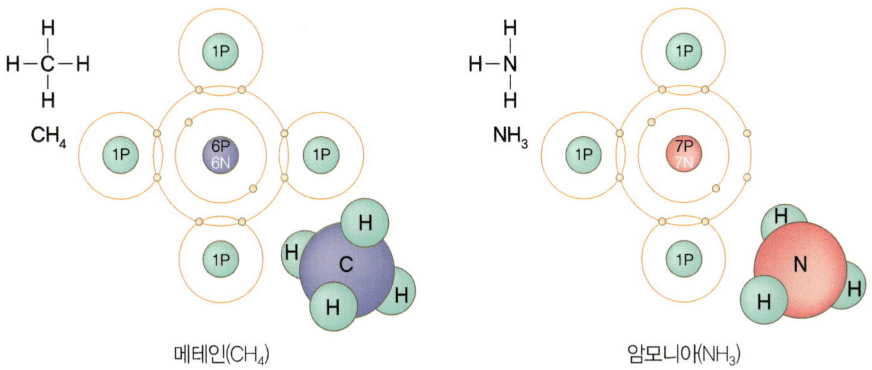

그림 2-9 메테인과 암모니아의 공유결합

3) 수소결합

극성 공유결합에 참여하는 수소원자는 약한 양전하(δ^+)를 띠므로 음전하를 띤 원자를 끌어당긴다. 음전하의 원자가 다른 분자 혹은 같은 분자의 다른 부분에 결합하였을 때 수소원자와 그 원자의 상호작용을 수소결합(hydrogen bond)이라 한다.

수소결합력은 공유결합력의 10분의 1로 쉽게 형성되고 파괴된다. 이 결합은 물과 함께 생물분자의 구조와 기능에 중요한 역할을 한다. 수소결합은 단백질이나 DNA의 이중나선 구조를 유지하는 데 관여하며, 방향성 반복결합이 이루어지면 나무처럼 딱딱한 물질을 만들어 낼 수 있다.

공유결합과 수소결합으로 이루어진 물질의 대표적인 것이 물인데, 물분자(H_2O)는 강한 공유결합으로 이루어져 있으며 전기 충격이 아니면 분해되지 않는다. 그러나 이들 H_2O 분자들을 결합시켜 물을 만드는 것은 약한 수소결합이다(그림 2-10).

이처럼 공유결합과 수소결합으로 불규칙한 결합을 하면 힘이 상쇄되어 부드러운 물질이 된다. 물 분자는 끝에 음전하와 양전하를 띠고 있어서 여러 가지 물질과 잘 섞이게 된다.

강한 공유결합은 원자들을 결합시켜 안정된 분자를 만들고, 약한 수소결합은 분자들을 결합시켜 부드러운 물질, 즉 물이나 단백질, DNA를 만들어 준다.

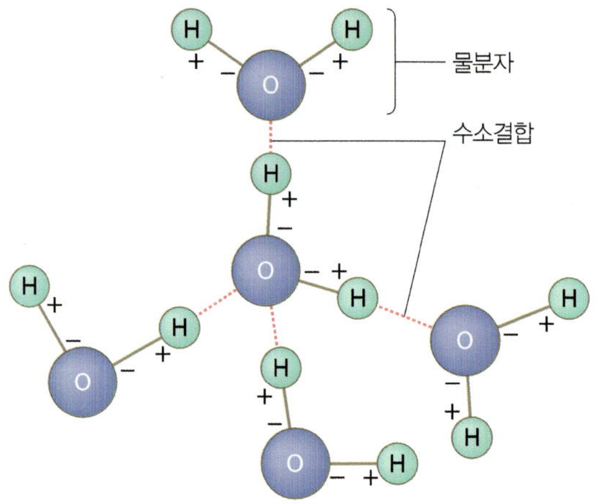

그림 2-10 물분자 사이의 수소결합

연습문제

❶ 생체에 존재하는 주된 원소는 무엇인가?

❷ 동위원소란 무엇인가?

❸ 산을 나타내는 전형적인 기능기로 물에 해리되어 $-COO^-$ 이온을 형성하는 것은 무엇인가?

❹ 이성질체에는 어떠한 것들이 있는가?

❺ 이온결합에 대해 간단히 설명하라.

❻ 공유결합에 대해 간단히 설명하라.

정 답

1. 탄소(C), 수소(H), 산소(O), 질소(N)
2. 원자번호는 같지만 질량 수가 다른 원소, 즉 양성자의 수는 같지만 중성자의 수가 다른 원소
3. 카복실기(-COOH)
4. 구조이성질체, 위치이성질체, 입체이성질체, 기하이성질체, 광학이성질체
5. 양이온과 음이온이 정전기적 인력을 통해 결합되는 것
6. 화학결합의 일종으로 전자 한 쌍을 두 원자가 서로 공유함으로써 결합을 유지하는 결합 형태로 극성 공유결합과 비극성 공유결합이 있다.

3
물

1. 생체에 있어서 물의 의미
2. 반응물로서 물의 역할
3. 물의 자체이온화와 pH
4. 약산 · 약염기의 해리상수
5. 연구실험실용 물

생명체는 물 없이는 살 수 없으므로 물은 생물에게 필수 불가결한 물질이다. 인체 내 수분은 보통 55~65%를 차지하며 혈액의 경우는 90%, 근육의 경우 75% 정도를 차지하는 중요한 신체 구성성분이다. 체내 수분의 10%를 잃으면 체내 대사에 이상이 오며 체수분의 20%를 잃으면 생명이 위험하다. 물은 모든 생화학반응에서 막을 통과하는 물질의 운반, 체온의 유지, 소화액의 생성 및 배설을 위한 노폐물의 용해 등 생명현상을 유지하는 데 있어서 꼭 필요한 물질이다.

1. 생체에 있어서 물의 의미

① 물은 모든 생화학반응에 있어서 대사반응이 직접 진행되는 장소이다.

② 극성분자인 물은 생체에 있는 많은 유기물질들을 용해하는 용매로서의 기능도 가지고 있다. 예를 들면, 생체 내 염류, 당, 알코올, 알데하이드, 케톤 등 극성물질은 물이 주성분인 체액과 화합되기 쉬운 특성을 지니고 있다.

③ 액체상태에서 물 분자들 사이에는 강한 인력이 작용하고 있다. 따라서 다른 수소화합물보다 높은 녹는점, 끓는점, 증발열, 표면장력을 가지게 된다. 이러한 요소들은 생명체의 체온을 일정하게 유지하고 증발되지 않게 유지하는 데 있어서 매우 중요한 역할을 한다.

④ 물은 생체 내 영양분 및 대사물질 등의 수송에 있어서 중요한 기능을 담당한다. 생체 내로 흡수된 영양소는 혈액과 임파액을 통해서 간으로 운반된 후 각 조직세포로 운반되어 이용된다. 혈액과 임파액의 70% 이상은 물이며, 여기에 영양소가 용해되어 운반되는 것이다. 각 세포에서 영양소들이 대사된 후 그 노폐물은 다시 혈액에 모아져서 폐나 신장으로 운반하여 배설된다.

⑤ 소화액의 주성분도 물로 되어 있는데, 하루에 타액으로 500~1,500 mL, 위액으로 1,000~2,500 mL, 장액으로 700~3,000 mL가 분비된다.

⑥ 기타 외부 충격으로부터 각 조직을 보호하는 완충작용 및 산-알칼리 평형 및 삼투압 조절작용 등 다양한 기능을 담당하고 있다.

따라서 물의 섭취와 배설의 균형을 유지한다는 것은 대단히 중요한 것이다.

2. 반응물로서 물의 역할

1) 산 또는 염기로서의 물

산과 염기는 일상생활에서 아주 손쉽게 접할 수 있는 물질이다. 예를 들면, 식초, 김치, 요구르트, 과일 등에 산이 존재한다. 그리고 비누, 베이킹소다, 암모니아수 등에는 염기가 존재한다. 산에 염기를 가하면 염기는 산의 양을 줄이거나 낮춘다. 또한 산과 염기를 적절한 양으로 혼합하면 그들의 특성은 모두 사라진다. 산·염기에 대한 이론을 처음으로 접할 때 대부분 산은 수용액에서 H^+를 만드는 물질이며 염기는 수용액에서 OH^-를 만드는 물질이라고 배웠을 것이다. 이 정의는 스웨덴의 화학자 아레니우스(Svante Arrhenius)가 처음 제안한 이론으로서 대부분의 현상에 잘 적용되고 있는 전통적인 개념이다. 이 이론에 따르면 물은 산도 염기도 아니며 또 반응물로 여기지도 않는다. 그런데 사실 수용액 중에서 진행되는 반응에 있어 물은 반응물 또는 용매 어느 것으로도 작용하는 경우가 많다. 덴마크의 요하네스 브뢴스테드(J. N. Brønsted)와 영국의 토마스 로우리(T. M. Lowry)는 산과 염기에 관한 이론을 독립적으로 발전시켜서 반응물로서 작용하는 물의 역할을 잘 설명하고 있다. 이 이론에 따르면 산은 다른 물질에 양성자(수소이온, H^+)를 내어주는 물질이라고 정의하며 염기는 다른 물질에서 양성자를 받아들이는 물질이라고 정의한다. 예를 들면, 염산(HCl)을 물에 녹이면 산인 염산은 양성자를 염기인 물(H_2O)에 내주어 하이드로늄이온을 만드는데, 이것은 수화된 양성자 형태이다.

$$\underset{\text{염기}}{NH_3} + \underset{\text{산}}{HCl} \rightleftharpoons \underset{\text{산}}{NH_4^+} + \underset{\text{염기}}{Cl^-}$$

$$\underset{\text{염기}}{H_2O} + \underset{\text{산}}{HCl} \rightleftharpoons \underset{\text{산}}{H_3O^+} + \underset{\text{염기}}{Cl^-}$$

수용액 중에서 양성자는 언제나 용매화되어 하이드로늄이온(H_3O^+)으로 존재한다.

산·염기반응에서는 양성자의 교환이 동반되며, 완전한 산·염기반응이란 두 벌의 짝 사이에서 양성자의 교환으로 나타낼 수 있다. 이때 양성자 교환의 한도는 관여하고 있는 화학종의 산·염기로서의 상대적 세기에 따라 다르다.

$$\text{산 (짝산, conjugated acid)} \rightleftharpoons \text{염기 (짝염기, conjugated base)} + \text{양성자}$$

2) 해리상수 · 평형상수

어떤 산(HA)이 물에 녹아 해리(양이온과 음이온으로 분리)되는 경우 반응의 평형상수(K)는 다음과 같이 표현할 수 있다.

$$HA \rightleftharpoons H^+ + A^-$$

$$K = \frac{[H^+] \cdot [A^-]}{[HA]}$$

3. 물의 자체이온화와 pH

1) 물의 자체이온화

물이 자체적으로 해리되는 반응을 생각해 보자.

$$H_2O \rightleftharpoons H^+ + OH^-$$

이때 평형상수는 다음과 같이 나타낼 수 있다.

$$K = \frac{[H^+] \cdot [OH^-]}{[H_2O]}$$

이 반응에서 평형상수는 25℃에서 1.8×10^{-16}이다. 순수한 물의 몰농도는 55.5 mol로 이것을 바탕으로 계산하면 다음과 같다.

$$K[H_2O] = 1.8 \times 10^{-16} \times 55.5 = 1.0 \times 10^{-14}$$

따라서 $K_w = [H^+][OH^-] = 1.0 \times 10^{-14}$으로 표현할 수 있다.

2) $pH = -log[H^+]$

pH 개념은 1909년 소렌센(Sorensen)에 의해 도입되었는데, 수소이온의 농도가 매우 작은 양이기 때문에 취급하기에 불편한 단점을 보완하고자 한 것이다. 대수를 이용한 pH 개념을 통해 우리는 보다 편리하게 수소이온 농도를 취급할 수 있게 되었다.

25℃에서 순수한 물은 $[H^+] = [OH^-]$이므로 $K_w = [H^+][OH^-] = 1.0 \times 10^{-14}$로부터 $[H^+] = 1.0 \times 10^{-7}$이다.

따라서 물의 pH는 $-log[H^+] = -log[10^{-7}] = 7.0$이다.

4. 약산 · 약염기의 해리상수

1) pH와 pK 관계

산의 해리상수 K′도 pH와 같은 방식으로 처리하면 pK로 표현할 수 있다.

$$pK' = -logK'$$

pK는 산도와 관련되어 있으며 pK 값이 작을수록 강한 산을 의미한다(표 3-1).

산과 그 짝염기를 함유하는 용액의 pH와 평형상수 K와의 관계는 헨더슨-하셀바흐(Henderson-Hasselbalch)식에 의해 표현될 수 있다.

$HA \rightleftharpoons H^+ + A^-$에서 해리상수 K′는 $K' = \frac{[H^+]\cdot[A^-]}{[HA]}$으로 표현되고 양변에 log를 취하여 정리하면 헨더슨-하셀바흐식이 완성된다.

$$pK' = log[H^+] + log\frac{[A^-]}{[HA]}$$

$$pH = pK' + log\frac{[A^-]}{[HA]}$$ 헨더슨-하셀바흐식

이 식에 의하면

① 이 용액의 pH는 pK′(평형상수, 해리상수)와 $\frac{[A^-]}{[HA]}$의 비에 의하여 결정됨을 알 수 있다.

② 이 용액의 pK′은 $\frac{[A^-]}{[HA]}$일 때의 pH를 나타낸다. 즉, pK′는 양성자 결합물과 양성자가 결합되지 않은 것이 같은 농도로 존재할 때의 pH를 의미한다.

③ 용액의 조성비는 pH와 pK′의 값에 의하여 결정된다.

표 3-1 생리적으로 중요한 물질들의 해리상수

물질명	산(HA)	짝염기(A^-)	K_a'	pK_a'
아세트산(acetic acid)	CH_3COOH	CH_3COO^-	1.76×10^{-5}	4.76
암모늄이온(ammonium ion)	NH_4^+	NH_3	5.6×10^{-10}	9.25
중탄산(carbonic acid)(1)	H_2CO_3	HCO_3^-	4.3×10^{-7}	6.37
중탄산(carbonic acid)(2)	HCO_3^-	CO_3^{2-}	5.6×10^{-11}	10.2
시트르산(citric acid)(1)	$HOOCCH_2C(OH)$- $(COOH)CH_2COOH$	$HOOCCH_2C(OH)$- $(COOH)CH_2COO^-$	8.14×10^{-4}	3.09
시트르산(citric acid)(2)	$HOOCCH_2C(OH)$- $(COOH)CH_2COO^-$	$^-OOCCH_2C(OH)$- $(COOH)CH_2COO^-$	1.78×10^{-5}	4.75
시트르산(citric acid)(3)	$^-OOCCH_2C(OH)$- $(COOH)CH_2COO^-$	$^-OOCCH_2C(OH)$- $(COO-)CH_2COO^-$	3.9×10^{-6}	5.41
락트산(lactic acid)	$CH_3CHOHCOOH$	$CH_3CHOHCOO^-$	1.38×10^{-4}	3.86
말산(malic acid)(1)	$HOOCCH_2CHOHCOOH$	$HOOCCH_2CHOHCOO^-$	3.98×10^{-4}	3.4
말산(malic acid)(2)	$HOOCCH_2CHOHCOO^-$	$^-OOCCH_2CHOHCOO^-$	5.5×10^{-6}	5.26
인산(phosphoric acid)(1)	H_3PO_4	$H_2PO_4^-$	7.25×10^{-3}	2.14
인산(phosphoric acid)(2)	$H_2PO_4^-$	HPO_4^{2-}	6.31×10^{-8}	7.2
인산(phosphoric acid)(3)	HPO_4^{2-}	PO_4^{3-}	3.98×10^{-13}	12.4
피루브산(pyruvic acid)	$CH_3COCOOH$	CH_3COCOO^-	3.16×10^{-3}	2.5
석신산(succinic acid)(1)	$HOOCCH_2CH_2COOH$	$HOOCCH_2CH_2COO^-$	6.17×10^{-5}	4.21
석신산(succinic acid)(2)	$HOOCCH_2CH_2COO^-$	$^-OOCCH_2CH_2COO^-$	2.3×10^{-6}	5.63

2) 적정곡선

산성시료에 염기를 첨가하면서 적정하면 용액의 pH가 변화하며 이 과정을 나타낸 것이 적정곡선(titration curve)이다(그림 3-1). 이때 산과 완전한 반응을 이루는 데 소요되는 염기의 양을 1당량이라고 하며 적정에서 산이 정확하게 중화되는 점을 당량점이라고 한다.

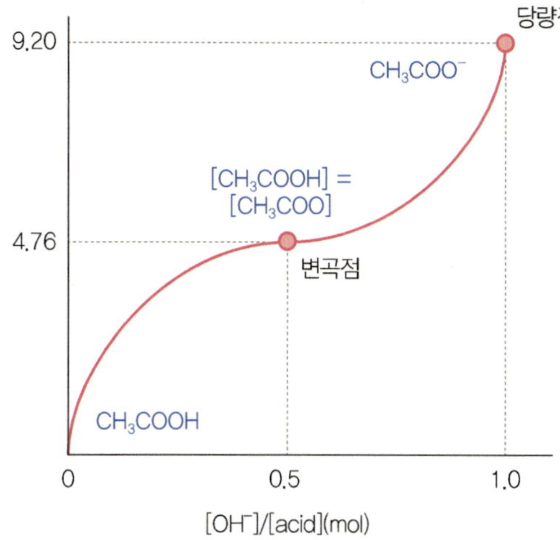

그림 3-1 적정곡선

3) 완충용액

완충용액(buffer solution)은 약산과 그 염(짝염기)의 혼합물 또는 약염기와 그 염(짝산)을 혼합시켜 놓은 용액을 말하며 어느 정도의 강산이나 강염기를 첨가하여도 pH 변화가 크게 일어나지 않는 특성을 지닌다. 예를 들어, 인산 완충용액의 경우 용액 중에 $H_2PO_4^-$ 및 HPO_4^{2-}을 포함하여 평형을 이루고 헨더슨-하셀바흐식에 의하여 다음과 같이 표현된다.

$$H_2PO_4^- \rightleftharpoons H^+ + HPO_4^{2-} \quad \cdots\cdots\cdots (1)$$

$$K' = \frac{[H^+] \cdot [HPO_4^{2-}]}{[H_2PO_4^-]}$$

$$pH = pK' + \log\frac{[HPO_4^{2-}]}{[H_2PO_4^-]}$$

이때 pK 값은 7.2이므로 이 식은 다음과 같이 쓸 수 있다.

$$pH = 7.2 + \log\frac{[HPO_4^{2-}]}{[H_2PO_4^-]}$$

이 용액 중에 어느 정도의 강산이 첨가되면(예를 들어, HCl) 강산 중의 양성자는 (1)식의 역반응에 의하여 실제적으로는 $H_2PO_4^-$이 증가되게 된다. 한편, 강염기가 첨가되는 경우도(예를 들어, NaOH) (1)식에 의해 실제적으로는 HPO_4^{2-}이 증가된다. 그런데 용액의 pH는 $\frac{[HPO_4^{2-}]}{[H_2PO_4^-]}$의 log값에 의하여 영향을 받게 되므로 그만큼 영향이 적어지게 된다(그림 3-2). 생체 내에서는 중탄산계, 인산계, 유기산계 등의 완충작용에 의하여 화학적으로 pH를 조절하고 있다.

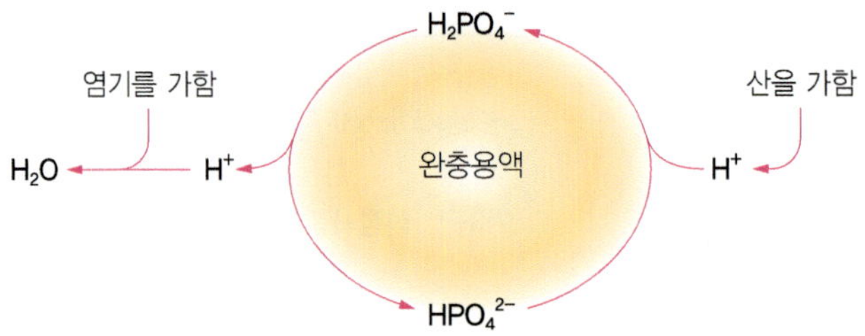

그림 3-2 **인산완충용액의 완충매커니즘**

5. 연구실험실용 물

실험실에서는 여러 가지 간섭요인이 제거된 정제된 물의 사용을 요구한다. 이는 물의 순도가 높을수록 실험 중에 발생할 수 있는 여러 가지 간섭요인을 제거하는 유일한 방법이기 때문이다. 가령, 물이 색도 없고 냄새도 없고 맛도 없다고 하여 물을 가볍게 여겨서는 안 된다. 실험실에서 사용하는 물은 그냥 깨끗한 물이 아니라 초순수의 물을 요구한다. 초순수(超純水)란 순도가 이론적으로 100%에 가깝게 만드는 깨끗한 물을 말한다. 그러기 위해서는 물에 남아 있는 물질, 즉 물에 떠다니고 있는 입자, 녹아 있는 유기물, 무기이온, 미생물 등을 제조 장치를 이용하여 순수하게 만드는 작업이 필요하다. 물을 순수하게 만들려면 전처리 필터, 역삼투막, 증류, 이온교환, 자외선, 정밀여과, 한외여과 등의 방법을 적절하게 이용하여 최대한 불순물을 제거하게 된다. 오염물질은 역삼투방법을 이용하고 무기이온은 이온교환수지를 이용한다. 유기물의 경우 활성탄을 사용하고 미생물과 입자들은 막여과를 이용하게 되는데, 이러한 장치를 통과한 물은 불순물이 적고 전기전도율이 낮은 최대한 순수한 물이 된다. 실험실의 검사용수는 사용등급이 나누어져 있어 각 사용처에 맞게 물을 사용하여야 한다. 미국의 병리학회(CAP), 미국화학회(ACS), 미국임상검사실표준위원회(NCCLS), 미국재료시험협회규격(ASTM), 대한진단검사의학회 등의 주요 학회에서는 이러한 실험실의 물을 분류하고 사용 목적에 따라서 기준을 설정하고 있다. 이 기준은 기관 및 학회에 따라 조금씩 다르지만 대개는 3단계로 규정하고 있다(표 3-2).

표 3-2 실험실 물의 분류

단계	내용
Type Ⅰ	시약급 순수 / reagent grade water
Type Ⅱ	분석급 순수 / analytical grade water
Type Ⅲ	일반실험실용 순수 / laboratory grade water

기관 및 학회에 따라 조금씩은 다르나 Type I의 경우 시약급 순수로 표준용액의 제조, 효소 분석, 정도관리 물질의 제조, 전해질 분석 등에 사용되며 실리카(silica) 함량 3 μg/L 이하, 소듐(sodium) 1 μg/L 이하, 염화물(chlorides) 1 μg/L 이하, 세균 수 10 CFU/mL 이하, 최소 전기저항 10 megohm/cm의 순수함이 요구된다. Type II는 Type I을 사용해야 하는 경우를 제외한 통상 검사용으로 사용되고 기관 및 학회에 따라 최소 전기저항, 세균 수, 실리카 함량 및 전해질의 허용량을 정하고 있다. Type III의 경우에는 유리기구의 세척과 예비 헹굼용으로 사용되고 있다.

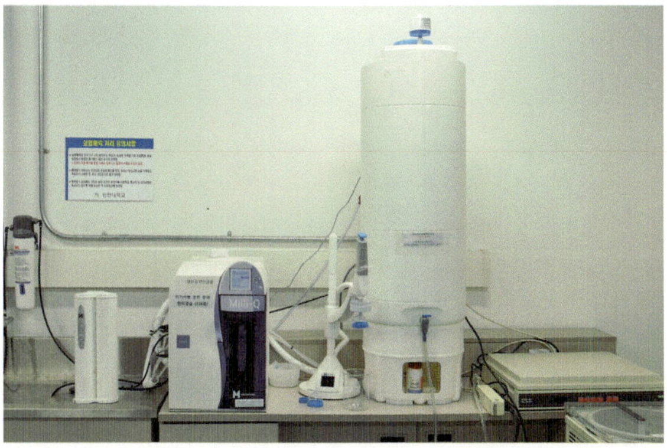

그림 3-3 실험실 등에서 사용되는 물을 정제하는 과정 및 기계

그림 3-4 실험용수의 세균 수 검사

연습문제

❶ 물의 특성을 설명하라.

❷ 다음 수용액의 pH를 계산하라.

1) 0.000001 M HCl

2) 0.0001 M HCl

❸ 물에 용해된다는 의미를 화학결합과 관련지어 설명하라.

❹ 유기산은 약산인가 강산인가?

정답

1. 끓는점이 높다. 비열이 크다. 기화열이 크다. 얼음의 밀도가 물의 밀도보다 작다. 표면장력이 크다.
2. 1) 6
   2) 4
3. 물은 강한 극성을 가지고 있는데, 친수성 작용기 혹은 강한 극성을 가지는 물질은 물에서 물 분자와 수소결합을 하여 물 분자 사이사이에 골고루 분포되어 존재할 수 있다. 이러한 현상을 물에 용해된다고 한다.
4. 유기산은 이온화상수가 낮기 때문에 약산이다.

4 탄수화물

1. 탄수화물의 의의
2. 단당류
3. 올리고당류
4. 다당류

탄수화물은 탄소, 수소, 산소를 함유하는 복합물로서 말 그대로 탄소의 수화물 $(CH_2O)_n$을 의미한다. 단당류는 알데하이드기(-CHO) 또는 케톤기(-CO)를 가지며 동시에 하이드록실기(-OH)를 지니는 화합물이다. 따라서 유기화학적으로 정의하면 폴리하이드록시 케톤(케토스) 또는 폴리하이드록시 알데하이드(알도스)로 정의할 수 있다. 우리가 흔히 접하는 물질을 기준으로 생각하면 탄수화물은 당(sugar)을 의미한다. 당은 모든 형태의 생물에서 다양한 역할을 하고 있으며 지구상에 있는 모든 유기체를 구성하고 있는 재료의 대부분이라 할 정도이다. 당은 영양소 중 열량의 기초가 되는 것으로서 우리의 주식인 쌀과 곡류에 다량 함유되어 있다. 탄수화물은 광합성에 의해 만들어지는데, 식물의 엽록소는 태양에너지를 이용하여 공기 중의 탄산가스와 토양 중의 수분으로부터 포도당을 합성한다. 합성된 포도당 중 식물에서 쓰이고 남은 것은 이당류, 다당류 등이 되어 잎, 줄기, 열매, 뿌리 등에 저장된다. 인간은 이것을 식품으로 사용하고 있으며 탄수화물 1 g으로부터 4 kcal의 열량을 얻을 수 있다. 이 외에도 탄수화물은 생체 내의 각 조직을 구성하는 데 있어서도 중요한 역할을 하고 있다. 당은 구성되어 있는 단당류의 수에 따라 보통 단당류, 올리고당류, 다당류 등으로 분류된다.

구성하고 있는 당의 수에 따른 구분

단당류(monosaccharide)
삼탄당(triose), 사탄당(tetrose), 오탄당(pentose), 육탄당(hexose)

이당류(disaccharide)
수크로스(sucrose), 말토스(maltose), 락토스(lactose) 등

올리고당류(oligosaccharide)

다당류(polysaccharide)
전분, 글리코젠, 덱스트린, 셀룰로스 등

1. 탄수화물의 의의

1) 에너지 공급의 주원료

탄수화물은 기초 열량원으로 1 g당 4 kcal의 열량이 발생한다. 탄수화물 섭취량이 부족하거나 또는 당뇨병과 같이 이상이 있는 경우에는 지방이나 단백질로부터 열량이 공급된다.

2) 혈당의 유지

탄수화물은 각 조직에 혈당(血唐)의 형태로 공급되어 에너지원으로 사용된다. 예를 들어, 포도당은 뇌신경 조직의 에너지원으로서 이들 작용에 필수적이다. 공복 시에 정상인의 혈당량은 70~120 mg/dL인데, 식후 30분~1시간 이내에 최고치에 이르며 2~3시간 경과하면 감소되어 정상치를 유지한다. 혈당이 상승되면 우리 몸에서는 인슐린이라는 효소가 작용하여 포도당을 조직 내로 이송시켜 혈당 수치를 강하시킴으로써 일정한 혈당치를 유지한다. 그러나 당뇨병 환자는 포도당을 조직 세포로 이송시키는 기능에 이상이 생겨 당뇨로 그대로 배설되고 만다.

3) 필수영양소로서 작용

탄수화물 섭취가 부족하거나 대사장애가 생겨서 지방과 단백질만으로 열량을 제공받는 경우에는 영양장애 증상이 나타난다. 이 경우 먼저 체단백질이 소모되며 그 결과 케톤체가 축적되어 케톤증(ketoacidosis)이라는 질병이 발생하여 위험해진다.

4) 기타

설탕, 포도당, 과당, 맥아당, 자일리톨, 솔비톨 등은 감미료로 사용되고 있으며, 특히 자일리톨과 솔비톨은 흡수속도가 느린 특성이 있어 당뇨병, 비만 및 충치 예방 등에 관심이 고조되고 있다는 현대인들에게 대체 감미료로서 부각되고 있다. 한편, 섬유소, 헤미셀룰로스, 펙틴, 검 등의 식이섬유질은 장 운동촉진, 대변 통과시간 단축, 변비 예방, 장기능 촉진효과 등이 있음이 밝혀졌으며 당뇨병 조절, 비만 조절, 혈중 콜레스테롤 저하효과 등도 보고되고 있다. 따라서 탄수화물을 골고루, 적절하게 섭취해야만 체기능을 정상적으로 유지할 수 있다.

2. 단당류

탄수화물의 기본 단위이며 더 이상 가수분해되지 않고 그대로 흡수 이용되는 당을 단당류라 한다. 탄소의 수에 따라 삼탄당, 사탄당, 오탄당, 육탄당 등으로 분류되며 이 중 육탄당은 인체 내 주요 대사과정에 있어서 중요한 의미를 지닌다.

1) 단당류의 종류

단당류의 최소 단위는 삼탄당(triose)이다. 당의 구조 내에 알데하이드기를 가지고 있으면 알도스, 케톤 형태를 취하면 케토스라 한다.

아라비노스, 자일로스, 리보스, 람노스 등은 오탄당으로서 식물의 줄기, 잎, 과피 등에 다당류 형태로 존재한다.

포도당은 음식물에 가장 풍부한 육탄당으로 과일, 꿀, 엿 등에 다량 함유되어 있으며 혈액 중의 포도당(혈당)은 세포와 적혈구의 주된 에너지원이다. 따라서 환자에게 포도당 주사를 주입하는 것은 신속하게 에너지를 공급하기 위함이다.

과당은 과일, 꿀 및 엿 등에 다량 함유되어 있으며 모든 당 중 가장 단맛을 나타낸다.

갈락토스는 포유동물의 젖 속에만 함유되어 있는 단당류로서 해조류에는 다당류 형태인 갈락탄으로 함유되어 있고 동물의 뇌 성장에 필수물질인 당단백질과 당지질의 구성성분이다.

2) 단당류의 입체이성질체

제2장에서 살펴본 바와 같이 입체이성질체를 표시하는 데 있어서 기준이 되는 물질은 우선성의 글리세르알데하이드(D(+)-glyceraldehyde)이다. 먼저 피셔(Fisher)의 구조식에 의해 알데하이드기 또는 카보닐기가 위로 가도록 단당류의 구조를 그린 후 분자의 위쪽으로부터 가장 멀리 떨어져 있는 비대칭탄소의 입체배위를 비교하여 이 구조가 D-글리세르알데하이드와 같으면 D-이성질체, L-글리세르알데하이드와 같으면 L-이성질체로 표기한다(그림 4-1). 이때 D-글리세르알데하이드는 -OH기가 오른쪽에 있으므로 단당류의 가장 아래에 위치한 CH_2OH의 바로 위에 있는 탄소원자에 위치한 -OH기가 우측에 있으면 D-, 좌측에 있으면 L-이성질체로 구분하면 쉽다. D-형과 L-형의 글리세르알데하이드는 서로 거울상이므로 거울상이성질체(enantiomer)로 불린다.

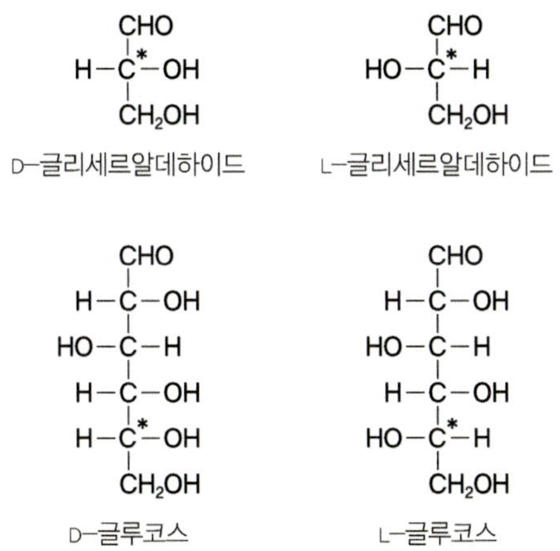

그림 4-1 단당류의 이성질체

3) 단당류의 구조

오탄당 이상으로 탄소사슬이 긴 당은 용액 중에서 대부분 고리형으로 존재한다(직선 구조는 1% 미만으로 존재). 예를 들면, 포도당의 경우 단일결합을 하고 있는 탄소결합을 중심으로 분자가 회전하면 분자 내의 알데하이드기와 5번 탄소의 -OH기가 가깝게 위치하여 이들 사이에 반응이 일어나 헤미아세탈(hemiacetal)구조가 형성되면서

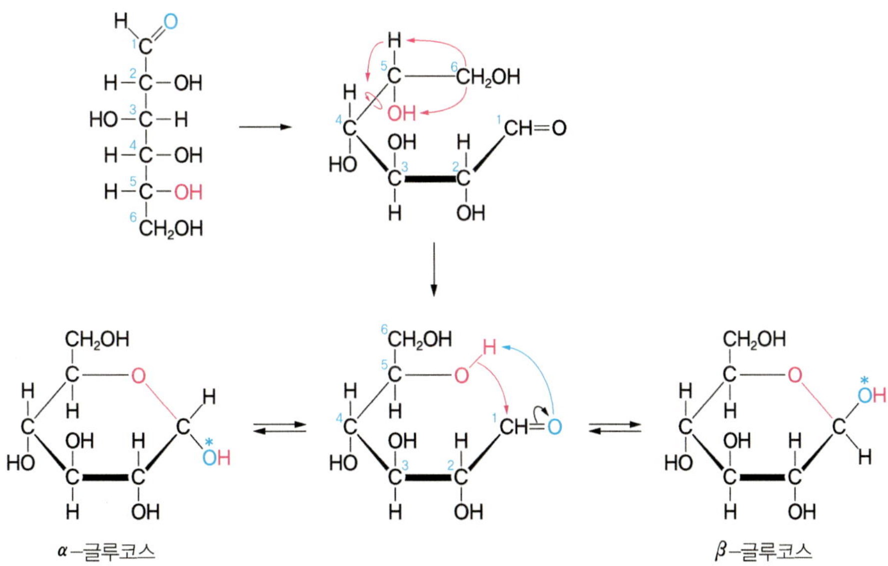

그림 4-2 D-포도당의 환상구조 형성과정

고리형 구조를 형성하게 된다(그림 4-2). 이때 탄소와 산소를 포함한 여섯 개의 원소가 고리를 구성하므로 간단히 6각형으로 표시하는데, 각 모서리에 탄소가 생략되어 있음은 잘 알 것이다. 이 부분에 탄소가 아닌 다른 원소가 위치하는 경우는 그 원소를 표시해 주어야 한다(예 : -O-). 육각형 구조의 당은 피란(pyran)과 비교하여 피라노스(pyranose)라고 하며 오각형 구조의 당은 퓨란(furan)과 비교하여 푸라노스(furanose)라고 한다[하워스(Harworth) 구조식]. 고리형 구조식에 있어서 아노머탄소(고리형 구조를 만드는 데 참여한 탄소)의 -OH기가 링(ring) 평면의 위쪽에 위치하면 β-구조라 하고 아래쪽에 위치하면 α-구조라고 한다. 당의 α와 β 형태는 아노머탄소 원자의 -OH기 위치만 다르기 때문에 이들을 서로 아노머(anomer)라고 부른다.

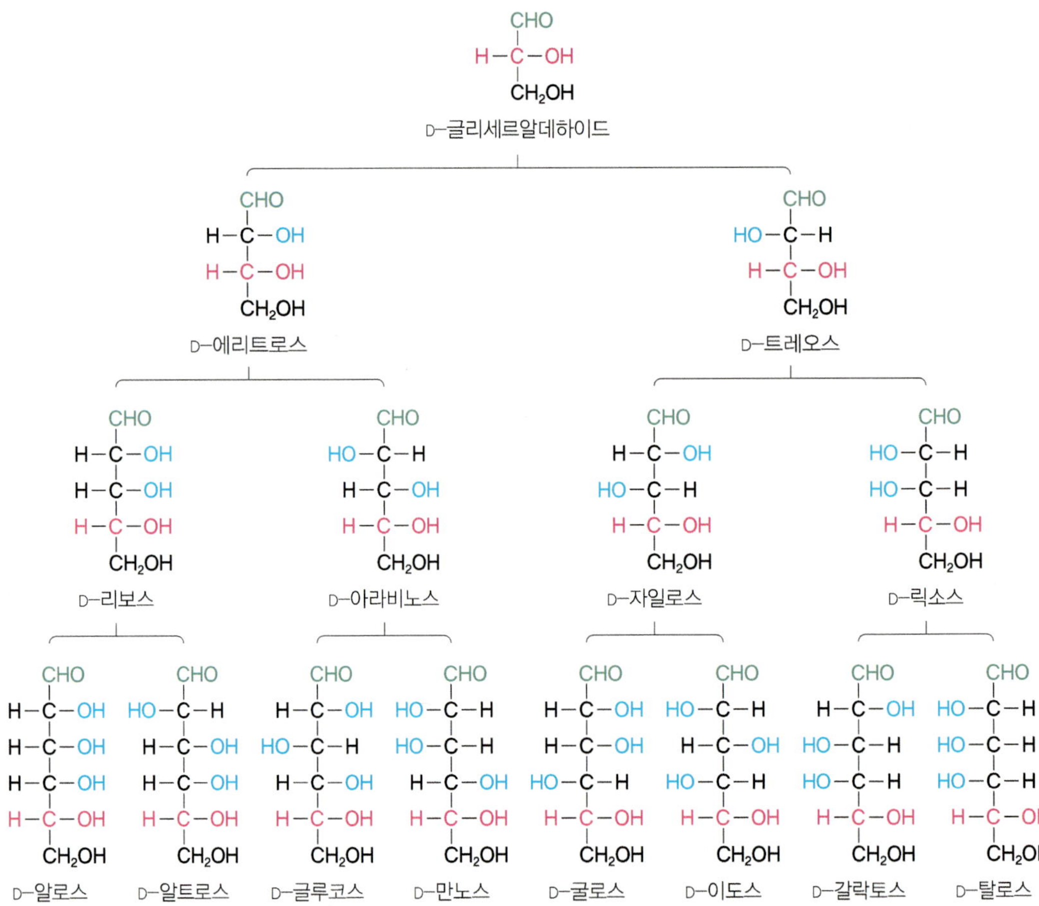

그림 4-3 **D-알도스 계열의 입체구조**

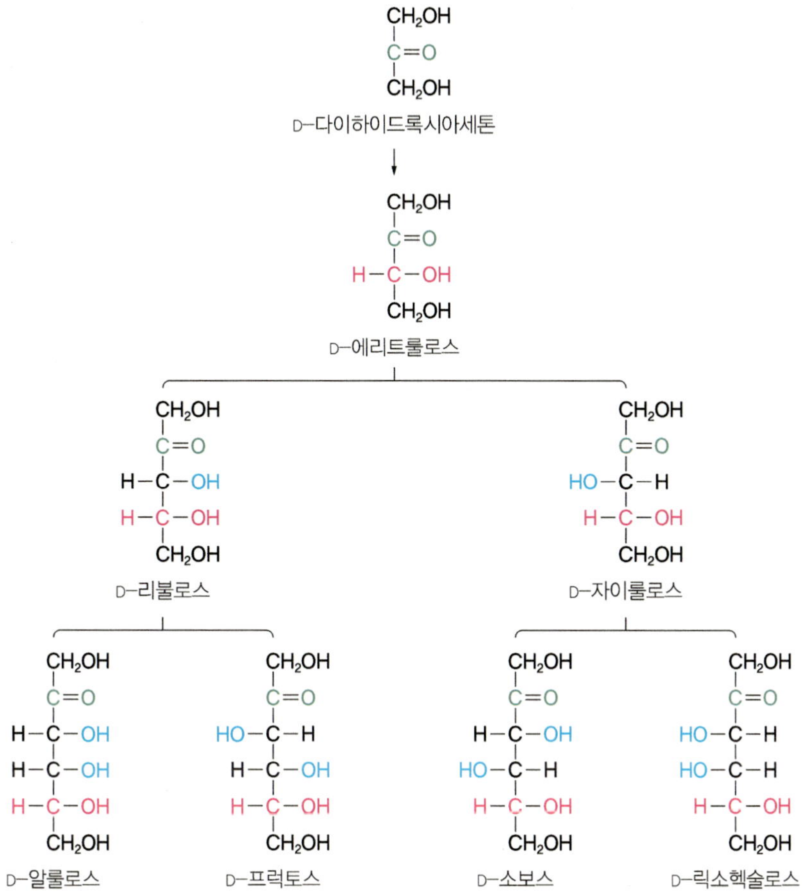

그림 4-4 D-케토스 계열의 입체구조

4) 단당류의 성질

(1) 변선광

수용액 중에서 아노머 형태의 당은 상호 변환이 가능하며 평형상태의 혼합물 속에서는 대부분이 적당한 정도의 α-형 또는 β-형의 고리구조를 하고 있고 직선 사슬 형태는 매우 적게 존재한다. α-D-글루코스의 경우에는 선광도값이 +112°이나 β-D-글루코스의 경우에는 +18.7°인데, 평형상태에서 D-글루코스는 α-형이 33% 정도 β-형이 67% 정도로 균형을 이루게 된다. 이 시점까지 선광도는 변하여 최종의 선광도는 +52.7°를 나타내게 된다. 이와 같이 단당류가 수용액 중에서 선광도 값이 초기에 변화되는 현상을 변선광(mutarotation)이라고 부른다.

(2) 환원성

알데하이드기를 지니는 알도스의 카보닐 산소는 다른 물질을 환원시키는 능력을 지니고 있다. 이러한 성질을 지니는 당을 환원당이라고 부른다. 고리형 구조에서 살펴보면 포도당, 과당, 맥아당, 유당 등과 같이 헤미아세탈 또는 헤미케탈(hemiketal)구조를 갖는 당은 환원당이고 설탕과 같이 아세탈(acetal) 또는 케탈(ketal)구조를 갖는 당은 비환원당의 성질을 가진다(그림 4-5). 당의 환원성은 펠링(Fehling) 실험을 하여 확인할 수 있다. 즉, Cu^{2+}을 포함하는 펠링 용액에 당을 가하고 가열했을 때 그 당이 환원당이면 Cu^{2+}이온(청색)을 Cu^{+}이온(적색)으로 환원시키게 되므로 확인이 가능하다. 이때 다른 물질을 환원시킨다 함은 무엇을 뜻할까? 이것은 반대로 환원당의 입장에서 보면 자신은 산화가 잘 된다는 것을 의미한다. 예를 들어, 포도당의 1번 또는 6번 탄소에서 산화되면 각각 글루콘산과 글루쿠론산이 된다. 황산구리를 포함하는 베네딕트시약은 환원당의 정성 분석에 이용되고 있다.

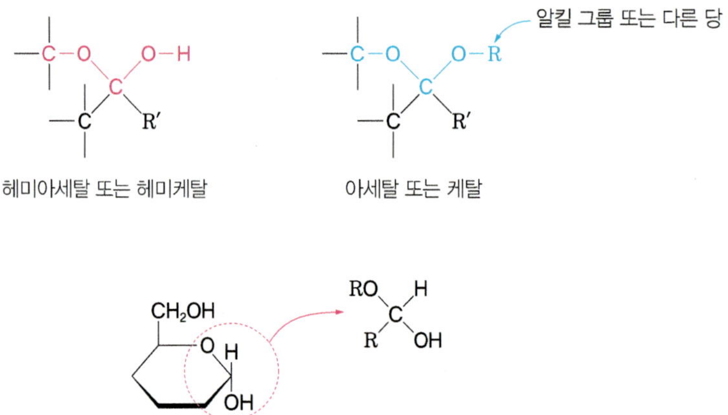

그림 4-5 환원당의 구조

5) 단당류의 유도체

(1) 배당체

아노머탄소의 -OH기는 반응성이 강하여 다른 화합물(aglycone)의 -OH기와 탈수 축합반응을 일으킨다. 이때의 결합을 글리코사이드결합(glycosidic linkage)이라고 부르며 당을 포함하게 되는 이러한 화합물을 배당체(글리코사이드)라고 한다. 이때 산소와 글리코사이드결합을 하고 있으면 O-글리코사이드결합, 질소와 결합하고 있으면 N-글리코사이드결합이라고 부른다. 물론 다른 단당류와의 결합도 글리코사이드결합이라고 부른다. 따라서 이당류, 올리고당류, 다당류 및 여러 가지 당 유도체 등이 모두 배당체이다.

(2) 데옥시당

보통의 단당류에서 산소 수가 한 개 제거된 형태의 당으로서(그림 4-6), 예를 들면 데옥시리보스는 DNA의 골격을 이루는 단당류이다. L-람노스는 배당체의 구성 당으로 자연계에 널리 분포하며 L-푸코스는 해초의 다당류를 구성하는 단당류이다.

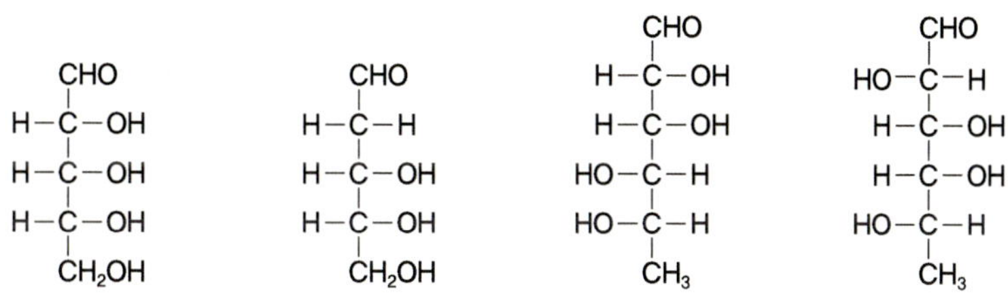

D-리보스 D-데옥시리보스 L-람노스 L-푸코스

그림 4-6 데옥시당의 구조

(3) 당의 인산화물

당의 -OH기와 인산이 결합하여 인산에스터가 형성된다(그림 4-7). 인산에스터는 생체 내 대사과정의 중간체로 중요한 역할을 한다.

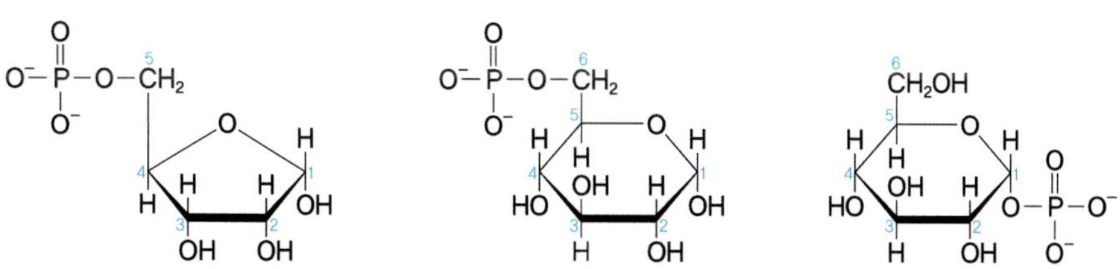

리보스-5-인산 글루코스-6-인산 글루코스-1-인산

그림 4-7 당의 인산화물

3. 올리고당류

단당류가 서로 결합될 때는 2분자 사이에서 물 분자 한 개가 빠지고 결합하는데(탈수축합), 앞에서 살펴보았듯이 이 경우도 당과의 결합에 해당하므로 글리코사이드결합이라고 부른다. 이때 2~10개의 단당류가 축합된 당의 축합체들을 올리고당류(oligosaccharide)라고 하는데, 2개의 단당류가 축합한 당을 이당류(disaccharide), 세 개의 단당류가 축합된 것은 삼당류(trisaccharide), 네 개의 단당류가 축합된 것은 사당류(tetrasaccharide) 등의 방식으로 부른다. 앞으로 이들 당을 접할 때는 어떠한 구성당이 어떠한 형태로 글리코사이드결합을 하고 있는가에 중점을 두고 그 구조를 익혀두기 바란다. 당 사이의 글리코사이드결합의 이름은 결합에 참여한 아노머 탄소의 배위 및 결합에 참여하는 -OH기가 부착된 탄소의 번호를 차례로 붙여 부른다(맥아당의 구조 참조).

1) 맥아당

맥아당(maltose)은 포도당 두 분자가 α-1,4결합에 의한 이당류로서 곡식의 싹, 엿기름, 당화한 곡류 등에 다량 함유되어 있다(그림 4-8). 체내에서 전분의 중간대사산물이며 효소(maltase)에 의해 완전 소화되면 2분자의 포도당을 형성한다.

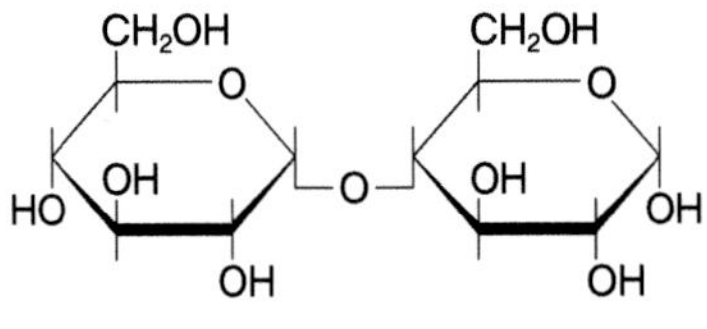

그림 4-8 맥아당의 구조

2) 설탕

설탕(sucrose)은 포도당과 과당이 α-1, β-2결합한 이당류로서 산이나 효소로 가수분해되면 1분자의 포도당과 1분자의 과당을 얻게 된다(그림 4-9). 이때 얻은 포도당과 과당의 동량 혼합물을 전화당(invert sugar)이라고 부른다. 설탕은 포도당의 α-위치와

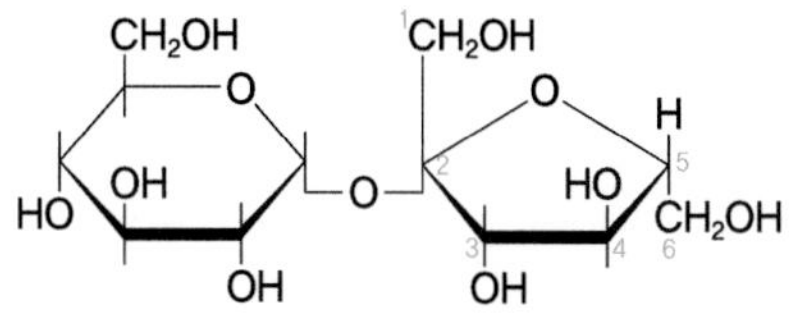

α-1, β-2결합

그림 4-9 설탕의 구조

과당의 β-위치 하이드록실기 사이에 글리코사이드결합을 하고 있기 때문에 노출되어 있는 환원성 말단 부위가 없으므로 비환원성 당에 해당한다.

3) 유당

유당(lactose)은 갈락토스와 포도당이 β-1,4결합을 하고 있는 이당류로서(그림 4-10) 포유동물의 젖 속에 함유되어 있다(모유 100 mL당 약 6.8 g, 우유에는 약 4.8 g 함유). 식품 중의 유당은 장내 유산균에 의하여 발효되어 장내 pH를 낮춤으로써 잡균의 번식을 억제하는 정장작용을 하며 Ca^{2+}이온의 흡수를 촉진시키는 작용을 한다. 유당 분해효소(β-갈락토시데이스)의 결핍으로 유당 분해에 이상이 생긴 질병을 유당불내증(lactose intolerance)이라고 한다.

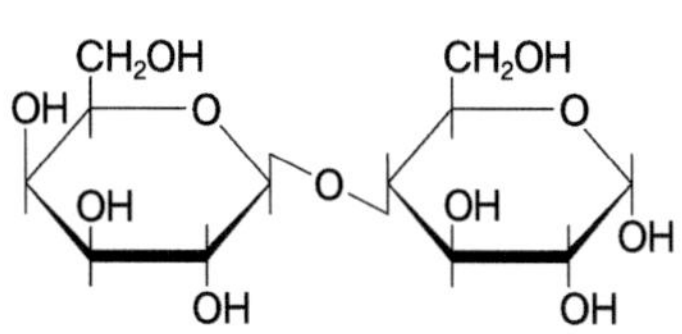

β-1,4결합

그림 4-10 유당의 구조

4) 셀로바이오스

셀로바이오스(cellobiose)는 섬유소를 산으로 가수분해할 때 얻어지는 이당류로서 포도당이 β-1,4결합으로 두 분자가 연결되어 있다(그림 4-11).

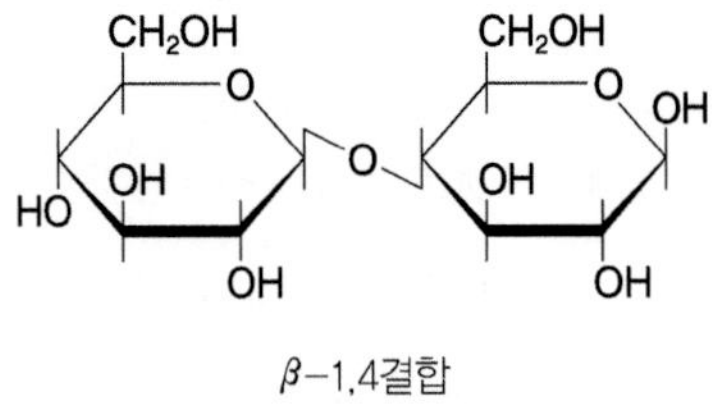

그림 4-11 셀로바이오스의 구조

5) 올리고당류

올리고당류는 대개 3~10개의 단당류로 구성되는데, 자연적으로 존재하거나 천연물질의 가수분해로 생성된다. 대두, 완두, 밀기울 및 통곡에 상당량 존재하는 스타키오스(stachyose)는 소화효소로 분해되지 않고 장내 세균에 의해 분해되어 식품을 섭취한 후 가스 생성을 초래한다(그림 4-12).

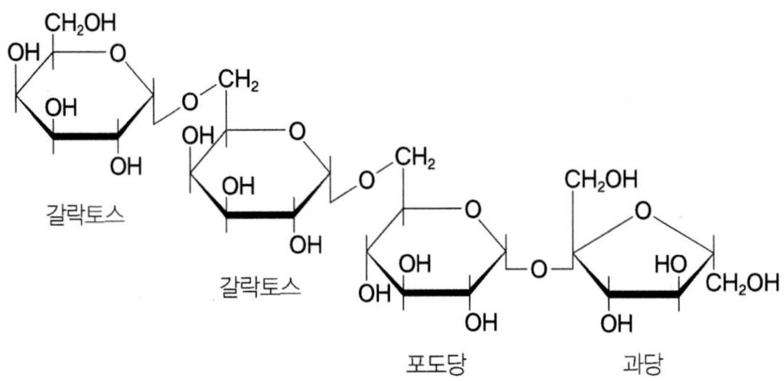

그림 4-12 스타키오스의 구조

4. 다당류

수백 또는 수천 개의 단당류가 직선 또는 가지를 형성하는 모양으로 연결되어 이루어진 당을 말하며 보통 물에 잘 녹지 않고 단맛이 거의 없다. 다당류를 구성하고 있는 단당류는 대체로 한 종류로 되어 있으나(단순다당류) 한 종 이상의 단당류로 되어 있는 경우도 있다(복합다당류). 이들이 어떠한 결합으로 이루어져 있으며 그 기능은 어떠한가에 특별히 관심을 가지고 살펴보자.

1) 전분

전분(starch)은 쌀, 밀 등의 곡류는 물론이고 고구마, 감자 등 서류 및 채소와 과일 등에 널리 분포되어 있는 식물의 저장성 다당류이다. 전분은 포도당이 α-1,4결합의 직선형으로 연결되어 있는 아밀로스(amylose)와 α-1,4결합의 주 사슬에 α-1,6결합의 가지가 연결된 아밀로펙틴(amylopectin)의 복합체이다(그림 4-13). 아밀로스는 100~1,000개의 포도당이 결합된 사슬이 나선구조를 이루고 있으며 요오드를 가하면 요오드가 나선 내에 들어가 포접화합물을 형성하여 청색을 나타내므로(요오드-전분 반응) 전분을 정성분석하는 방법으로 이용된다(그림 4-14). 아밀로펙틴은 가지가 있는 분자특성상 요오드-전분반응은 적색을 나타낸다. 전분이 소장에서 완전히 소화되면 포도당으로 분해된다(그림 4-15).

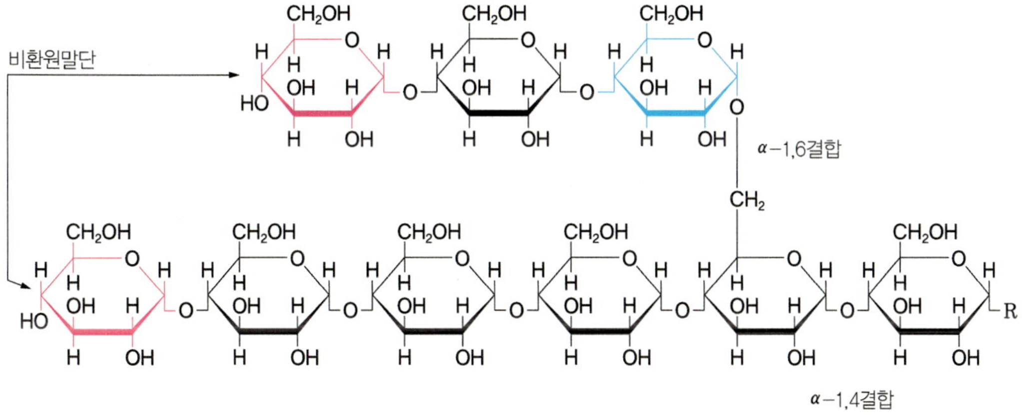

그림 4-13 전분의 화학결합구조

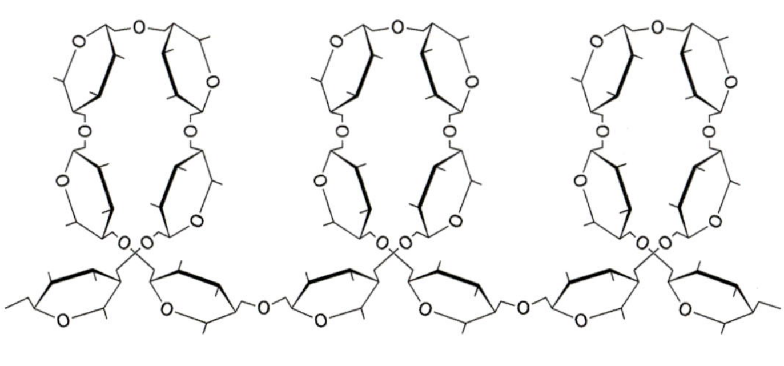

그림 4-14 아밀로스의 나선구조 모양

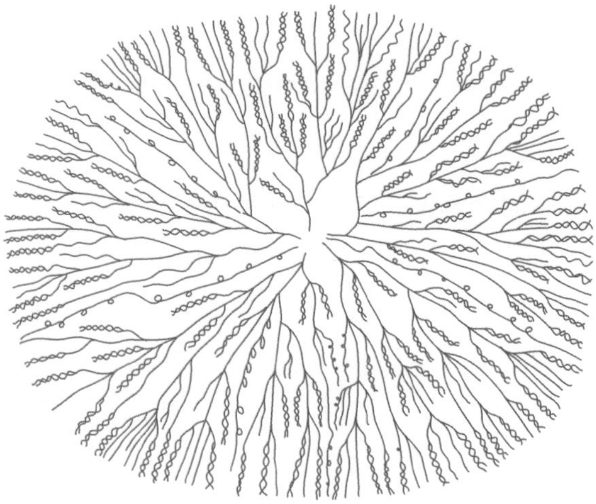

그림 4-15 아밀로펙틴의 분지된 모양

2) 덱스트린

전분이 가수분해될 때 생성되는 중간산물을 덱스트린(dextrin)이라고 한다. 이때 가수분해되어 형성된 분자는 크기별로 다음과 같은 이름으로 불린다.

- 아밀로덱스트린(amylodextrin)
- 에리트로덱스트린(erythrodextrin)
- 아크로덱스트린(achrodextrin)
- 말토덱스트린(maltodextrin)

3) 글리코젠

글리코젠(glycogen)은 동물의 간과 근육에 저장된 다당류로서 동물성 전분이라고 할 수 있다. 글리코젠은 α-1,4결합과 α-1,6결합을 지니고 있어 아밀로펙틴의 구조와 비슷한 구조를 하고 있다. 간에 저장된 글리코젠은 분해되어 신속하게 혈당을 공급하는 역할을 하므로 모든 체세포의 에너지원으로 사용되며 근육에 저장된 글리코젠은 해당 경로라는 대사과정을 거쳐 분해되어 근육의 운동에너지로 사용된다.

4) 섬유소

섬유소(cellulose)는 식물 세포벽의 주성분으로 전분과는 다르게 포도당 분자가 β-1,4결합으로 연결된 직선구조로 되어 있는 단순 다당류이다(그림 4-16). 초식동물은 섬유소를 소화하여 에너지원으로 사용하고 있으며 일부는 장내 미생물의 도움을 받아 에너지원으로 이용한다. 사람은 섬유소를 분해하는 효소인 셀룰레이스를 생성하지 못하므로 포도당으로 소화하지 못한다. 따라서 영양적 가치는 적으나 장의 연동작용 촉진 등 생리적 작용 때문에 중요시되고 있다.

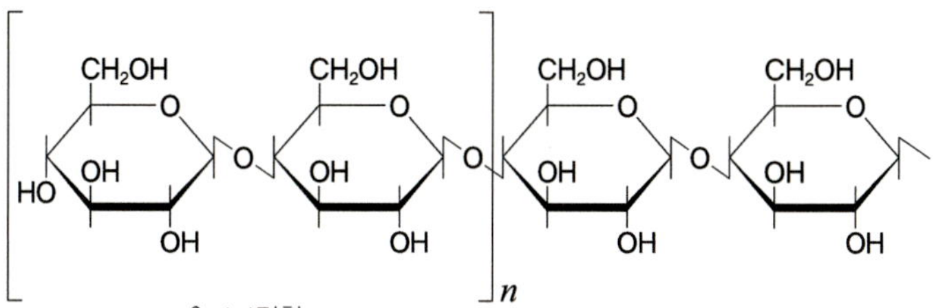

그림 4-16 섬유소의 기본구조

식이섬유(dietary fiber)

식이섬유에는 섬유소, 헤미셀룰로스, 펜토산, 갈락탄, 펙틴, 검, 리그닌 등이 있다. 이들은 식물세포의 막을 형성하거나 지지 또는 보호하는 물질들이며 소화되지 않고 그대로 배설된다. 식이섬유라 불리는 섬유소와 이러한 물질들은 체내작용과 관상 심장병, 당뇨병과 변비 등의 각종 질병을 예방하고 치료할 수 있다는 연구결과들이 많이 나오면서 이들 식이섬유의 중요성이 강조되고 있다. 펙틴(pectin)과 검(gum) 등은 혈청칼슘, 철, 마그네슘의 수준을 낮추고 담즙산염과 결합하여 담즙산염의 재흡수를 감소시키며 지방산의 수준을 낮춘다. 검과 같은 섬유질은 혈청 콜레스테롤 양을 감소시키고 셀룰로스도 이에 효과적이다. 섬유질은 콜레스테롤의 합성을 저하시키고 장내 통과시간의 단축으로 담즙염의 생성을 지연시킨다. 그러나 식이섬유의 과다섭취는 영양소의 흡수를 감소시키므로 주의를 요한다. 특히, 노인이나 흡수불량증후군 환자, 영·유아에게 있어서 영양부족상태인 경우 과다한 섬유질의 섭취는 영양상태를 악화시킬 수도 있다.

연습문제

❶ 케토스(ketose)와 알도스(aldose)의 구조적 차이는 무엇인가?

❷ 비대칭탄소(부제탄소)란 무엇인가?

❸ 아노머(anomer)란 무엇인가?

❹ 말토스(maltose)는 환원당인가 비환원당인가? 그리고 그 이유를 설명하라.

❺ 수크로스(sucrose)는 환원당인가 비환원당인가? 그리고 그 이유를 설명하라.

❻ 아밀로스(amylose)가 분해되면 어떠한 물질이 생성되는가?

❼ 전분은 물에 용해될 수 있고 섬유소는 물에 용해되지 않는 이유는 무엇인가?

정 답

1. 케토스는 케톤기를 가지고 있고, 알도스는 알데하이드기를 가지고 있다.
2. 한 탄소는 4개의 화학결합을 할 수 있는데, 각 결합에 참여하는 원자 혹은 원자단의 종류가 모두 다른 탄소를 부제탄소(asymmetric carbon) 또는 비대칭탄소라고 한다.
3. 단당류에 있어서 고리구조를 형성할 때 알데하이드기 혹은 케톤기를 가지는 탄소가 고리형성결합에 참여하게 되는데, 이때 이 탄소에 새로운 -OH가 형성된다. 새로이 형성된 -OH의 위치는 두 가지가 존재하는데, 이들 각기 다른 위치의 단당류의 이성질체 관계를 아노머(anomer)라 한다.
4. 환원당이다. 글루코스 한 분자의 아노머 탄소(anomeric carbon)는 이당류 형성반응에 참여하지 않고 있는데, 이 탄소와 5번 탄소 간의 결합이 용액 내에서 분해결합을 반복한다. 분해되어 쇄상구조로 전환될 때 아노머 탄소에 알데하이드기가 형성되는데, 이 알데하이드기가 환원성을 가진다.
5. 비환원당이다. 수크로스는 글루코스와 프럭토스로 구성되어 있는데, 이들 두 단당류의 아노머 탄소가 모두 결합에 참여하고 있기 때문에 용액상태에서도 고리구조가 쇄상구조로 전환되지 않아 아노머 탄소에 환원성이 있는 알데하이드기와 케톤기가 형성되지 않는다.
6. 덱스트린(dextrin), 글루코스(glucose)
7. 전분은 구형구조를 하면서 많은 알코올기가 외부로 노출되어 있어 물과 수소결합을 잘 할 수 있다. 섬유소는 섬유상의 구조를 하면서 구조의 외부로 노출되어 있는 알코올기의 양이 매우 적어 물과 수소결합을 하는 양이 매우 적다.

5
지질

1. 지질의 분류
2. 지방산
3. 단순지질
4. 복합지질
5. 콜레스테롤
6. 지단백질
7. 생체막과 물질의 수송

지질이란 유지(혹은 지방) 및 그것에 관련된 물질을 총칭하는 말이다. 지질은 물에 녹기 어렵고 에터 등의 유기용매에 용해되기 쉬운 특성을 지닌다. 지질은 모든 생물의 체조직에 걸쳐서 널리 분포하고 있으며 주요 역할은 저장성 에너지원으로서의 역할 및 세포막의 구성성분으로서의 역할을 들 수 있다. 에너지원으로 사용되는 지질은 주로 중성지방으로서, 이 물질은 세포 내에 기름입자로 존재하면서 저장성 에너지물질로 작용할 뿐만 아니라 체온 유지, 수분을 저장하는 역할 및 외부 충격에 대한 완충제 역할 등의 기능도 지니고 있다. 세포막의 구성성분이 되는 지질로서는 인지질, 당지질 및 콜레스테롤 등이 있다.

1. 지질의 분류

지질은 그 형태와 구성성분 등에 따라 단순지질, 복합지질, 유도지질로 분류된다. 순수 지질성 물질만으로 구성된 경우를 단순지질이라 하며 지질 이외에 인이나 당과 같은 비지질 분자단이 결합된 경우를 복합지질, 단순지질에서 유도되어 생성된 지질을 유도지질이라 한다.

(1) 단순지질

- 중성지방 : 1분자의 글리세롤과 1~3분자의 지방산이 결합된 에스터
- 왁스 : 고급지방족 알코올과 지방산의 에스터
- 콜레스테롤 에스터 : 콜레스테롤과 지방산의 에스터

(2) 복합지질 : 단순지질에 비지질 분자단이 결합된 것

- 인지질 : 글리세롤 또는 스핑고신, 지방산, 인산과 질소 화합물 함유
- 당지질 : 글리세롤 또는 스핑고신, 지방산, 당질 및 질소 화합물 함유
- 지단백 : 지질과 단백질의 결합 형태

(3) 유도지질 : 지질을 구성하는 성분에서 유도된 물질

- 지방산
- 콜레스테롤
- 탄화수소

2. 지방산

자연계에 존재하는 지질의 가장 많은 부분을 차지하고 있는 것이 바로 중성지방이다. 중성지방은 그 구성성분이 글리세롤과 지방산이다. 지방산은 이러한 중성지방에서 유도되어 생성되므로 유도지질로 분류된다. 단순지질에 대해 알아보기 전에 단순지질의 가장 중요한 구성성분인 지방산에 대해 먼저 알아보자.

지방산의 한쪽 끝에는 메틸기를 지니고 있고 다른 쪽 끝에는 카복실기를 가진 탄화수소 사슬이다. 이때 메틸기 및 탄소와 수소로 이루어진 탄화수소 사슬은 소수성의 성질을, 카복실기는 친수성의 성질을 지닌다. 한 분자 내에 소수성기와 친수성기를 모두 가지고 있으므로 양친매성 물질로 분류된다.

지방산이 생명체에 존재하는 대표적인 형태는 글리세롤과 3개의 지방산이 에스터결합을 이루고 있는 트라이아실글리세롤의 형태와 2개의 지방산과 인산 그룹을 포함한 다른 화합물이 에스터결합을 이루고 있는 인지질이 있다. 일부는 유리지방산으로서 혈장 중에 존재하기도 한다. 지방산은 그 이름에서 알 수 있듯이 말단에 카복실기를 지니는 산성물질이므로 알칼리성물질과 화합하려는 성질을 지닌다. 천연의 지방산 사슬을 이루고 있는 탄소의 수는 대부분 20개 이하의 짝수이며, 특히 탄소 수 16개(팔미트산)와 18개(스테아르산)인 지방산이 가장 널리 분포되어 있다(표 5-1).

지방산은 이중결합의 유·무에 따라서 포화지방산과 불포화지방산으로 분류되는데, 이중결합이 많을수록 지질의 유동성은 증가된다. 이중결합을 하나만 가지고 있는 경우 단일불포화지방산(monounsaturated fatty acid)이라고 하며 2개 이상의 이중결합이 있는 경우 다중불포화지방산(polyunsaturated fatty acid)이라고 하는데, 천연의 불포화지방산에서 이중결합은 대부분 시스(*cis*) 형태를 유지하고 있다. 메틸기로부터 몇 번째 위치에 처음으로 이중결합이 나타나느냐에 따라 **ω**- 또는 n-의 기호를 이용하여 표시한다. 예를 들어, 메틸기로부터 9번 탄소에서 처음 이중결합이 나타나는 올레산의 경우 ω-9 또는 n-9 지방산으로 구분된다. 카복실기로부터 이중결합의 위치를 표시할 때는 △의 기호를 사용한다.

한편, 리놀레산($C_{18\triangle 9,12}$), 리놀렌산($C_{18\triangle 9,12,15}$), 아라키돈산($C_{20\triangle 5,8,11,14}$) 등과 같이 이중결합이 2개 이상인 불포화지방산은 동물의 성장 및 발육에 없어서는 안 되는 중요한 영양소이지만 체내에서 스스로 만들어 낼 수 없고 음식물의 형태로 섭취해야 하므로 이들 지방산을 필수지방산이라고 부른다. 필수지방산이 성장기에 결핍되면 성장지연, 피부염 등이 발생한다.

표 5-1 자연계에 존재하는 지방산

탄소수	구조식	계통명	통상명	녹는점(℃)
포화지방산				
12	$CH_3(CH_2)_{10}COOH$	n-dodecanoic acid	라우르산(lauric acid)	44.2
14	$CH_3(CH_2)_{12}COOH$	n-tetradecanoic acid	미리스트산(myristic acid)	53.9
16	$CH_3(CH_2)_{14}COOH$	n-hexadecanoic acid	팔미트산(palmitic acid)	63.1
18	$CH_3(CH_2)_{16}COOH$	n-octadecanoic acid	스테아르산(stearic acid)	69.6
20	$CH_3(CH_2)_{18}COOH$	n-eicosanoic acid	아라키드산(arachidic acid)	76.5
24	$CH_3(CH_2)_{22}COOH$	n-tetracosanoic acid	리그노세르산(lignoceric acid)	86.0
불포화지방산				
16	$CH_3(CH_2)_5CH{=}CH(CH_2)_7COOH$		팔미톨레산(palmitoleic acid)	-0.5
18	$CH_3(CH_2)_7CH{=}CH(CH_2)_7COOH$		올레산(oeic acid)	13.4
18	$CH_3(CH_2)_4CH{=}CHCH_2CH{=}CH(CH_2)_7COOH$		리놀레산(linoleic acid)	-5
18	$CH_3CH_2CH{=}CHCH_2CH{=}CHCH_2CH{=}CH(CH_2)_7COOH$		리놀렌산(linolenic acid)	-11
20	$CH_3(CH_2)_4CH{=}CHCH_2CH{=}CHCH_2CH{=}CHCH_2CH{=}CH(CH_2)_3COOH$		아라키돈산(arachidonic acid)	-49.5

3. 단순지질

1) 중성지방

중성지방(neutral fats)은 글리세롤과 지방산이 에스터결합으로 이루어진 것으로서 지방산의 결합 수에 따라서 트라이아실글리세롤(trigacylglycerol, TG), 다이아실글리세롤(diacylglycerol, DG), 모노아실글리세롤(monoacylglycerol, MG) 등으로 분류된다. TG의 경우 지방산의 친수성기인 카복실기가 글리세롤의 알코올기와 에스터결합을 이루게 된다. 글리세롤이 가진 3개의 알코올기가 모두 지방산과 결합되어 결국 3개의 지방산과 1개의 글리세롤이 에스터결합을 통해 TG가 되고 그 구조에 있어서 비극성 부분만을 지니게 되므로 물에 불용성이다(그림 5-1). TG는 에너지의 주요 저장수단으로 이용된다.

천연 유지의 주성분이 되는 중성지방은 대부분이 TG이지만 소량의 DG와 MG도 함유되어 있다. 중성지방에서 가장 약한 부분은 에스터결합 부위로서 알칼리에 의해 비누와 글리세롤로 가수분해된다(비누화). 생체 내에서는 지질이 효소(라이페이스)에 의해서 지방산과 글리세롤로 분해된다. 인체에서 중성지방을 구성하는 지방산은 올레산($C_{18:1}$, 50%), 팔미트산($C_{16:0}$, 23%), 리놀레산($C_{18:2}$, 10%), 스테아르산($C_{18:0}$, 6%) 등이다. 이에 반해 식물성 유지에는 불포화지방산(올레산, 리놀레산)이 많다.

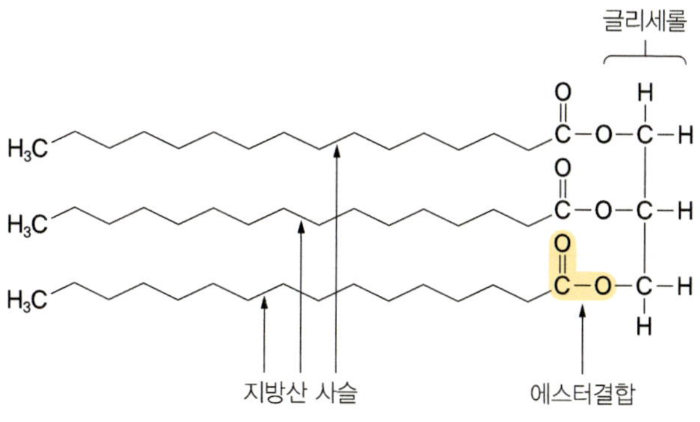

그림 5-1 중성지방의 일반구조

중성지방의 생체적 의의

에너지 공급과 저장

지질은 1 g당 9 kcal의 에너지를 발생하며 식품에서 섭취한 지질은 대부분 에너지원으로 이용된다. 과잉 섭취한 탄수화물과 지질은 중성지방으로 전환되어 저장된 후 열량원 필요시 다시 분해되어 에너지를 발생한다.

필수 영양소로서의 작용

지질 중 필수지방산이 결핍되면 성장 지연, 피부염 등이 발생된다.

신체의 구성성분

중성지방은 각 조직의 구조적 성분으로 총 체중의 20% 내외로 구성되어 있다.

체온유지 및 중요 장기의 보호작용

피하지방층은 외부 환경의 급격한 변화로부터 체온유지의 보호벽 역할을 하여 일정 온도를 유지할 수 있도록 한다. 또 심장, 신장, 폐 등 중요 장기가 외부 충격을 받았을 때 충격을 완화시키는 역할을 하기도 한다.

체내 중요 물질의 합성 및 기타작용

생체 내 중요한 작용을 하는 콜레스테롤, 프로스타글란딘, 담즙산 등의 물질을 합성한다. 프로스타글란딘은 주로 호르몬 역할을 하는 생리활성이 강한 지방질이다.

2) 왁스

왁스(wax)는 글리세롤 대신에 고급 알코올(긴사슬 알코올)과 지방산이 에스터결합으로 이루어진 밀랍 또는 경랍 등의 성분이기도 하다. 왁스는 생명체 표면에 주로 존재하며 수분의 손실방지 및 외피를 보호하는 역할을 한다.

4. 복합지질

1) 인지질

인지질(phospholipid)은 인산을 포함하고 있는 지질로서 친수성을 띠고 있는 인산의 극성 부분과 소수성을 띠고 있는 지방산의 탄화수소 사슬에 의해 양친매성을 나타낸다. 인지질은 글리세롤이 지방산 및 인산과 결합된 글리세로인지질과 글리세롤 대신에 스핑고신이 결합된 형태인 스핑고인지질로 나눌 수 있다. 글리세로인지질은 세포막을 구성하는 대표적인 지질성분이며 포스파티드산(phosphatidic acid)(그림 5-2)을 기본 골격으로 하고 여기에 에탄올아민, 콜린 및 세린 등과 에스터결합을 하여 다양한 인지질을 형성한다(표 5-2). 특히 레시틴(lecithin)이라 불리는 포스파티딜콜린은 동물세포막의 주된 성분으로서 난황에도 다량 함유되어 있으며, 세팔린(cephalin)은 뇌, 간, 부신 및 동물의 장기 내에 다량 함유되어 있다.

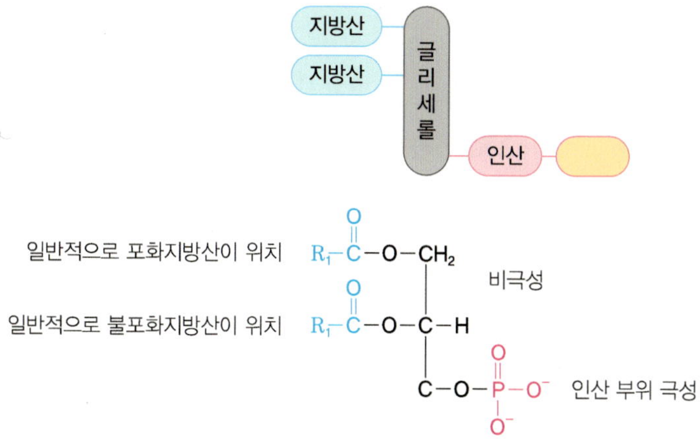

그림 5-2 글리세로인지질의 기본 골격을 이루는 물질, 포스파티드산

표 5-2 인지질의 명칭

$-CH_2CH_2N^+H_3$ (에탄올아민)	포스파티딜 에탄올아민(세팔린)
$-CH_2CH_2N^+(CH_3)_3$ (콜린)	포스파티딜 콜린(레시틴)
$-CH_2CH(N^+H_3)COO^-$ (세린)	포스파티딜 세린

※ 인지질의 명칭은 인산 부위에 결합되는 물질에 따라 붙여진다.

스핑고인지질의 핵은 스핑고신의 지방산 유도체인 세라마이드(ceramide)인데, 세라마이드의 1번 탄소에 수소 대신 인산콜린이 결합되어 있는 형태가 스핑고미엘린이다(그림 5-3). 스핑고미엘린은 대부분의 동물세포막에서 발견되며 그 이름에서 연상되듯이 신경세포의 수초(myelin sheath)에 많이 존재한다. 수초는 신경세포 축삭주위를 둘러싸 절연시킴으로써 신경전달 속도를 촉진하는 기능을 하는 것으로 알려져 있다.

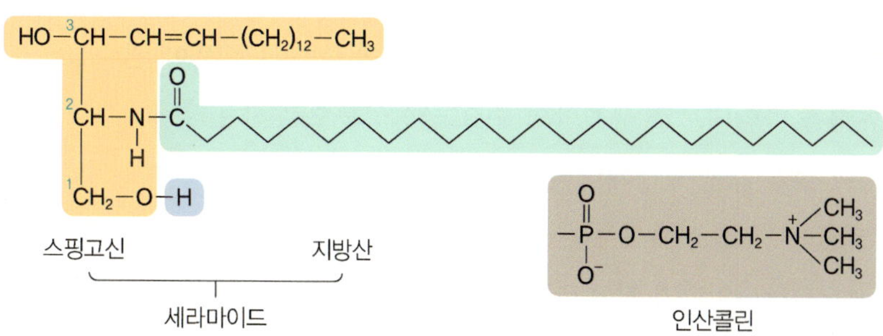

그림 5-3 세라마이드와 인산콜린의 구조
세라마이드의 -H 위치에 인산콜린이 위치한 물질이 스핑고미엘린이다.

2) 당지질

당지질(glycolipid)은 글리세롤 또는 스핑고신과 고급 지방산 및 당이 결합한 복잡한 구조를 지니고 있다. 일반적으로 동물계에서는 스핑고당지질이, 식물이나 미생물에는 글리세로당지질이 함유되어 있다.

스핑고당지질은 스핑고인지질처럼 세라마이드를 기본골격으로 하고 극성머리 부분에 어떠한 당을 포함하는가에 따라 다양한 당지질을 형성한다. 이때 갈락토스를 포함하는 갈락토세레브로사이드는 뇌 및 신경세포막에 많이 존재하며, 여러 개의 당과 시알산(N-acethyl neuraminic acid)을 극성머리 부분으로 하는 강글리오사이드는 신경세포의 말단에서 신경자극의 전달에 중요한 역할을 하는 것으로 알려져 있다(그림 5-4). 강글리오사이드의 분해대사 결핍으로 체내에 축적되는 양이 증가하면 신경계에 퇴행성 변성을 유발하게 되는데 대표적인 예가 테이삭스병(Tay-Sachs)이다.

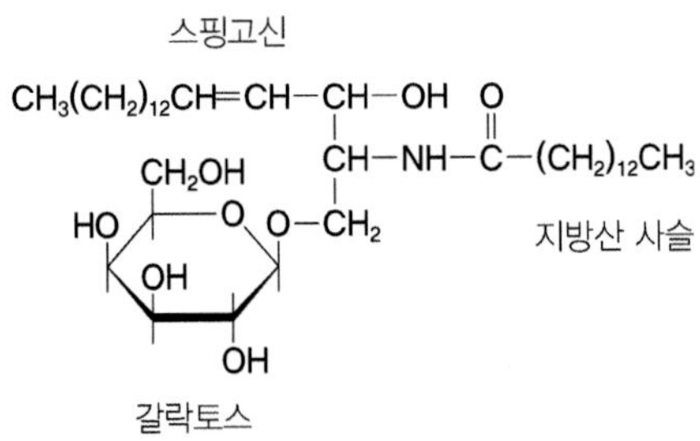

그림 5-4 갈락토세레브로사이드의 구조

5. 콜레스테롤

콜레스테롤(cholesterol)은 동물성 스테롤로서 성인의 체내에 약 140 g 정도를 함유하며 이 중 약 40%는 음식물 형태로 섭취하고 나머지는 인체 내에서 합성하여 공급된다. 콜레스테롤의 합성은 대부분의 장기에서 진행되지만 주로 간에서 대부분의 양이 생합성된다. 콜레스테롤은 분자 내의 알코올기에 의해 일부분이 친수성을 지니고 있는 양친매성을 나타내므로 생체막의 주요 구성성분으로 사용되는데, 고리구조의 특성상 유연성이 낮기 때문에 생체막의 물리적 성질에 많은 영향을 준다.

콜레스테롤의 주요 분해대사 산물은 담즙산이다. 간에서 생성된 담즙산은 담즙 형태로 담낭에 저장되었다가 장으로 분비되어 지질 식품의 소화와 흡수에 중요한 역할을 한다. 담즙산의 종류는 콜산(cholic acid), 체노데옥시콜산(chenodeoxycholic acid), 데옥시콜산(deoxycholic acid) 등이 있다(그림 5-5). 이외에도 콜레스테롤은 비타민

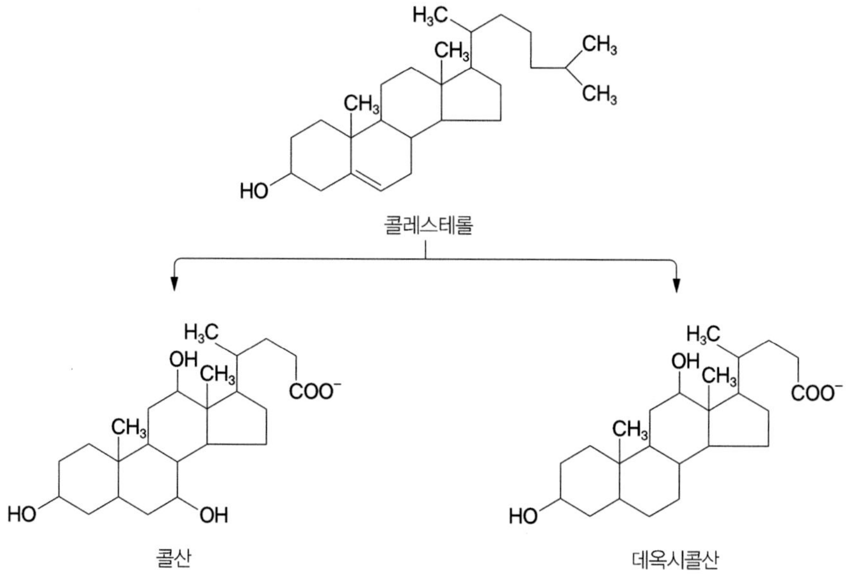

그림 5-5 콜레스테롤 및 콜레스테롤에서 유도된 담즙산들

D 및 부신피질호르몬, 에스트로젠, 프로제스테론, 테스토스테론 등 스테로이드 호르몬의 전구물질로 이용된다(표 5-3).

표 5-3 몇 가지 중요한 스테로이드호르몬

명칭과 구조		생물학적 기능
에스트로젠	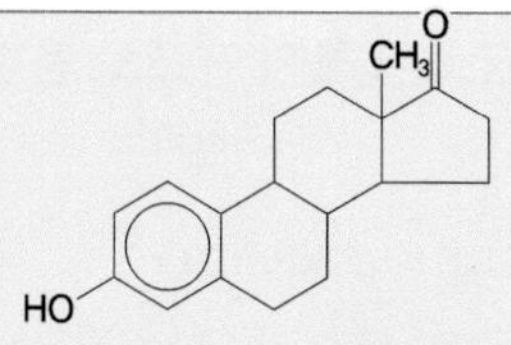	여성 생식기의 발생, 성숙 및 발달을 촉진한다. 자궁주기의 증식기는 에스트로젠의 주기적 생산에 의해 일어난다. 에스트로젠은 난포자극호르몬(FSH)의 분비를 억제하고 황체형성호르몬(LH)의 분비를 촉진한다.
프로제스테론	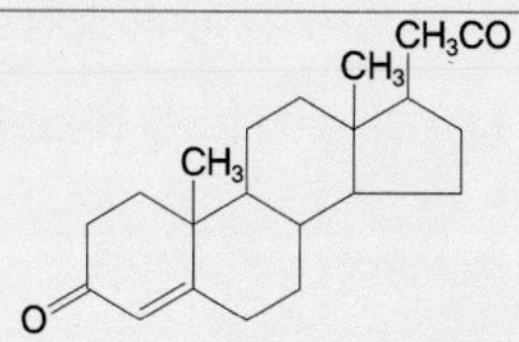	비임신기의 여성은 황체가 프로제스테론의 주요 분비원이다. 이 호르몬은 자궁에 난자 착상 준비를 한다. 그리고 자궁 근육 수축을 감소시키고 유방의 발달을 촉진하며 배란을 억제한다.
테스토스테론	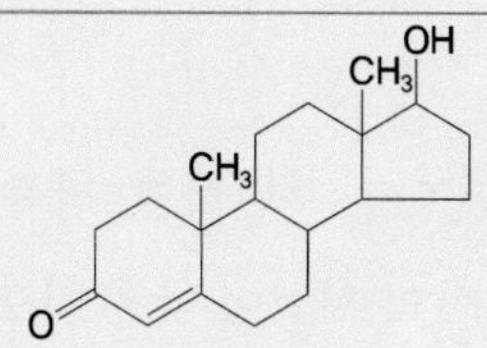	테스토스테론은 정소에서 합성되며 남성의 제1차 및 제2차 성징에 관계한다. 여성에 있어서는 사춘기에 체모의 발달에 관계한다. 이 호르몬은 골격근량을 증가시키고 뼈의 성장을 촉진하며 기초대사율을 증가시킨다.

식물성 스테롤은 파이토스테롤(phytosterol)이라고 부르는데 에르고스테롤(ergosterol), 시토스테롤(sitosterol), 스티그마스테롤(stigmasterol) 등이 있다.

6. 지단백질

지단백질은 혈액 중에서 소수성을 띠고 있는 지질의 주요 이동수단으로서 간과 장에서 합성되며 지질과 단백질로 구성되어 있다. 지단백질의 중심부에는 소수성인 중성지방과 콜레스테롤 에스터가 위치하고 표면에는 극성지질인 인지질과 콜레스테롤이 위치하며 그 위에 여러 종의 아포단백질(apoprotein)이 얇은 막을 형성해 전체적으로는 수용성의 입자가 된다. 지단백질을 구성하는 지질의 양이 많을수록 지단백질의 밀도가 낮아지고 그 밀도에 따라 다음과 같은 분류의 지단백이 혈장에 존재한다(표 5-4).

(1) 킬로마이크론(chylomicron)

지단백질 중에서 지질을 가장 많이 함유하고 있으며, 장 점막에서 생성되어 음식물 중에서 취한 중성지방을 소장에서 체내의 각 조직으로 운반하는 역할을 한다.

(2) 초저밀도 지단백질(VLDL : Very Low Density Lipoprotein)

간에서 생성되며 체내에서 합성된 지질을 지방조직 등의 세포로 운반하는 형태이다.

(3) 저밀도 지단백질(LDL : Low Density Lipoprotein)

킬로마이크론이나 VLDL에서 생성되는 경우가 많으며 간이나 소장에서 콜레스테롤을 말단 조직으로 운반하는 역할을 한다. 혈중 LDL의 증가는 콜레스테롤의 증가를 의미하며 동맥경화의 위험요소로 지적되고 있다.

(4) 고밀도 지단백질(HDL : High Density Lipoprotein)

간에서 생성되며 말단 조직의 콜레스테롤을 간으로 운반하고, 담즙산으로의 배설을 촉진한다. 혈중 HDL의 수치가 높은 경우 동맥경화의 위험이 낮은 것으로 알려져 있다.

표 5-4 지단백질의 종류와 구성

종류	밀도(g/mL)	조성(%)				생성장소
		단백질	콜레스테롤	중성지방	인지질	
킬로마이크론	< 0.94	2	5	90	3	소장
VLDL	0.94~1.006	10	12	60	18	간
LDL	1.006~1.063	25	50	10	15	혈액
HDL	1.063~1.210	50	20	5	25	간

7. 생체막과 물질의 수송

생체막은 거의 동일한 양의 지질(주로 인지질, 스핑고지질, 콜레스테롤 등의 극성지질) 및 지질과 상호작용을 하는 단백질과 소량의 당질로서 구성되어 있다. 이때 지질은 친수성의 머리 부분과 소수성의 탄화수소 꼬리 부분으로 구성되는데, 소수성 꼬리를 막의 안쪽으로 하고 친수성의 머리 부분은 바깥쪽으로 향해 있는 이중막 구조를 하고 있다. 생리적 온도에서 막은 매우 유동적이어서 지질층의 표면 및 내부에 단백질이 헤엄치고 있는 듯하다. 이러한 막의 구조를 유동 모자이크 모델(fluid mosaic model)이라 한다. 이때 당단백질과 당지질의 탄수화물 꼬리 부분은 세포의 인식 부위로서 중요한 기능을 하며 막 단백질은 통로의 역할을 하거나 운반체의 역할을 한다.

지질 이중층을 이루는 소수성 때문에 일부 비극성 분자들을 제외하면 막을 쉽게 통

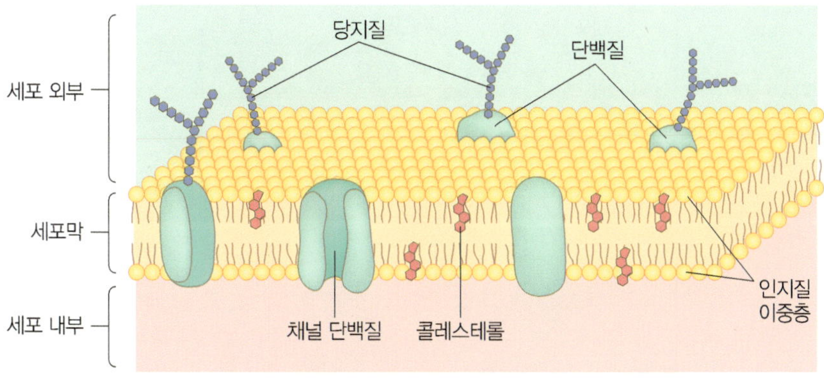

그림 5-6 생체막의 구조

과하지 못하는데, 이온을 띠거나 큰 극성분자들은 그 특성에 따라서 다양한 방식에 의존하여 막의 안 또는 밖으로 수송된다(표 5-5).

표 5-5 막을 통한 물질의 이동방식

구분	내용
단순확산	• 막 내외의 농도차에 의함 • 수용성의 작은 분자(수용성 비타민, 무기질)
비이온성 확산	• 지용성, 비이온성 물질(분자의 크기에 무관)
촉진확산	• 담체를 매개로 농도 기울기에 따라서 확산 • 포도당, 비타민 B_{12} 등
능동수송	• 에너지(ATP)를 사용하여 농도 기울기에 반하여 수송 • 나트륨-칼륨펌프, 소장에서의 흡수, 신세뇨관에서의 재흡수
기타	• 음작용(pinocytosis) : 거대분자(예 : 지방구 등) 세포 내 유입 • 식작용(phagocytosis) : 백혈구가 세포를 잡아먹는 것

생체막을 경계로한 물질의 수송은 크게 수동수송과 능동수송, 음세포작용을 포함하는 기타 수송으로 나눌 수 있다. 수동수송은 농도 차이를 이용하여 고농도에서 저농도로 물질이 이동하며 확산과 촉진확산이 이에 속한다. 능동수송은 물질의 농도가 낮은 쪽에서 높은 쪽으로 물질을 이동시키기 때문에 에너지(ATP)를 사용하여 물질을 수송하는 방식이다. 그래서 '능동'이라는 표현을 쓰고 있는데, 나트륨-칼륨펌프는 능동수송의 대표적인 예에 해당한다(그림 5-7).

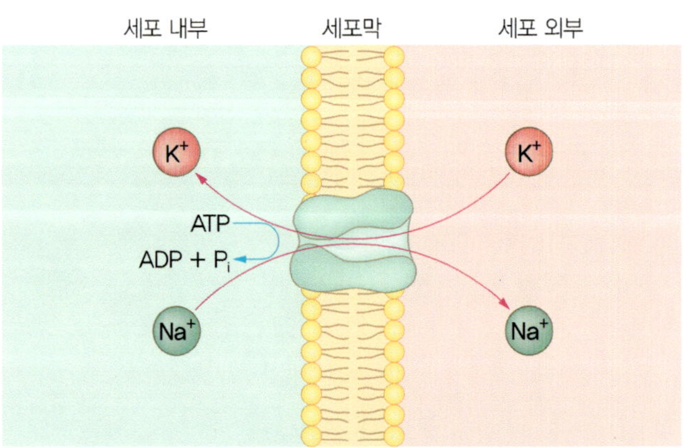

그림 5-7 나트륨-칼륨펌프

나트륨/칼륨 ATPase에 의해 진행되는 나트륨-칼륨펌프는 ATP를 가수분해해서 발생되는 에너지를 이용하여 세포 밖으로 3개의 나트륨이온을 내보내고 세포 안으로 2개의 칼륨이온을 들여보낸다. 나트륨-칼륨펌프의 작용으로 세포 내의 K^+ 이온은 세포 바깥쪽보다 매우 높고 Na^+ 이온의 농도는 매우 낮은 상태를 유지한다.

이러한 농도 기울기와 더불어 막에 있는 선택적 이온통로를 통한 K^+ 이온의 세포 밖 확산의 결과로 막의 안쪽은 바깥쪽에 비하여 음의 전하(-70 mV)를 띠게 되는데 이를 막전위(membrane potential)라고 하며, 막전위는 신경자극의 전달에 있어서 매우 중요한 역할을 한다.

수송하고자 하는 물질이 세포막을 통과하기에 너무 클 때에는 세포막의 일부가 이동시키고자 하는 물질을 감싸 소포를 형성하여 수송하는 방식이 있는데 음세포작용과 식작용 등이 여기에 속한다(그림 5-8).

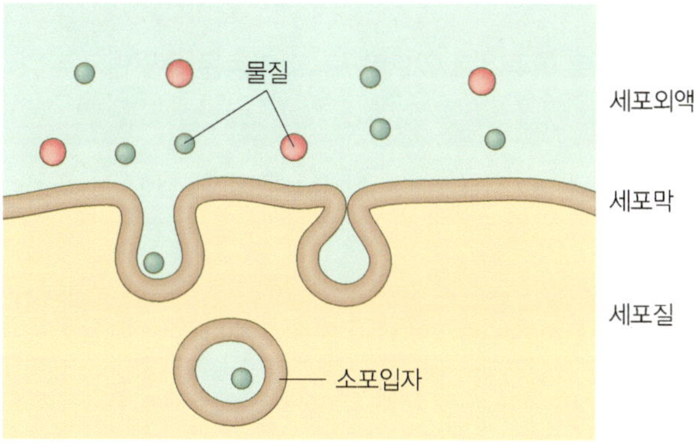

그림 5-8 **음세포작용**

연습문제

❶ 다음 용어들을 간단히 설명하라.

1) 에스터결합

2) 불포화지방산

3) 중성지방

❷ 생체막은 어떠한 물질로 이루어져 있으며 또 그 기능은 무엇인가?

❸ 콜레스테롤이 동맥경화의 원인이 되는 이유는 무엇인가?

❹ 중성지방은 무엇으로 구성되어 있는가?

❺ 중성지방을 왜 중성지방이라 하는가?

❻ 인지질을 구성하는 인은 인지질에 어떻게 영향을 주는가?

❼ 인지질과 스핑고지질은 생명체의 어느 곳에 주로 존재하며 그 이유는 무엇인가?

❽ 왁스가 물과 결합하지 않고 생물체의 표피온도에서 고체인 이유는 무엇인가?

정 답

1\. 1) $-\overset{O}{\overset{\|}{C}}-O$ 형태 결합의 대표적인 예로 트라이아실글리세롤을 형성하기 위해 지방산과 글리세롤 사이에 형성되는 결합
   2) 지방산을 구성하는 탄소 사이에 이중결합이 하나 이상 있는 지방산
   3) 글리세롤과 지방산의 에스터결합에 의해 형성되는 지방
2\. 생체막은 인지질, 스핑고지질, 콜레스테롤과 같은 지질, 단백질, 탄수화물 등으로 구성되어 있으며 세포의 울타리 역할과 세포 내부와 외부 사이의 물질 이동의 통로역할을 담당한다.
3\. 콜레스테롤은 구조상 유연성이 없어 콜레스테롤이 혈관에 침전되어 혈관의 신축성을 감소시킨다. 이것이 동맥경화 현상이다.
4\. 글리세롤(glycerol), 지방산
5\. 분자구조상에 전하 혹은 극성을 띠는 부분이 없다.
6\. 인지질분자에서 인산으로서 음전하를 띠고 있어 전하를 갖지 않는 지질이 전하를 갖도록 한다.
7\. 세포막에 존재하며 이는 전하 혹은 극성을 띠기 때문이다. 세포막에서 전하 혹은 극성을 띠는 부분은 세포 바깥쪽으로 향하고 있어 물과 결합하고 있고 소수성 부위는 안쪽으로 향하여 세포막의 소수성물질과 결합하고 있어 세포가 소수성물질을 구성성분으로 가지고 있으면서 물이 대부분을 차지하는 체액에서 안정되게 존재하게 한다.
8\. 분자구조에서 극성이나 전하를 띠는 부분이 없고 왁스를 구성하는 알코올과 지방산이 모두 분자량이 크기 때문이다.

6 아미노산과 단백질

1. 아미노산
2. 펩타이드
3. 단백질

1. 아미노산

아미노산(amino acid)은 단백질을 구성하는 구성단위(building block)일 뿐 아니라 생체 분자 중 질소를 포함하는 유기화합물의 원료가 되기도 한다. 천연에 존재하는 대부분의 단백질은 20종류의 아미노산으로 구성되어 있으며 이들을 표준 아미노산이라고 한다. 우리가 음식물로 섭취한 단백질은 소화효소에 의해 가수분해되어 다시 아미노산이 되며 우리 몸에 필요한 단백질을 만드는 원료로 이용된다.

1) 아미노산의 구조

아미노산은 동일 분자 내에 1개 이상의 아미노기(-NH_2)와 1개 이상의 카복실기(-COOH)를 가지는 화합물을 말한다(그림 6-1).

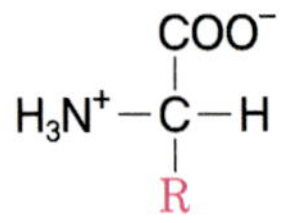

그림 6-1 아미노산의 일반적 구조

천연단백질을 구성하는 20종의 표준 아미노산은 α-탄소에 아미노기를 지니고 있으므로 α-아미노산이라고 부르며 글리신을 제외한 나머지 표준 아미노산은 비대칭탄소(부제탄소)를 지니므로 모두 광학활성을 지니게 된다. α-아미노산의 입체구조는 α-위치에 있는 아미노기의 방향에 의하여 결정된다. 즉, 아미노기가 D-글리세르알데하이드의 비대칭탄소에 결합한 -OH기 위치와 같이 오른쪽에 위치하면 D-아미노산으로, 그 반대쪽에 위치하면 L-아미노산으로 각각 분류한다. 이러한 분류는 편광면을 회전시키는 방향인 좌선성이나 우선성과는 관계가 없으며 그 화합물의 입체적 배열만을 표시하는 것이다. 단백질을 구성하는 표준 아미노산의 경우 모두 L-형을 취하므로 L-α-아미노산으로 칭한다.

조미료로 사용되는 MSG(monosodium glutamate)는 아미노산의 하나인 글루탐산(glutamic acid)의 나트륨염 형태로 지금은 주로 유전공학적인 방법으로 생산되지만 일본에서 처음 MSG를 만들 때에는 화학적인 방법을 사용했다. 그때 처음에는 공정에 황산을 이용했는데, 냄새로 근로자들의 불평이 심해지자 조금은 냄새가 덜한 염산을 사용했다고 한다. 그런데 염산을 사용해서 만든 MSG는 구수한 맛이 없어졌다. 나중에 알고 보니 염산을 이용해서 만든 MSG는 D형이었다. 같은 MSG이지만 L형은 맛이 있고, D형은 별 맛이 없으므로, 상업적 견지에서 보면 엄청난 차이가 난 것이다.

가끔 글루타메이트(glutamate)는 뭐고 글루탐산(glutamic acid)은 뭐냐고 묻는 사람이 많은데, 결론부터 말하자면 같은 말이다. 왜 글루탐산을 글루타메이트라고도 하는가 하면 대부분의 아미노산이 물에 녹은 상태로 존재하는데, 이때 $-COOH$가 $-COO^-$ 형태로 되기 때문이다. 글루탐산이 다른 아미노산과는 달리 끝에 굳이 'acid'라는 말이 붙는 이유는 γ-탄소에 또 하나의 $-COOH$를 가지기 때문이고, 이것이 수용액에서 $-COO^-$가 되므로 글루타메이트라고도 부르는 것이다. 이와 같은 명명은 매우 흔히 볼 수 있다. 아세트산(acetate, acetic acid), 아스파트산(aspartate, aspartic acid), 피루브산(pyruvate, pyruvic acid) 등은 그 좋은 예이다. 다만 주의할 점은 그렇다고 글루타민(glutamine)이나 아스파라진(asparagine)을 글루타메이트나 아스파트산과 혼동해서는 안 된다는 점이다.

2) 아미노산의 분류

아미노산들이 단백질을 구성할 때 α-아미노기와 α-카복실기가 펩타이드결합에 관여하므로 각 아미노산들의 곁사슬 성질에 따라 분류하게 된다. 곁사슬에는 어떤 것들이 있을까? 그야말로 다양하다. 글리신의 경우 수소이며, 알라닌의 경우 메틸기이다. 보통 곁사슬의 성질이 비슷한 것끼리 묶어서 아미노산을 분류하는데, 극성에 따라서 4가지로 분류할 수 있다.

첫째, 비극성 또는 소수성의 아미노산

둘째, 극성이지만 전하가 없는 아미노산

셋째, 중성에서 +전하를 지니는 염기성 아미노산

넷째, 중성에서 -전하를 지니는 산성 아미노산이다.

(1) 비극성 아미노산

비극성 아미노산들은 비극성의 곁사슬을 가지고 있기 때문에 물과 잘 반응하지 않는 아미노산들이다(그림 6-2, 6-3). 이들은 단백질 내에서 소수성 상호작용으로 단백질의 3차 구조를 유지하는 데 중요한 역할을 한다. 비극성 아미노산에는 글리신(glycine), 알라닌(alanine), 발린(valine), 루신(leucine), 아이소루신(isoleucine), 프롤린(proline), 메싸이오닌(methionine), 페닐알라닌(phenylalanine)과 트립토판(tryptophan)이 있는데, 이 중 페닐알라닌과 트립토판은 고리구조를 하고 있는 방향족 아미노산이다. 이때 곁사슬의 특성별로 각 아미노산을 분류해 보면 재미있다. 예를 들면, 메싸이오닌에는 황이 포함되어 있고 발린, 루신과 아이소루신은 가지가 있는 곁사슬을 가지고 있으며, 프롤린은 α-탄소 주위의 회전이 불가능하므로 펩타이드사슬에 견고함을 제공한다.

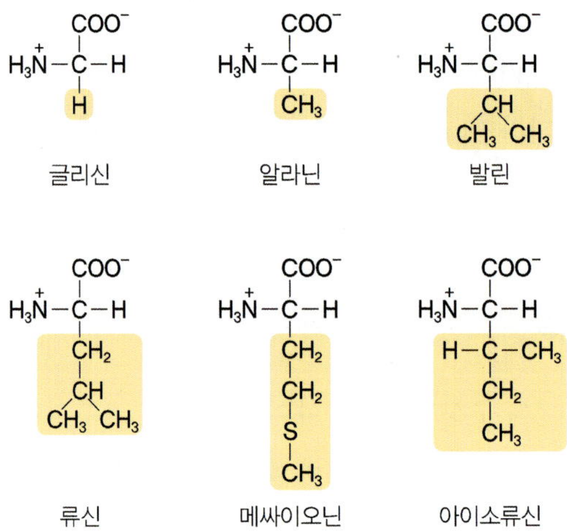

그림 6-2 비극성 아미노산(지방족)

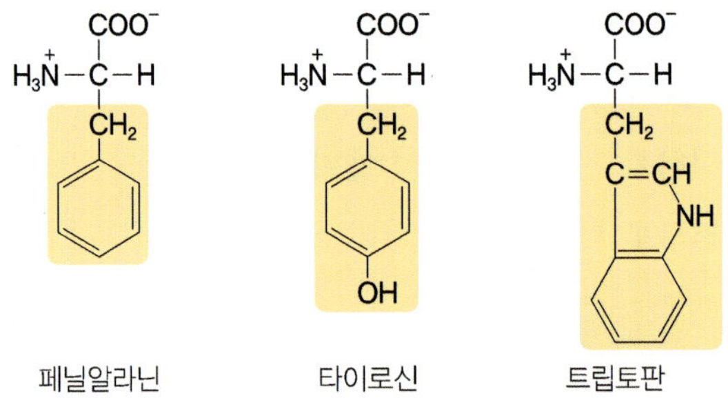

그림 6-3 비극성 아미노산(방향족)

(2) 중성의 극성 아미노산

이 부류의 아미노산은 전기적으로는 중성이지만 물과 잘 반응하는 친수성 아미노산이다(그림 6-4). 세린(serine), 트레오닌(threonine), 타이로신(tyrosine), 아스파라진(asparagine), 글루타민(glutamine)과 시스테인(cystein)이 여기에 속한다. 이 중 세린, 트레오닌, 타이로신의 알코올기(-OH)는 단백질에서 수소결합 형성에 중요한 역할을 하고 있으며, 시스테인은 다른 시스테인과의 이황화결합(S-S결합)을 형성하는 아미노산이다. 이 결합 또한 단백질의 3차 구조를 유지하는 데 중요한 역할을 한다. 한편, 타이로신은 앞서 나온 페닐알라닌과 트립토판처럼 고리구조를 지닌 방향족 아미노산이다.

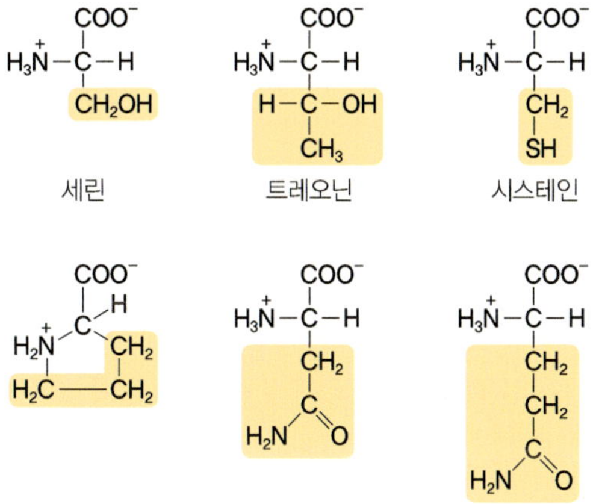

그림 6-4 중성의 극성 아미노산

(3) 산성 아미노산

산성 아미노산은 곁사슬에 카복실기를 가지고 있으며 중성 pH에서 양성자를 제공하고 음이온을 형성하기 때문에 산성 아미노산이라고 부른다(그림 6-5). 산성 아미노산에는 글루탐산(glutamate)과 아스파트산(aspartate)이 있다.

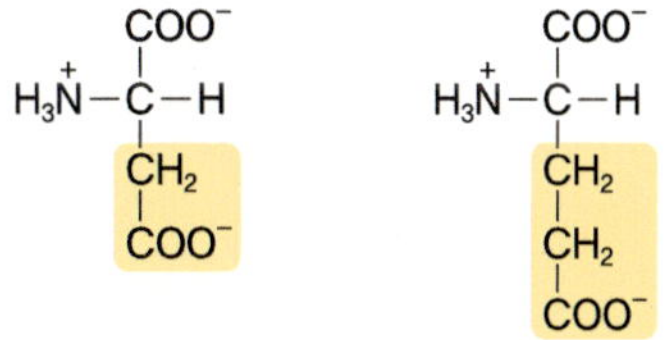

그림 6-5 산성 아미노산

(4) 염기성 아미노산

염기성 아미노산은 곁사슬에 아미노기를 가지고 있으며 중성 pH에서 양성자를 받아들여 양이온을 형성하기 때문에 염기성 아미노산이라고 부른다(그림 6-6). 염기성 아미노산에는 라이신(lysine), 아르지닌(arginine)과 히스티딘(histidine)이 있다.

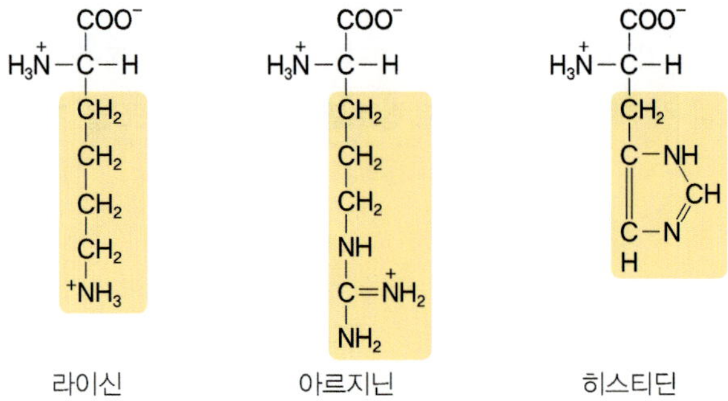

그림 6-6 염기성 아미노산

3) 아미노산의 산·염기적 성질

아미노산은 양전하를 띤 아미노기와 음전하를 띤 카복실기를 함께 가지고 있고, 이들은 pH에 따라 양성자를 받아들이거나 내놓는 성질이 달라지므로 아미노산 전체의 전기적 상태는 pH에 따라 달라지게 된다(그림 6-7). 일반적으로 아미노산은 생리적 pH에서 아미노기나 카복실기가 이온화되어 있는 양쪽성 이온(zwitter ion)으로 존재한다.

글리신의 적정곡선을 살펴보면 pH 2.34 이하에서는 카복실기 및 아미노기에 양성자가 붙어 있는 상태로 존재하여 알짜전하는 +1가를 나타낸다. 그러나 NaOH의 양

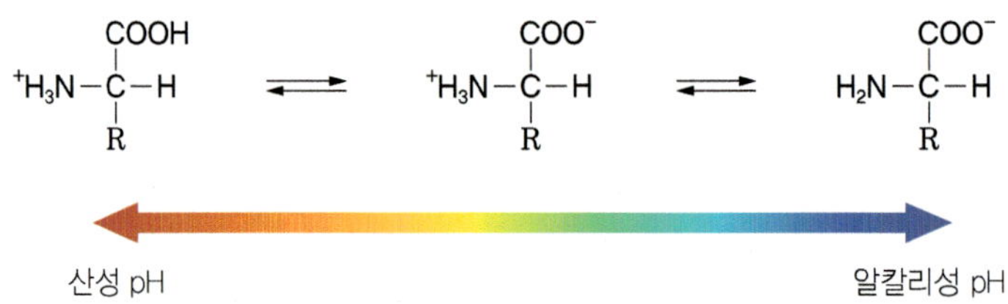

그림 6-7 pH에 따른 아미노산의 하전상태

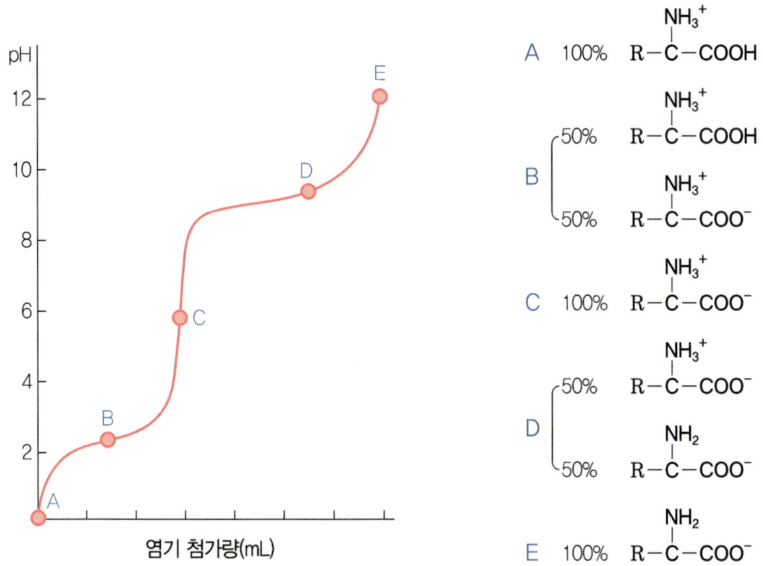

그림 6-8 pH에 따른 아미노산의 하전상태

이 증가하여 pH가 증가함에 따라서 양성자가 떨어져 나가기 시작하여 pH가 9.6 이상이 되면 모든 양성자가 떨어져 나가 알짜전하는 -1가를 나타내게 된다(그림 6-8). 한편, pH 6.0에서는 아미노기에 양성자가 붙어 있고 카복실기에는 양성자가 떨어져 나간 상태로 존재하여 알짜전하가 정확히 '0'을 나타내게 되는데, 이때의 pH를 등전점(isoelectric point, pI)이라고 한다. 등전점은 양전하의 양과 음전하의 양이 같아지는 pH를 말하는 것으로 등전점에서 아미노산은 외관상 전기적으로 중성이므로 직류의 전기장에서 +극이나 -극 어느 방향으로도 이동하지 않는다. 아미노산은 각각 고유한 등전점을 가지며 이러한 특성은 전기영동(electrophoresis)에 의해 아미노산을 분리하는 데 이용된다. 말하자면 각각의 아미노산은 종류마다 그 등전점이 다르므로 같은 pH에서 서로 다른 전하를 띠게 되고, 이 성질을 이용하여 아미노산을 분리하는 것이다. 모든 아미노산은 공통적으로 동일한 α-카복실기와 α-아미노기를 가지고 있지만 이러한 차이를 보이는 것은 근본적으로 각 아미노산의 성질을 결정하는 곁사슬의 산·염기적 성질 때문이며 곁사슬이 카복실기 및 아미노기의 pK′를 변화시킨다는 것을 표 6-1을 통해 확인할 수 있다.

표 6-1 여러 가지 아미노산의 pK값

아미노산	pK' 값 (25℃)		
	α-COOH	α-NH_3^+	곁사슬
알라닌(alanine)	2.35	9.69	-
글리신(glycine)	2.34	9.60	-
페닐알라닌(phenylalanine)	1.83	9.13	-
세린(serine)	2.21	9.15	-
발린(valine)	2.32	9.62	-
아스파트산(aspartate)	2.09	9.82	3.86
글루탐산(glutamate)	2.19	9.67	4.25
히스티딘(histidine)	1.82	9.17	6.00
시스테인(cystein)	1.71	10.78	8.33
타이로신(tyrosine)	2.20	9.11	10.7
라이신(lysine)	2.18	8.95	10.53
아르지닌(arginine)	2.17	9.04	12.48

4) 아미노산의 영양학적 의의

(1) 필수 아미노산

생체 내에서 합성되지 않거나, 혹은 합성이 되더라도 동물의 성장에 필요한 양만큼 합성되지 않아 외부로부터 음식물이나 영양제 등을 통해서 보충해야 하는 아미노산을 말한다. 사람의 경우 트레오닌, 루신, 아이소루신, 발린, 라이신, 메싸이오닌, 페닐알라닌과 트립토판의 8종이 여기에 해당된다.

(2) 준필수 아미노산

아르지닌과 히스티딘은 성장기에 필요하며 타이로신은 필수 아미노산인 페닐알라닌, 시스테인, 메싸이오닌을 대체하는 아미노산으로서 필요하다.

(3) 비필수 아미노산

당이나 지방의 분해물로부터 혹은 다른 아미노산과의 상호 전환에 의하여 체내에서 합성되는 아미노산을 말한다. 글리신, 알라닌, 세린, 아스파트산, 아스파라진, 글루탐산, 글루타민과 프롤린 등이 여기에 해당한다.

2. 펩타이드

펩타이드(peptide)란 쉽게 말해 아미노산끼리 결합하여 생성된 물질을 가리킨다. 한 아미노산의 α-카복실기와 다른 아미노산의 α-아미노기가 탈수축합반응에 의해 결합되는데, 이를 펩타이드결합이라고 부른다(그림 6-9). 이때 결합된 아미노산의 수에 따라서 di-, tri-, tetra-, …, oligo-, …, polypeptide 등으로 부른다. 펩타이드 사슬의 양쪽 말단에서 아미노기가 존재하는 쪽을 아미노말단 또는 N-말단, 카복시기가 있는 쪽을 카복시말단 또는 C-말단이라고 부른다. 일반적으로 펩타이드의 아미노산 배열순서를 적을 때는 가장 왼쪽에 N-말단부터 적는다.

천연의 올리고펩타이드는 신경활동, 면역, 효소활성 조절, 독소, 호르몬 등 많은 생리활성 작용을 가진다. 예를 들면, 근육조직에서 발견되는 카노신은 다이펩타이드로서 알라닌과 히스티딘으로 구성되어 있다. 글루타치온은 생리적으로 매우 중요한 항산화제이며 글루탐산, 시스테인과 글리신으로 구성된 트라이펩타이드이다. 자궁수축과 유즙분비에 작용하는 호르몬인 옥시토신과 항이뇨 작용으로 혈압을 조절하는 호르몬인 바소프레신은 둘 다 9개의 펩타이드로 구성되어 있으며 분자 내에 황과 황 사이의 S-S결합을 포함하는 고리구조를 가지고 있는 공통점을 지니고 있다.

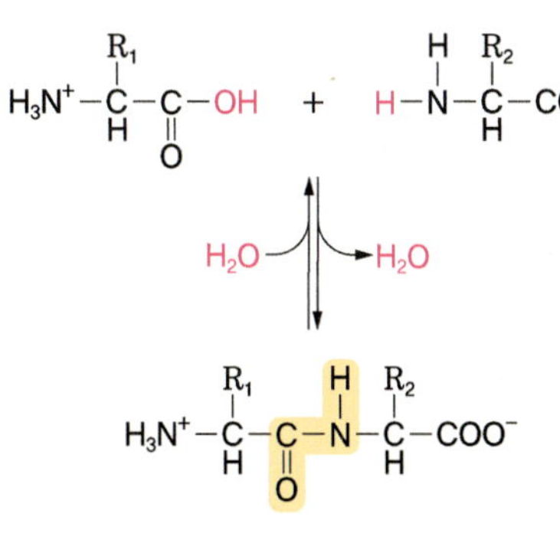

그림 6-9 펩타이드결합

3. 단백질

단백질(protein)은 생체의 조직과 기능에 있어서 매우 중요한 역할을 하는 큰 분자이다. 이미 언급한 바와 같이 단백질은 아미노산들의 중합체이며 그 분자량은 수백에서 수백만까지로 크기가 다양하다. 생체 내의 주요 기능을 담당하고 있는 대부분의 물질이 단백질로 되어 있으며 대부분의 세포에 있어서 건조중량의 약 50% 이상을 단백질이 차지한다. 단백질의 주요 기능을 살펴보면 그 중요성을 인식할 수 있다(표 6-2).

① 단백질은 세포와 조직에 콜라겐(collagen)이나 엘라스틴(elastin)과 같은 구조적인 골격을 제공한다.

② 근육조직 섬유 중의 액틴(actin)과 미오신(myosin) 등과 같이 근육의 수축 등과 같은 기계적인 일을 한다.

③ 생물학적 촉매역할을 하는 효소도 단백질로 되어 있다.

④ 단백질은 생체 전반에 있어서 화학적 전령인 호르몬으로도 작용한다.

⑤ 단백질은 운반 매체로서 작용한다. 산소를 운반하는 헤모글로빈이나 지방산을 운반하는 혈청 알부민이 그 예라고 할 수 있다.

⑥ 항 혈청과 같이 생체 내 방어역할을 담당하는 항체로서도 작용한다.

⑦ 예를 들면, 훼리틴처럼 단백질 자신이 어떤 활성을 지니지는 않지만 다른 물질을 저장하는 역할을 하는 경우도 있다.

표 6-2 단백질의 기능에 따른 분류

역할	구체적인 예
구조단백질	결합조직(콜라겐, 엘라스틴)
운반단백질	헤모글로빈, 트랜스페린
저장단백질	훼리틴
방어단백질	항체, 피브리노젠, 트롬빈
촉매단백질	효소
수축단백질	근육조직섬유(액틴, 미오신)
조절단백질	인슐린, 글루카곤

1) 단백질의 분류

단백질은 그 특성을 여러 가지 관점에서 다양하게 분류할 수 있다. 가장 흔히 사용되는 방법은 전체적인 모양에 의한 분류로서 구상(globular)·섬유상(fibrous)단백질로 크게 나눌 수 있다. 이는 길이 대 너비의 비에 의해 결정된다. 구상단백질은 물에 잘 녹으며 대부분의 효소, 폴리펩타이드 호르몬, 면역글로불린, 헴단백질 등이 이에 속한다. 그러나 이와는 반대로 섬유상단백질은 그 길이가 길며 섬유 모양으로 뻗어 있어서 물에 잘 녹지 않는다. 섬유상단백질은 주로 근육의 구조단백질로서 역할을 담당하고 있다. 예를 들면, 콜라겐, α-케라틴, 엘라스틴 등이 섬유상단백질에 해당한다.

단백질을 그 구성 요소에 따라 분류하면 아미노산만으로 되어 있는 단순단백질과 비단백질성분(아미노산 이외의 것)과 단백질성분이 혼합되어 있는 복합단백질로 분류할 수 있다.

그 외의 분류로는 용해도에 따른 분류, 기능에 따른 분류, 물리적 성질에 의한 분류 등이 있는데, 특히 용해도에 따른 단백질의 분류가 널리 이용된다.

① 알부민은 물에 녹고 열에 의하여 응고되는 단백질로서 동·식물체의 세포 및 체액에 존재한다. 예를 들면, 혈청알부민, 락트알부민(우유), 오브알부민(달걀), 미오글로불린(근육) 등을 들 수 있다.

② 글로불린은 물에 녹지 않고 묽은 염류 용액에 용해되는 단백질로서 열에 의해서 응고되는 특성을 지닌다. 예를 들면, 혈청글로불린, 락토글로불린(우유), 미오신(근육), 글리시닌(대두) 등을 들 수 있다.

③ 글루텔린은 물, 묽은 염류 용액, 알코올에는 녹지 않고 묽은 산 및 묽은 알칼리 용액에 녹는 열에 강한 단백질이다. 예를 들면, 글루테닌(밀), 오리제닌(쌀)을 들 수 있다.

④ 프롤라민은 70~80% 알코올에 녹는 성질 이외에는 글루텔린과 비슷하며 글리아딘(밀), 제인(옥수수), 호데인(보리) 등이 있다.

⑤ 알부미노이드는 물, 묽은 염류 용액, 묽은 산 및 묽은 알칼리 용액에 녹지 않고 소화되지 않으며 콜라겐, 케라틴, 엘라스틴 등이 이에 속한다.

2) 단백질의 화학적 성질

(1) 단백질의 등전점

단백질은 아미노산으로 구성되어 있으므로 이들 아미노산의 양쪽성 때문에 일정한 pH 조건의 수용액에서 어느 부분은 - 전하를 어느 부분은 + 전하를, 그리고 어느 부분은 전기를 띠지 않게 된다. 이때 단백질 분자의 표면에 노출되어 있는 아미노산들이 나타내는 전하의 총합은 수용액의 pH 변화에 따라서 +, - 또는 0(제로) 등으로 변할 수 있다. 즉, pH가 산성 쪽으로 갈수록 + 전하를 지니는 아미노산이 많아져 표면전하의 합은 +가 되고, 알칼리성 쪽으로 갈수록 - 전하를 지니는 아미노산이 많아져 표면전하의 합이 -가 되는 것이다. 이때 표면전하의 합(알짜전하)을 0으로 만드는 pH를 이 단백질의 등전점이라고 부른다(그림 6-10). 등전점에서 단백질의 용해도는 최소가 된다.

그림 6-10 여러 가지 단백질의 등전점

(2) 단백질의 변성

단백질 분자가 가열, 동결, 고압, 자외선, X-선, 교반, 흡착, 희석 등의 물리적 요인이나 극단적인 산성 또는 알칼리성, 유기용매 등의 변성제나 계면활성제 등의 화학적 요인에 의해 1차 구조는 변화시키지 않고 고차구조가 파괴되어 생리적 조건에서 유지하고 있던 고유의 특성이 변화되는 것을 변성(denaturation)이라 한다(그림 6-11).

효소나 호르몬 등과 같은 단백질은 3차원적 입체구조에 의해 생물학적 활성이 좌우된다. 그러므로 단백질에 있어서 입체구조의 변화는 생물학적 활성의 소실을 동반하는 경우가 많다.

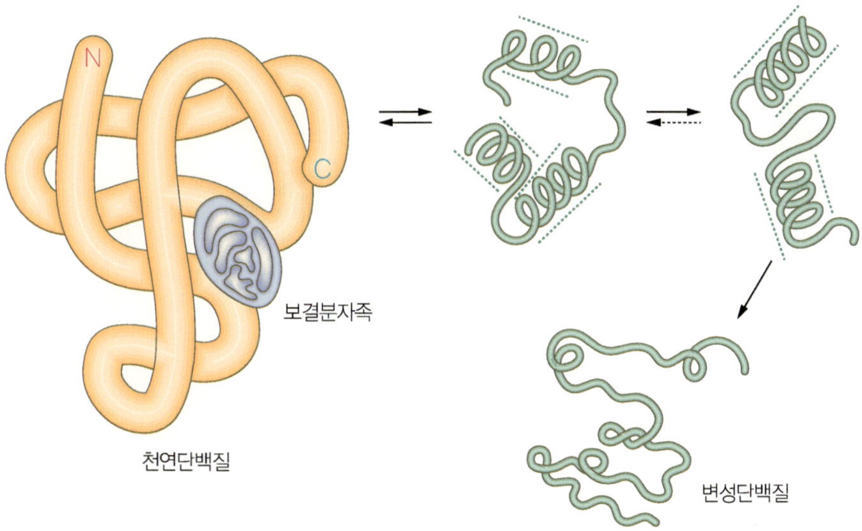

그림 6-11 단백질의 변성

3) 단백질의 구조

(1) 1차 구조

단백질의 1차 구조는 단백질을 구성하고 있는 아미노산 서열, 그리고 S-S결합의 위치를 나타낸 것으로서 인슐린의 아미노산 서열이 1955년 처음으로 밝혀진 이후 수많은 단백질의 아미노산 서열이 밝혀졌다(그림 6-12). 이 아미노산 서열은 단백질의 구조와 기능을 분자 수준에서 이해하는 데 필수적이다. 아미노산 서열은 X선 결정학 또는 DNA 및 RNA의 염기서열로부터도 알아낼 수 있지만 일반적으로는 단백질을 직접 분석하여 알아낸다.

(2) 2차 구조

단백질의 2차 구조는 근접해 있는 아미노산 잔기의 공간적인 배열상태를 나타낸 것으로서 α-나선(helix)구조와 β-병풍(sheet)구조 등이 있다. 탄소와 질소가 결합한 펩타이드결합은 부분적으로 이중결합의 성격을 띠고 있으므로 펩타이드결합의 자유회전은 불가능하며 펩타이드결합에 참여하는 4개의 원자와 2개의 알파탄소원자는 동일한 평면 위에 놓이게 된다. 폴리펩타이드사슬의 C−C(=O)−N(−H)−C 골격 중에서 C=O의 C와

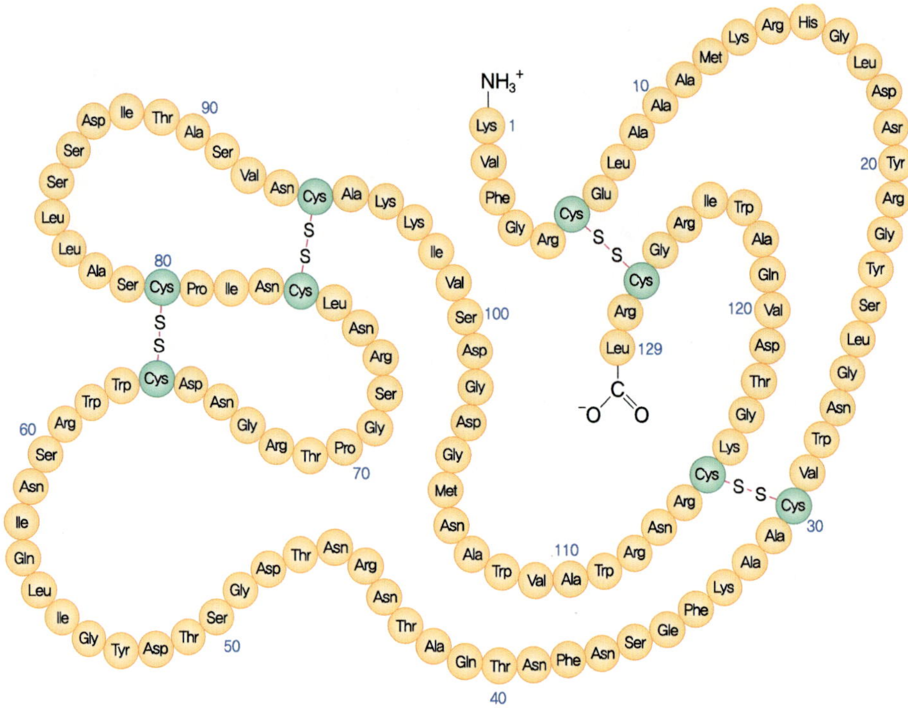

그림 6-12 단백질의 1차 구조

결합하고 있는 알파탄소 그리고 N와 결합을 하고 있는 알파탄소는 회전할 수 있고 아미노산의 곁사슬은 상호간의 입체 방해작용 때문에 회전 범위에 제한을 받게 된다. 이러한 이유로 단백질을 구성하고 있는 아미노산의 종류에 따라서 각 단백질들은 특정한 2차 구조를 갖게 된다.

① α-나선구조

폴리펩타이드사슬의 α-나선구조는 아미노산이 나선형으로 배열되어 있으며 천연의 단백질에서는 한 바퀴 회전하는데, 3.6개의 아미노산이 소요되는 우선성 나선구조를 취하고 있다(그림 6-13). α-나선구조에 있어 모든 C=O(카보닐기)의 산소원자는 각자 4번째 떨어져 있는 아미노산의 $-NH_2$(아미노기)기의 수소원자와 수소결합을 하고 있다. 이 수소결합은 방향성과 거리가 적절하여 강한 힘을 갖고 있기 때문에 α-나선구조를 안정화시키는 데 큰 역할을 하고 있다. α-나선구조에서 3~4잔기가 떨어져 있는 아미노산의 곁사슬은 서로 인접한 위치가 되므로 이들 곁사슬이 전기적으로 같은

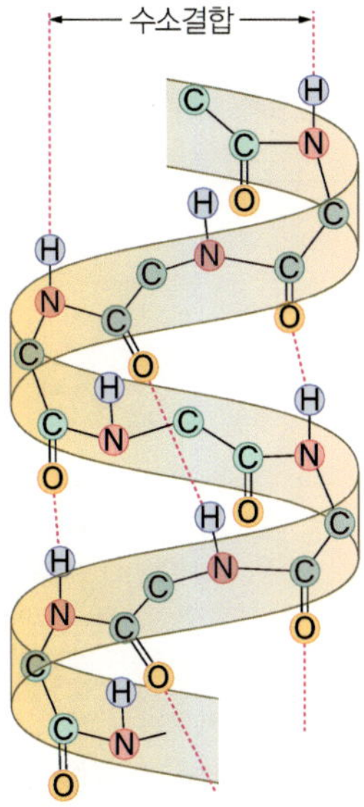

그림 6-13 **α-나선구조**

전하를 갖고 있거나, 혹은 부피가 크면 상호 반발력이 작용하여 α-나선구조가 불안정해진다. 미오신, 헤모글로빈, 모발의 케라틴 등의 섬유상단백질은 α-나선구조를 많이 지니고있다.

② β-구조

β-구조는 β-병풍구조라고도 부른다(그림 6-14). α-나선구조와는 달리 폴리펩타이드사슬이 뻗쳐져 있고 인접한 펩타이드사슬 사이에 수소결합에 의하여 안정된 구조를 지닌다. 인접한 폴리펩타이드사슬은 서로 같은 방향을 취하여 평행 β-구조를 이루거나, 반대방향을 취하여 역 평행 β-구조를 이룬다. 면역 글로불린, 견사 피브로인은 β-구조를 이루는 단백질이다.

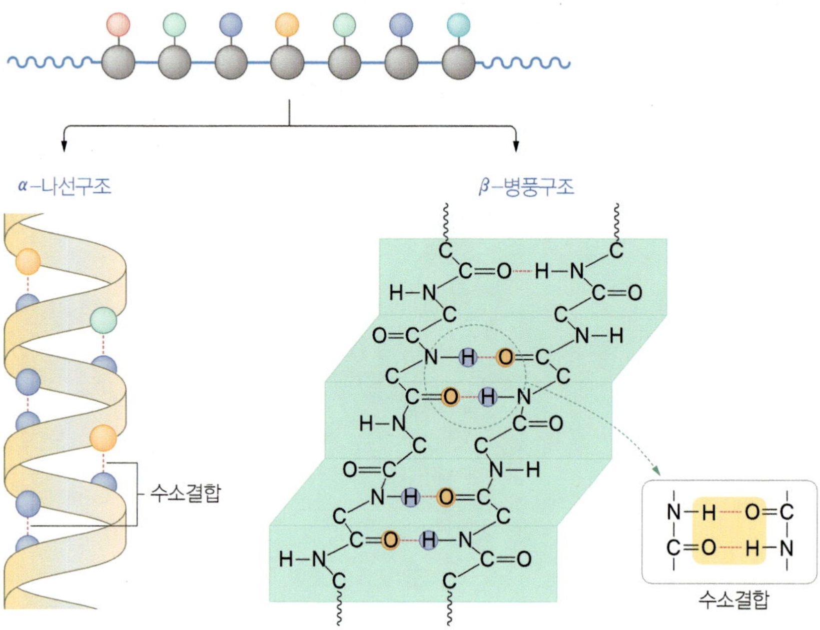

그림 6-14 α-나선구조와 β-병풍구조

(3) 3차 구조

3차 구조는 아미노산의 곁사슬과 곁사슬 사이의 상호작용에 의하여 폴리펩타이드사슬이 여러 가지 모양으로 구부러져 형성된 것을 말한다. 즉, 3차 구조는 단백질분자 전체의 3차원적인 입체구조를 나타낸 것이다. 3차 구조를 유지하고 있는 결합들은 소수성결합, 수소결합, 이온결합, 이황화(disulfide, -S-S-)결합 등이 있다(그림 6-15).

① 이온결합

전하를 띠고 있는 이온 사이에 정전기적 상호작용은 단백질의 3차원 구조를 형성하는 데 중요한 역할을 한다. 이때 이온이 같은 전하를 띠고 있는 경우에는 반발력이, 반대 전하를 띠고 있을 경우에는 인력이 작용한다.

② 수소결합

수소결합은 단백질의 안정화에 중요한 역할을 한다. 수소결합의 결합에너지는 두 원자 간의 거리와 방향에 따라 1~7 kcal/mol의 차이가 있다. 전기음성도가 큰 두 원자와 수소원자가 일직선으로 되어 있을 때 결합에너지가 가장 강하다.

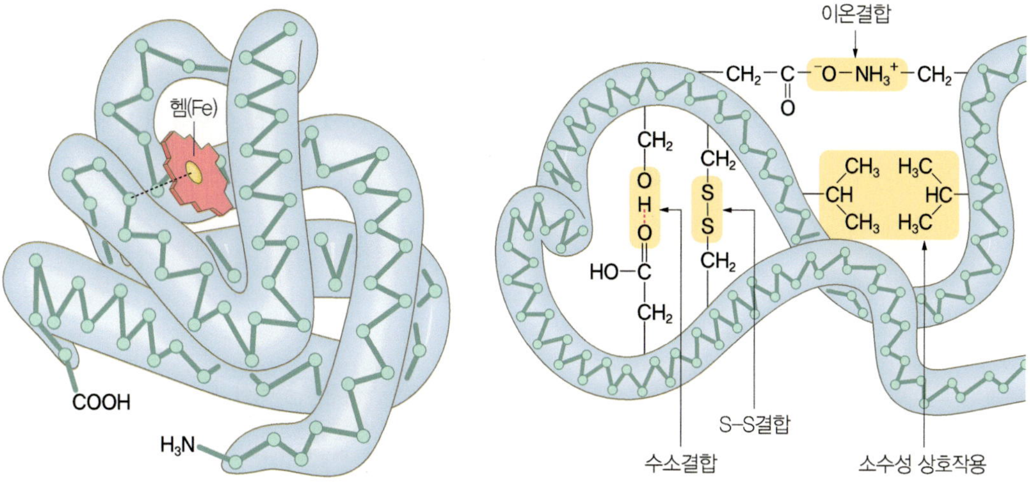

그림 6-15 단백질의 3차 구조와 유지시키는 힘

③ 이황화결합

이황화(disulfide)결합은 일종의 공유결합으로서 매우 단단한 힘을 부여한다. 곁사슬로서 -SH기를 지니는 아미노산인 두 개의 시스테인 사이의 산화반응으로 -S-S-결합이 형성되는데, 일상의 생활에서 이를 이용하는, 예를 들면 머리를 파마했을 때 머리카락에 나타나는 변화를 들 수 있다. 머리카락에는 -SH기를 지니는 시스테인이 존재하고 S-S결합도 매우 많이 존재한다. 여기에 약품처리를 해서 S-S결합을 모두 풀어 놓은 후 머리카락을 구부러뜨리고 그 상태에서 다시 S-S결합이 생성되도록 하면 전체적으로 보아 머리카락은 구불구불해지는 것이다.

④ 소수성결합

소수성결합은 소수성기 상호간의 인력보다는 용매인 물의 극성 때문에 서로 강한 결합을 하고 있는 것처럼 보인다. 즉, 단백질이 극성인 물에 용해되면 소수성기들이 노출된다. 이때 소수성기들은 표면적을 감소시키기 위하여 인접한 소수성기들과 결합하여 물을 배제하고 단백질 내부로 들어가면서 자연스럽게 공모양을 하게 된다. 따라서 이 소수성작용에 의해서 단백질은 보다 안정하고 단단한 구조를 유지할 수 있게 된다.

⑤ 쌍극자 간의 인력

이는 반데르발스 힘(van der Waal's force)이라고도 한다. 이 반데르발스 인력은 한

원자의 전자와 인접 원자와의 핵 사이에서 형성되는 전기적 인력을 말한다. 반데르발스 인력은 두 원자 간에 거리가 가까워질수록 증가되지만 두 원자가 너무 접근하면 두 원자의 외각 전자가 중첩되어 반발력이 발생한다. 반데르발스 인력은 1 kcal/mol 이하로 아주 약하지만 한 개의 단백질 분자에는 수천 개의 반데르발스 인력이 작용하기 때문에 단백질구조의 안정화에 중요한 몫을 담당하고 있다.

(4) 4차 구조

4차 구조는 두 개 이상의 소단위체(subunit)로 구성된 단백질에 있어서 각 단위체 간의 상호 관계를 나타낸 것이다. 즉, 이는 한 단백질 분자에 있어서 폴리펩타이드의 수와 크기 그리고 그 모양에 관한 것을 총체적으로 표현하는 구조를 말하는 것이다. 4차 구조에 있어서 각 소단위체의 결합을 유지하는 데는 수소결합, 이온결합, 배위결합 등의 힘이 작용하고 있다. 헤모글로빈의 경우 2개의 α-소단위체와 2개의 β-소단위체, 즉 4개의 소단위체가 4차 구조를 이루고 있다(그림 6-16).

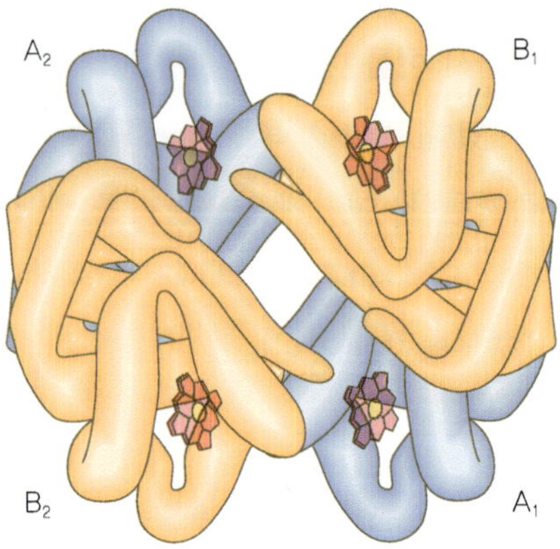

그림 6-16 **단백질의 4차 구조 모형(헤모글로빈)**

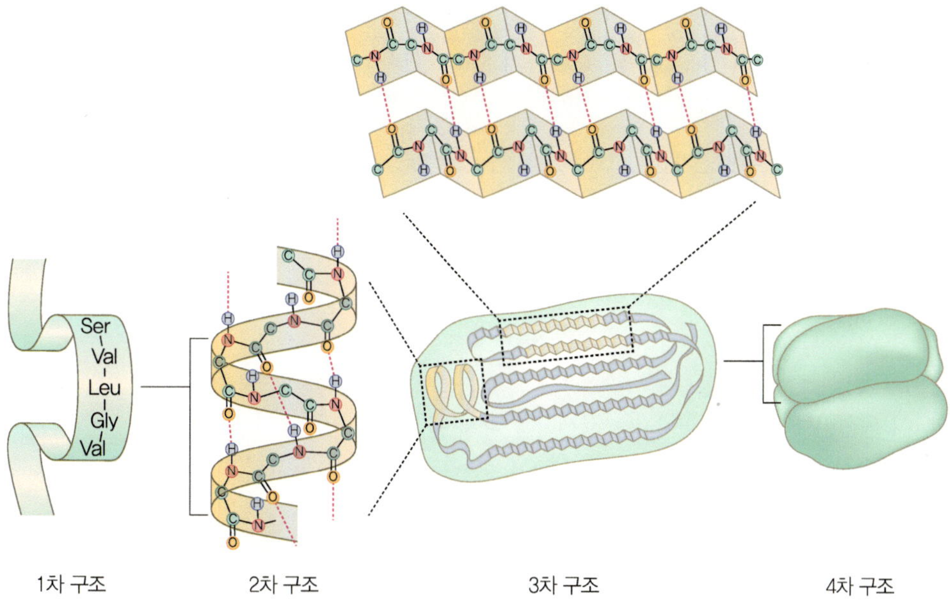

그림 6-17 **단백질의 구조 개요**

연습문제

❶ 아미노산의 등전점이란 무엇인가?

❷ 아미노산이 등전점보다 낮은 pH에서는 양전하를 가지는가, 음전하를 가지는가?

❸ 20종류의 아미노산을 화학적 특성에 따라 분류하라.

❹ 단백질의 입체구조를 유지하고 있는 힘들은 어떠한 것들이 있는가?

❺ 단백질의 1차, 2차, 3차 및 4차 구조를 설명하라.

❻ 단백질의 변성은 구조와 기능에 어떠한 변화를 가져오는가?

....

....

❼ 단백질의 카복시말단(carboxy terminal)이란 무엇인가?

....

....

정답

1. 아미노산은 pH에 따라 전하가 변화하는데, 특정한 pH에서는 분자 내 양전하의 양과 음전하의 양이 동일해진다. 이 pH를 등전점이라 한다.
2. 낮은 pH, 즉 산성 pH에서는 H^+이 풍부하기 때문에 이 H^+이 아미노산의 음전하 부위와 결합을 함으로써 음전하 부위를 감소시킨다. 그러므로 아미노산은 양전하를 띠게 된다.
6. 단백질의 변성은 단백질의 고유한 3차 구조가 풀리는 현상으로 변성단백질이 효소인 경우 기능을 상실하게 된다. 그러나 변성단백질은 소화효소들의 작용을 용이하게 하여 천연단백질보다 소화가 쉽게 일어난다.
7. 아미노산들이 펩타이드결합으로 단백질을 형성하게 되는데, 이때 한 아미노산의 α-탄소 카복실기와 다른 한 아미노산의 α-탄소 아미노기가 결합에 참여한다. 이렇게 펩타이드결합이 이어져 가면 맨 마지막 아미노산의 α-탄소 카복실기는 결합에 참여하지 않고 유리상태로 존재한다. 이러한 폴리펩타이드의 끝부분을 카복시말단(carboxy terminal)이라 한다.

7 핵산과 유전정보

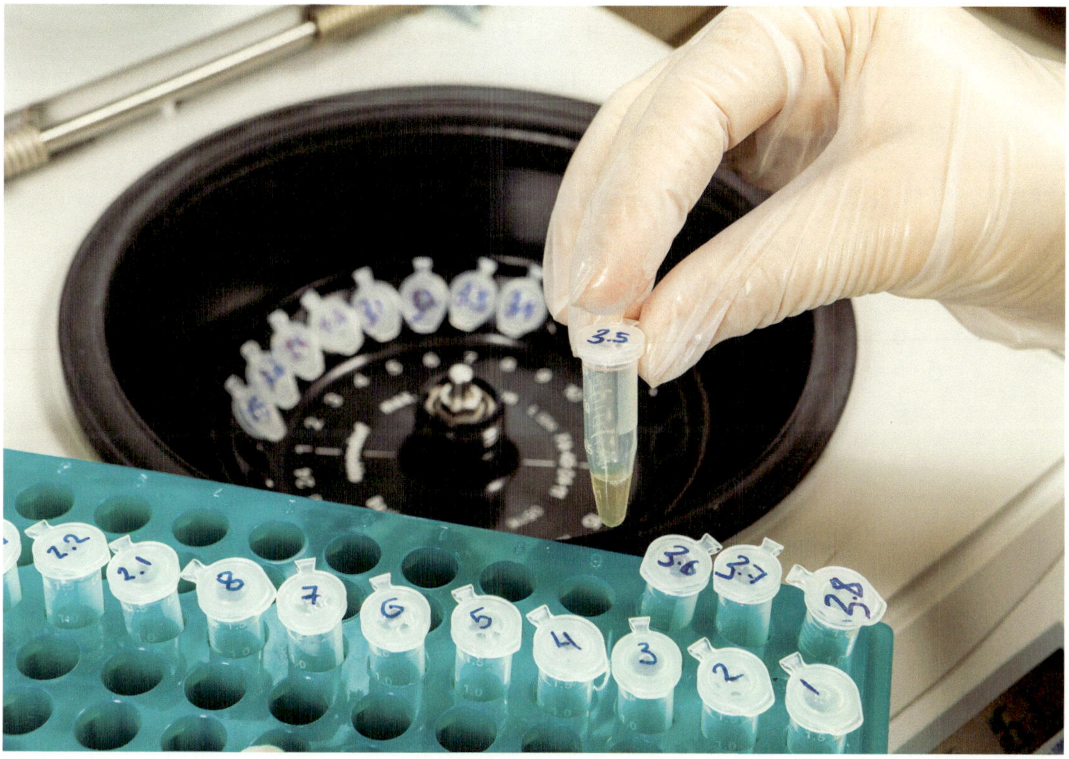

1. 핵산

1) 핵산이란 무엇인가

핵산은 핵에서 분리된 산성물질이라는 뜻으로 생물의 증식이나 세포의 재생에 있어서 필수적이며 각 세포 특유의 단백질을 합성하는 데 필요한 유전정보를 보존, 전달, 번역하는 기능을 지니고 있다. 핵산은 뉴클레오타이드(nucleotide)의 중합체로서 크게 분류하면 리보핵산(ribonucleic acid, RNA)과 데옥시리보핵산(deoxyribonucleic acid, DNA)으로 나눌 수 있다. DNA는 단백질 생합성의 유전정보를 간직하고 보존하는 유전자의 집합체이다. 진핵생물의 DNA는 핵 안에 존재하고 2가닥의 핵산이 이중나선구조를 이루며 히스톤단백질을 둘러싸고 있는 뉴클레오솜(nucleosome)구조를 형성하고 있다. 원핵세포의 DNA는 원형으로 꼬인 이중나선으로 존재하며 단백질과 결합되어 있지 않다. RNA는 세포질 중에 주로 존재하며 DNA에 기록되어 있는 유전정보를 단백질 분자 등의 형태로 발현시키는 기구에 관여하는 물질이다.

핵산을 구성하는 단위체는 뉴클레오타이드이다. 뉴클레오타이드는 질소를 함유하는 염기와 펜토스(pentose, 오탄당) 그리고 한 개 혹은 그 이상의 인산으로 구성되어 있다(그림 7-1). 염기와 펜토스만이 결합된 것을 뉴클레오사이드, 뉴클레오사이드에 인산이 결합된 것을 뉴클레오타이드라고 한다.

RNA에 존재하는 펜토스는 2-데옥시리보스(2-deoxyribose)이며, RNA에 존재하는 펜토스는 리보스(ribose)이다. 데옥시(deoxy)라는 접두사는 리보스에 산소원자 하나가 결여되어 있음을 나타낸다.

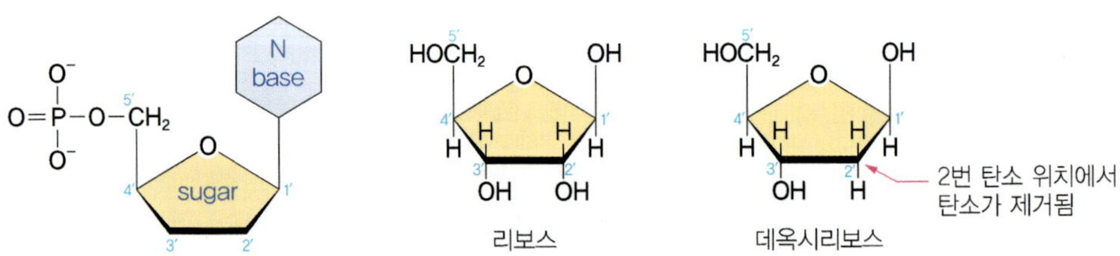

그림 7-1 뉴클레오타이드와 오탄당

2) 핵산의 구성성분

(1) 염기

염기성을 나타내는 화합물을 일반적으로 염기(base)라고 하지만, 핵산에서는 핵산을 가수분해하면 염기와 오탄당 및 인산이 생성되며 염기는 질소를 함유하는 퓨린(purine)과 피리미딘(pyrimidine)의 유도체들이다.

핵산 및 핵산 관련 화합물에 함유된 퓨린 염기는 구아닌(guanine, G), 아데닌(adenine, A)이며, 둘 다 DNA와 RNA에 포함되어 있다(그림 7-2).

피리미딘 염기는 사이토신(cytosine, C), 티민(thymine), 유라실(uracil, U) 3종류이다. 모두 피리미딘 골격을 가지고 있고, 유라실과 티민은 5위치에서 메틸(methyl)기의 유무에 따라 구분된다. 사이토신은 DNA와 RNA 양쪽 모두에 포함되고, 유라실은 RNA, 티민은 DNA에 함유되어 있다.

피리미딘 염기

퓨린 염기

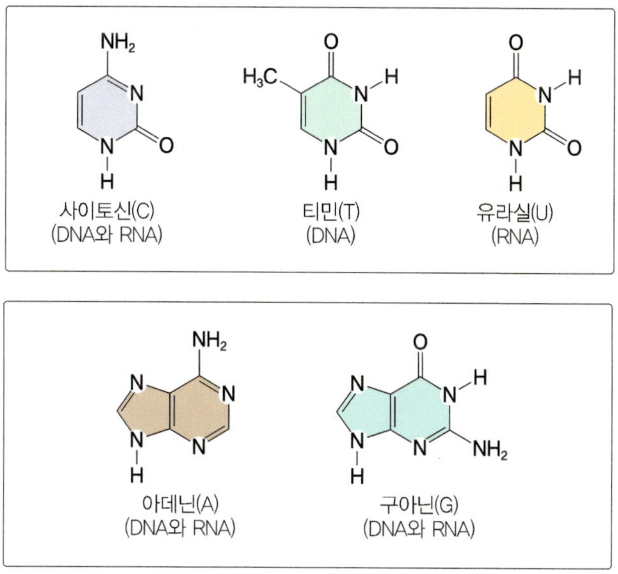

그림 7-2 피리미딘 염기와 퓨린 염기의 구조

(2) 뉴클레오사이드와 뉴클레오타이드

뉴클레오사이드(nucleoside)는 염기와 리보스(ribose) 또는 2′-데옥시리보스(2-deoxyribose)가 결합된 물질로서 퓨린 염기의 9 위치 또는 피리미딘 염기의 1 위치 N-과 오탄당(리보스 또는 2′-데옥시리보스)의 1′위치의 C-사이에서 글리코사이드결합으로 탈수축합되어 형성된 물질을 말한다. 물론 당과의 결합이기 때문에 글리코사이드결합이라고 함은 잘 알 것이다. 한편, RNA는 오탄당으로서 D-리보스(D-ribose)를, DNA는 2-데옥시-D-리보스(2-deoxy-D-ribose)를 지니고 있다. 각종 뉴클레오사이드의 명칭은 표 7-1과 같다.

염기, 리보스(또는 데옥시리보스), 인산의 3분자가 결합한 분자로서 핵산을 구성하는 단위체가 뉴클레오타이드이다. 즉, 뉴클레오타이드는 뉴클레오사이드의 오탄당 부분에 인산이 에스터결합된 모양을 하고 있다.

표 7-1 뉴클레오사이드 및 뉴클레오타이드

염기		뉴클레오사이드	뉴클레오타이드 (일인산)	뉴클레오타이드 (삼인산)	핵산
퓨린	아데닌	아데노신	AMP	ATP	RNA
		데옥시아데노신	dAMP	dATP	DNA
	구아닌	구아노신	GMP	GTP	RNA
		데옥시구아노신	dGMP	dGTP	DNA
피리미딘	사이토신	사이티딘	CMP	CTP	RNA
		데옥시사이티딘	dCMP	dCTP	DNA
	티민	티미딘	TMP	TTP	DNA
	유라실	유리딘	UMP	UTP	RNA

(3) 뉴클레오타이드의 다른 기능

뉴클레오타이드는 핵산의 기본 단위로 사용되는 것 이외에도 에너지의 수송체 역할, 보조효소로서의 역할 및 화학적 신호전달자의 역할 등을 하고 있다.

첫째, 생체 내에서 고에너지의 저축 및 운반체 역할을 하는 뉴클레오타이드삼인산(예를 들면, ATP, UTP, GTP, CTP)을 들 수 있다. 자세한 것은 제9장 생체에너지론 부분에서 살펴보기로 하자.

둘째, NAD^+, $NADP^+$, FAD, CoA 등 생체 내 주요 보조효소들도 뉴클레오타이드의 유도체들이다. 자세한 것은 제8장 및 제11장에서 살펴보기로 하자.

셋째, 신호전달을 하는 물질로서 가장 흔히 사용되는 것은 cAMP로서 에피네프린(epinephrine), 글루카곤(glucagon), ACTH 등과 같은 호르몬 작용을 전달받아 단백질 인산화효소를 인산화하여 효소를 활성화시키는 역할을 한다.

3) DNA

DNA(deoxyribonucleic acid)는 진핵세포의 핵 안에 존재하며 단백질[히스톤(histone) 및 비히스톤(nonhistone protein)]과 복합체[DNA와 히스톤과의 복합체를 뉴클레오히스톤(nucleohistone)이라 한다]를 형성하고 염색체를 만들고 있다. 히스톤은 염기성이 강한 단백질로서 핵산의 산을 중화시키며 핵산을 보호하는 기능을 한다. 유전정보는 DNA구조에 있는 염기조합의 형태로 간직되어 있으며 이 정보는 세포와 세포 또는 개체와 다음 세대의 개체 간에 동일한 정보 형태로 전달된다.

DNA를 구성하고 있는 당은 2′-데옥시-D-리보스이다. 즉, DNA는 데옥시리보뉴클레오타이드 단위들의 중합체이다. 뉴클레오타이드에 함유되어 있는 염기는 아데닌(A), 구아닌(G), 티민(T), 사이토신(C)이다.

DNA의 주된 골격은 인산기의 연결 다리로서 데옥시리보스 사이가 연결되어 있다. 구체적으로 말하면 뉴클레오타이드에서 당부분의 3′-OH 그룹과 인접하고 있는 뉴클레오타이드에 있는 당의 5′-OH 그룹이 인산다이에스터결합(phosphodiester bond)에 의해서 연속적으로 연결된 것이다(그림 7-3). 그리고 핵산의 구조 중 숫자 다음에 프라임(prime, ′) 표시를 한 것은 당에서의 위치를, 프라임 표시가 없는 숫자는 퓨린 또는 피리미딘 염기에서의 위치를 나타낸다. 이때 인산다이에스터결합은 5′ → 3′의 방향으로 만들어지며 핵산 가닥의 양쪽 끝을 5′ 말단과 3′ 말단으로 각각 표시한다.

왓슨(Watson)과 크릭(Crick)은 1953년에 DNA이중나선 모델을 제시하였다. 이 구조는 샤가프(Chargaff) 등의 DNA 염기성분 자료와 윌킨스(Wilkins) 등의 X-선 회절상 자료를 기초로 하여 고안된 구조로서 두 가닥의 핵산으로 이루어진 DNA는 평면에서 보면 큰 협곡(groove)과 작은 협곡을 이루고 서로 반대방향의 5′ → 3′방향성을 유

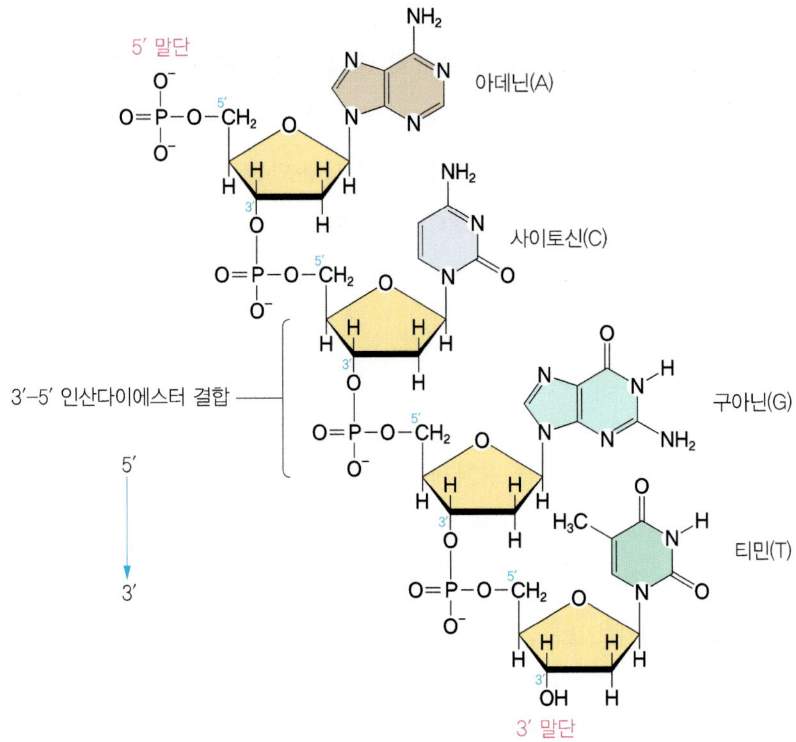

그림 7–3 인산다이에스터결합으로 이루어진 DNA 골격의 구조

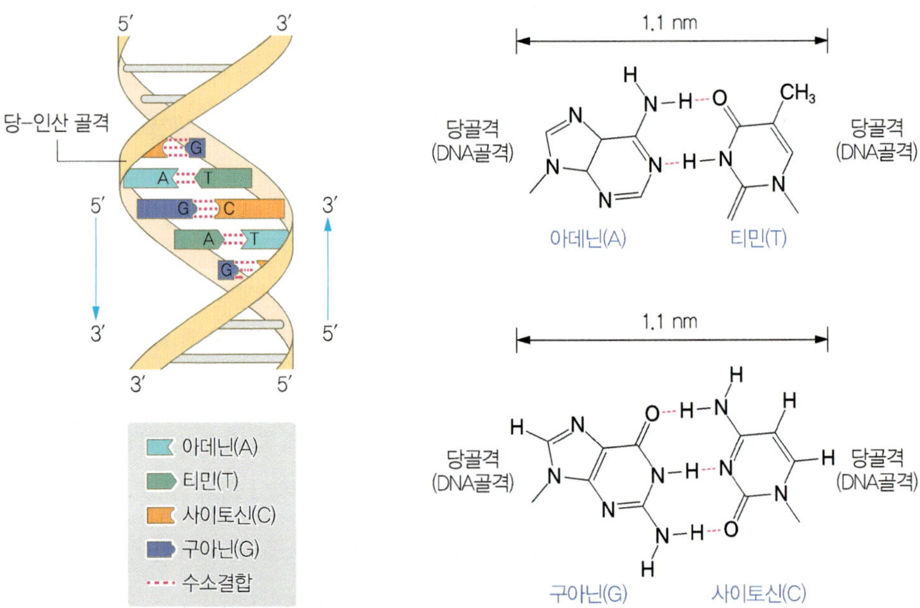

그림 7–4 상보적 염기 사이의 수소결합

지하며 역 평행을 이룬다. 한편, 마주보는 핵산 가닥들 사이의 퓨린 염기와 피리미딘 염기는 서로 수소결합으로 연결되어 있는데, 아데닌과 티민(A-T), 구아닌과 사이토신(G-C)은 서로 짝을 이루고 있다(상보적 관계, 그림 7-4). 이때 A-T, G-C의 염기쌍은 이중나선구조의 중앙에 나선방향과 거의 수직으로 평면구조를 이루고 있어 마치 둥근 원반이 포개어 겹친 것과 같은 형태를 하고 있다. 오른쪽 감기 이중나선 모양의 구조에서 아래 위 염기쌍은 3.38 Å씩 떨어져 있고 1회전에는 10개의 잔기가 필요하다. 따라서 나선구조가 1회전할 때 그 거리는 33.8 Å이 소요된다.

4) RNA

RNA를 구성하고 있는 당은 D-리보스이며 구성 염기로는 아데닌(A), 구아닌(G), 유라실(U), 사이토신(C)으로 이루어져 있다. DNA와 마찬가지로 RNA도 뉴클레오타이드 단위체가 당과 인산의 연결로 핵산 가닥을 형성하고 있는데, DNA와는 다르게 한 가닥으로 존재하는 점이 다르다. RNA는 주로 세포질 안에 존재하며 크게 전령 RNA(messenger RNA, mRNA), 운반 RNA(transfer RNA, tRNA), 리보솜 RNA(ribosomal RNA, rRNA) 3종류로 나눌 수 있다. 이들 세 종류의 RNA는 모두 여러 가지의 분자 형태로 존재한다. 예를 들면, tRNA는 약 60종류, mRNA는 수백에서 수천 종류가 있는 것으로 추정하고 있다.

(1) 전령 RNA(mRNA)

전령 RNA는 핵에서 진행되는 전사과정(transcription) 중에 DNA로부터 합성되는 RNA가닥이다.

전사란 발현되고자 하는 두 가닥의 DNA 사슬 가운데 한쪽 사슬에 대하여 상보적인 염기배열로서 단일 사슬의 RNA가닥(mRNA)이 합성되는 과정을 말한다(그림 7-5). 쉽게 말하자면 건물 전체에 대한 정보(DNA) 중 특정 작업, 예를 들면 배선 관련 작업지시의 경우 설계도를 복사해 와야 그것을 보고 작업할 수 있듯이 이 복사본에 해당하는 것이 mRNA이고 이것을 복사하는 과정을 전사라고 부르는 셈이다. 전사된 mRNA는 세포질을 통하여 리보솜으로 이동되고 단백질이 합성될 때 아미노산을 순서에 맞게 배열하기 위한 주형(틀)이 된다. 세포에서 합성되는 수천 종의 단백질은 각각의 특이한

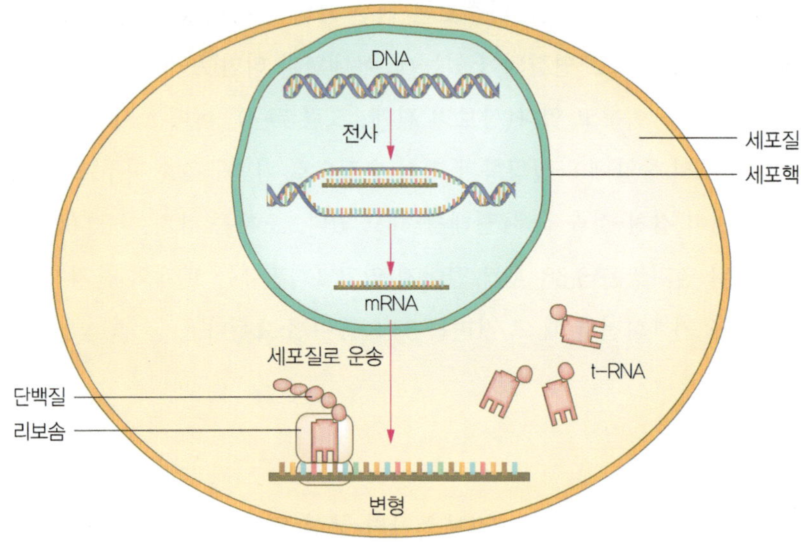

그림 7-5 진핵세포에서 전사 및 번역과정

mRNA에 의해 아미노산 서열이 규정된다. 따라서 단백질의 종류만큼 mRNA의 종류도 대단히 많지만 수명이 짧고 그 양도 적다.

(2) 운반 RNA(tRNA)

운반 RNA는 단백질이 생합성될 때 mRNA의 정보에 대응하는 아미노산과 결합하여 리보솜으로 운반하는 역할을 하는 비교적 작은 분자이다. 단백질에 존재하는 20종의 아미노산은 이것에 대응하는 1개 이상의 tRNA를 지닌다. 어떤 아미노산에는 대응하는 tRNA가 여러 개 존재하기도 한다. tRNA의 평면구조에서 클로버 잎에 해당하는 부분에는 특이한 염기가 많이 삽입되어 있어 이들은 수소결합을 하지 않고 루프 모양이 되어서 부풀어져 있다(그림 7-6). tRNA의 3′ 말단의 염기는 공통으로 CCA의 배열을 하고 있는데, 이 말단에 있는 아데노신의 3′-OH에 특이적인 α-아미노산이 효소적으로 아실화하여 결합된다. tRNA에는 mRNA가 지니고 있는 암호(codon)와 상보되는 3개의 염기 배열이 있는데, 이를 안티코돈(anticodon)이라고 한다. mRNA사슬 중의 코돈과 안티코돈과의 상호작용에 의하여 단백질의 아미노산 서열이 결정된다. 효모 tRNA의 3차원 입체구조는 클로버 잎 모양이 L-자형으로 겹쳐진 모양을 하고 있다.

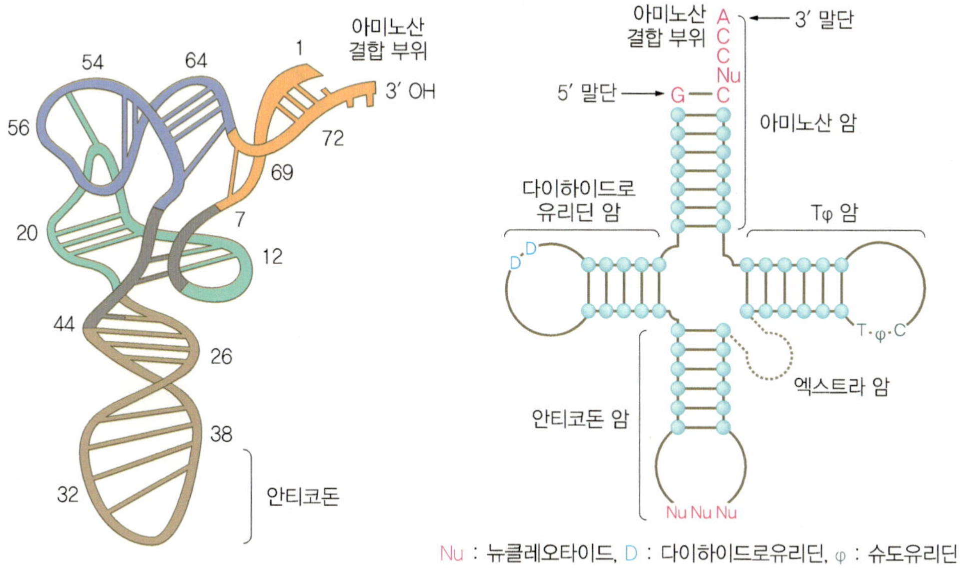

그림 7-6 t-RNA의 입체구조와 평면구조

(3) 리보솜 RNA(rRNA)

rRNA는 단백질과 복합체를 만들어 리보솜을 구성하는 RNA이며 세포 내에 가장 많이 존재하는 RNA로서 RNA의 약 60~80%를 차지한다. 원핵세포에서는 5S, 16S, 23S의 3종류 rRNA가 존재하고 진핵세포에서는 5S, 5.8S, 18S, 28S의 4종류 rRNA가 존재한다. 이들 rRNA는 50~70여 종류의 단백질과 복합체를 만들어 리보솜을 형성한다.

> **스베드베리 단위 S**
> S라는 것은 스베드베리(Svedberg) 단위이다. 이는 초고속으로 원심분리 시 고분자화합물의 침강속도로부터 산출되는 계수이다. 일반적으로 S의 값이 클수록 분자량이 크다.

5) 핵산의 변성

이중나선구조를 하고 있는 핵산(DNA)을 가열하면 그 열에너지는 분자를 진동하게 하고, 이중나선 DNA 간의 수소결합이 끊어져서 한 가닥의 DNA가 되는데, 이를 변성(denaturation)이라 한다. DNA가 변성되는 온도는 흡광도를 측정하여 확인할 수 있다. 보통 260 nm에서 흡광도의 증가가 최댓값의 1/2에 도달했을 때의 변성온도를 DNA의 융해온도(melting temperature, T_m)라고 한다(그림 7-7). DNA의 T_m은 생물종에 따라서 다르며 G-C함량이 많으면 T_m(t_m^*)이 높게 나타난다. 한편, 열로 변성한 DNA를 천

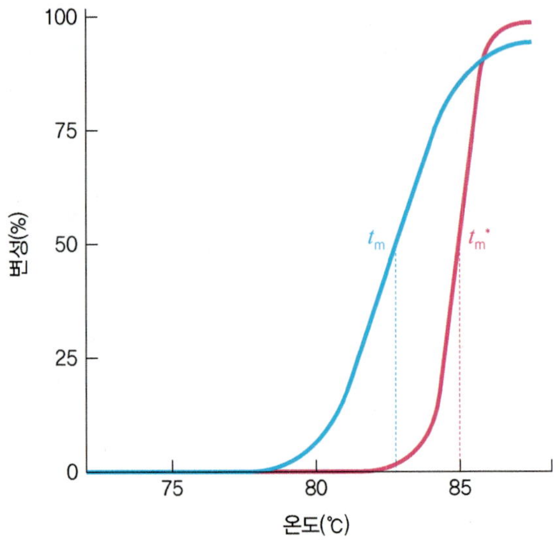

그림 7-7 핵산의 융해온도(T_m)

천히 냉각하면 상보적인 DNA가닥이 수소결합으로서 다시 결합하여 이중나선구조가 재생된다. 이러한 것을 재결합(annealing)이라고 한다.

2. DNA의 복제

모든 세포에는 완전한 유전자가 필요하므로 세포는 분열하기 전에 유전자를 복제해야 한다. 유전자는 DNA로 이루어져 있고, 염색체를 구성하기 때문에 이는 각 염색체가 정확하게 복제되어야 한다는 의미이다.

유전정보의 흐름은 크릭(Crick)이 주장한 생명의 중심원리(central dogma)에 따라 그림 7-8과 같이 표현할 수 있다.

생명의 중심원리란 생물체 내에서 유전정보의 전달과정을 도식화한 정의를 말하며 DNA의 복제(replication), DNA의 유전정보를 RNA로 옮기는 전사(transcription), 그리고 최종적으로 RNA의 유전정보를 이용하여 단백질을 합성하는 번역(translation)으로 이루어진다.

세포 내의 DNA는 복제를 통하여 유전정보를 보존하고 자손에게 전달된다. 복제라

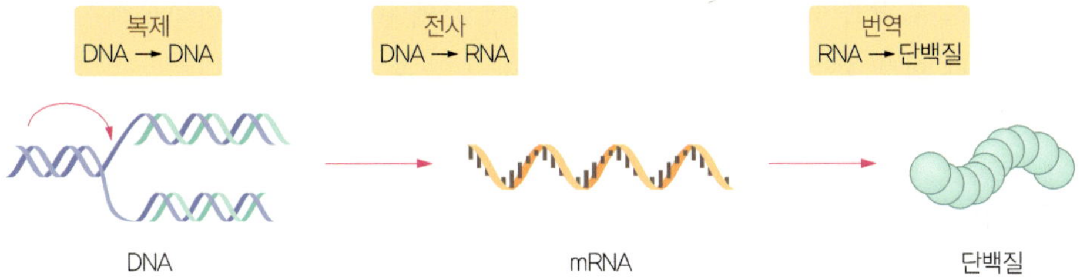

그림 7-8 **생명의 중심원리**

함은 동일한 물질을 만드는 과정을 말한다. 복제인간, 복제 양 등 많이 들어보았을 것이다. DNA 복제라 함은 어미 DNA(mother DNA)와 똑같은 두 개의 딸 DNA(daughter DNA)를 만드는 과정을 말한다(그림 7-9). 이때 어미 DNA 이중나선의 각 가닥은 주형이 되어 새로운 딸 DNA 이중나선을 만들게 되므로 딸 DNA 이중나선을 구성하는 한 가닥은 이미 존재하던 것이고 다른 한 가닥은 새로 합성된 것으로 이루어진다(반보존적 복제). DNA분자가 어떻게 자신을 정확하게 복제하여 그 수를 늘리고 한 세대에서

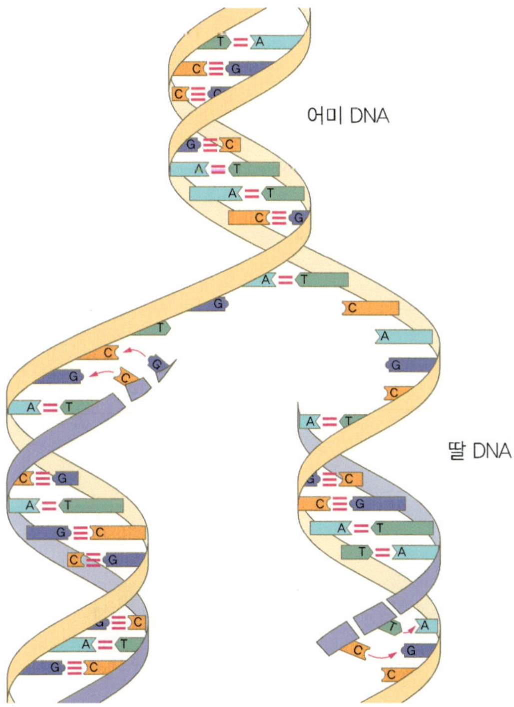

그림 7-9 **왓슨 및 크릭에 의하여 제창된 DNA 반보존적 복제 모형**

다음 세대로 똑같은 유전정보를 전달할 수 있는가에 대한 해답은 DNA분자가 상보적인 염기쌍에 의한 이중나선으로 된 특징으로부터 알 수 있다.

1) DNA 복제 관련 효소

현재 대장균에서 DNA 중합에 관여하는 효소는 3종류의 DNA 중합효소(polymerase)가 알려져 있다(표 7-2). 콘버그(Kornberg)에 의해 발견된 중합효소인 DNA 중합효소 I에 이어서 발견된 DNA 중합효소 II, DNA 중합효소 III이 그것이다. DNA 중합효소 III은 새로운 DNA 가닥 합성에 주로 작용하는 효소이고 DNA 중합효소 I은 DNA 합성과정에서 사용되는 프라이머(primer)의 제거와 틈의 결합 및 회복기구에 관여한다. DNA 중합효소 II의 특별한 기능은 확인되어 있지 않다. 이들 DNA 중합효소는 모두 다음과 같은 특징을 지니고 있다.

첫째, DNA 합성에 있어서 네 종류의 데옥시뉴클레오사이드-5′-삼인산(deoxy-nucleoside-5′-triphosphate, dNTP), 즉 dATP, dTTP, dCTP, dGTP를 원료로 한다.

둘째, 3′-OH기를 지닌 프라이머를 필요로 한다.

셋째, DNA 주형(template)의 지시에 따라 작용한다.

넷째, DNA 합성은 5′ → 3′ 방향으로 진행된다.

표 7-2 대장균 DNA 중합효소의 특징

특징	중합효소 I	중합효소 II	중합효소 III
5′ → 3′ 중합반응	있음	있음	있음
5′ → 3′ 엑소뉴클레이스	있음	없음	없음
3′ → 5′ 엑소뉴클레이스	있음	있음	없음
DNA 합성의 활성	프라이머 제거	DNA 수선	DNA 합성의 주작용

2) DNA

원핵생물의 DNA 복제는 대장균(*Escherichia Coli*)에서 처음 밝혀졌는데, 본 교재에서는 대장균의 복제과정을 중심으로 설명하겠다.

DNA 복제는 특정한 복제 시작점(origin of replication)에서 시작되며 새로운 DNA

가닥의 합성은 일정한 순서에 의하여 진행된다. 원형 모양의 DNA 분자는 하나의 복제 시작점에서 양쪽방향으로 복제되고 진핵세포 DNA와 같이 일직선의 긴 DNA들은 여러 위치에서 양쪽방향으로 복제를 시작한다.

대장균에 있어서 DNA 복제과정은 다음의 네 단계로 진행된다.

첫째, 복제를 준비하기 위해 DNA나선이 풀리는 시작단계

둘째, RNA 프라이머를 합성하는 단계

셋째 프라이머의 3′ 말단에 DNA를 합성하는 연장단계

넷째, RNA 프라이머를 제거하고 상보적인 DNA배열로 대치하여 DNA조각들을 연결하는 종결단계

(1) DNA 이중나선구조의 풀림

DNA분자의 염기쌍이 이중나선구조의 내부에 존재하므로 그 나선구조가 먼저 풀어져야 새로운 가닥의 합성이 시작된다. 렙(Rep) 단백질 혹은 나선효소(helicase)에 의해서 짧은 염기배열이 풀어지면 수 분자의 단일가닥 결합단백질(single-strand binding protein, SSB)에 의하여 사슬이 다시 염기쌍을 형성하는 것을 막는다(그림 7-10).

(2) RNA 프라이머 가닥의 형성

DNA 복제 개시에는 시발체로 사용될 약 10개의 염기로 구성된 RNA 조각인 프라이머(primer)가 필요하며 RNA 중합효소인 프리메이스(primase)의 합성에 의한다.

DNA 복제는 먼저 풀어진 DNA를 주형으로 하여 작은 RNA단편(primer)이 합성되면서 시작된다. 이 RNA 단편은 DNA 합성을 위한 토대로 작용하여 이 단편의 3′-말단에 데옥시리보뉴클레오타이드(deoxyribonucleotide, d-NTP)가 첨가되면서 5′ → 3′ 방향으로 DNA 합성이 진행된다.

(3) 새로운 DNA 가닥의 합성

DNA 중합효소 Ⅲ(pol Ⅲ)는 RNA 프라이머에 주형 DNA와 상보적 관계에 있는 d-NTP를 연속적으로 첨가하여 새로운 DNA 가닥의 복제를 촉매한다.

선도 사슬(leading strand)의 경우 DNA 합성의 방향은 DNA 중합효소 Ⅲ에 의하여

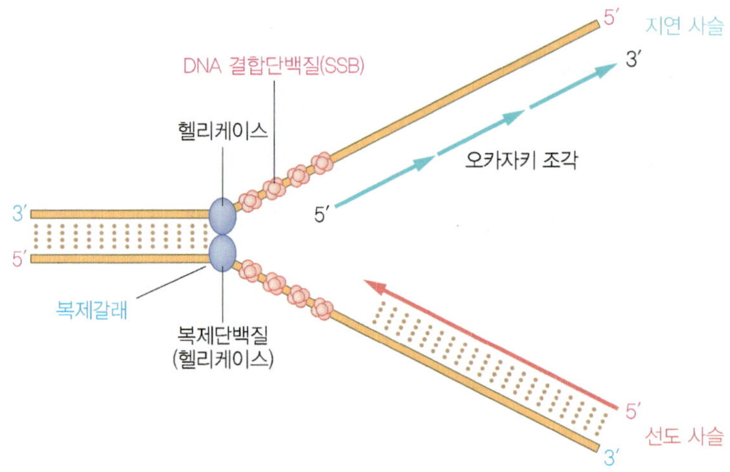

그림 7-10 대장균 DNA의 복제과정

5′ → 3′방향으로 합성된다. 그러나 지연 사슬(lagging strand)은 복잡한 방법으로 합성이 진행된다. 즉, 짧은 조각 형태(오카자키 조각)로 복제된 후 나중에 이들 조각이 연결되어 완전한 가닥을 형성하는 방식을 취한다. 오카자키 조각(Okazaki fragment)들도 선도 사슬처럼 5′ → 3′방향으로 합성된다.

(4) 프라이머의 제거와 빈틈을 채움

RNA 프라이머는 나중에 DNA 중합효소 I 에 의하여 가수분해되어 새로 합성된 DNA 가닥에서 떨어져 나간다. RNA 프라이머의 제거로 형성된 빈틈은 DNA 중합효소 I에 의해 다시 채워진다.

(5) 오카자키 단편의 이음

DNA 연결효소(ligase)는 연장되고 있는 DNA 말단의 3′-OH기와 새로 생성된 오카자키 조각의 5′ 인산기와의 사이에 인산다이에스터결합을 형성한다.

3. RNA의 전사

전사는 DNA 주형으로부터 염기 배열을 복사하여 RNA(mRNA, tRNA, rRNA)를 합성하는 과정을 말하지만 통상적으로 전사라 함은 mRNA를 합성하는 것을 말한다. DNA에 있는 모든 유전자들이 전사되는 것이 아니라 선택적으로 필요한 부분만, 필요한 때에 전사된다.

하나의 전사단위는 전사에 필요한 염기 서열을 말하는데, 프로모터(promotor) 부위, RNA 암호 부위, 그리고 종결 부위로 구성되어 있다(그림 7-11). 프로모터는 전사기구가 인식하고 결합하는 DNA 서열로서, DNA의 두 가닥 중에는 어느 가닥이 주형이 되고, 어느 방향으로 전사를 진행시킬 것인지를 결정하며, 전사시작점의 위치를 정한다. RNA 암호 부위는 전사시킬 RNA를 직접 합성하는 데 필요한 주형이 되는 부위이며, 종결 부위는 전사를 종결시키는 부위를 각각 말한다.

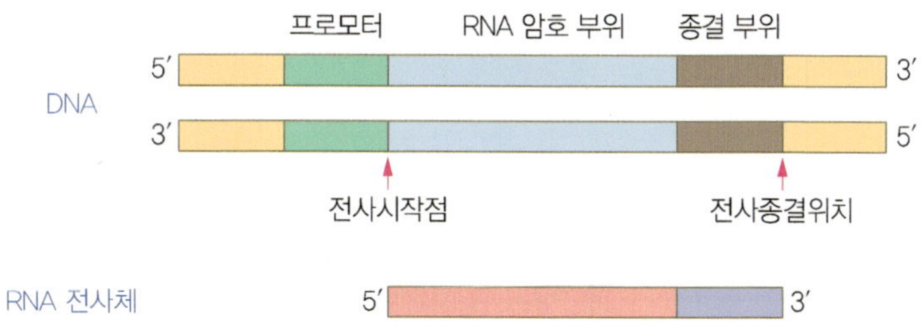

그림 7-11 전사단위(프로모터, RNA 암호 부위, 종결 부위)

전사과정은 DNA 정보가 RNA 정보로 전환되는 과정이므로 진핵세포에서 전사과정은 DNA가 위치하고 있는 세포핵에서 진행된다.

1) RNA 중합효소

RNA 중합효소는 RNA 가닥의 합성 시작 및 연장반응을 촉매한다. 이 효소는 DNA 주형과 4가지 리보뉴클레오사이드-5′-삼인산(ATP, GTP, UTP, CTP)을 필요로 한다. RNA 합성은 DNA 합성과 마찬가지로 5′ → 3′ 방향으로 진행되는데, 프라이머는 필요로 하지 않는다. 대장균의 경우 α-단위체 2개, β, β', σ-단위체의 5개 소단위체로 구성되어 있다.

2) RNA 합성

원핵세포의 mRNA 전사과정은 유전자 내의 전사시작점 인식, 전사의 개시(initiation), 사슬의 연장(elongation) 및 종결(termination) 등의 단계로 나뉜다.

(1) RNA 중합효소와 DNA 주형의 결합

전사는 RNA 중합효소가 DNA와 결합하면서 시작되는데, DNA 염기배열 내에 존재하는 특수한 유전자 부위인 프로모터 부위에 RNA 중합효소 분자가 결합된다. RNA 중합효소의 σ(시그마)-단위체는 프로모터 부위를 인식하고 RNA 중합효소를 전사시작 부위로 안내하는 역할을 한다. RNA 중합효소가 DNA 주형에 결합되면 DNA 이중나선 가닥은 풀어져서 주형이 되는 가닥을 노출시킴으로써 전사가 가능해진다. 프로모터 부위에서부터 전사가 종결되는 종결 부위까지를 전사단위 또는 오페론(operon)이라고 부른다(그림 7-12).

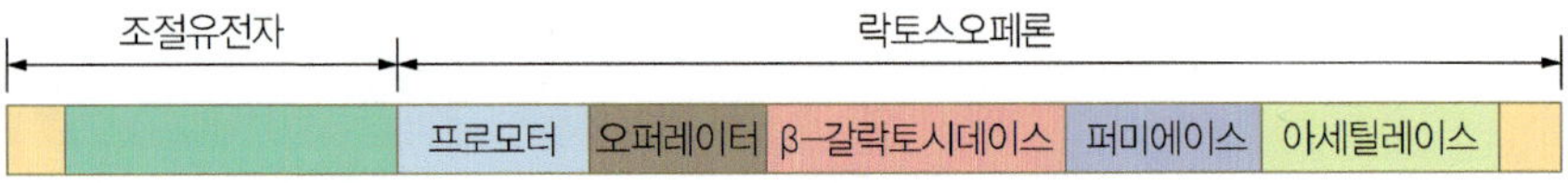

그림 7-12 **대장균의 락토스오페론**

(2) RNA 합성의 개시

RNA 중합효소가 DNA 분자에 결합된 후 σ-단위체는 완전효소 복합체로부터 해리되고 나머지 핵심효소는 새로운 RNA 사슬의 합성과 연장을 촉매하게 된다. 핵심효소는 리보뉴클레오사이드 삼인산을 계속 첨가하여, 3′,5′-인산다이에스터결합을 형성시키는 반응을 촉매하는데, 3′ → 5′ 방향을 따라 이동한다. 그러므로 새로 합성되는 상보적인 RNA 가닥은 5′ → 3′ 방향으로 합성된다(그림 7-13). DNA 합성 때와는 달리 RNA 합성은 프라이머를 필요로 하지 않는다.

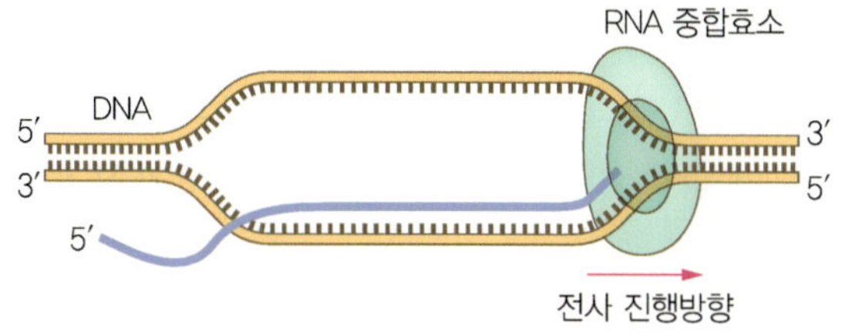

그림 7-13 DNA를 주형으로 한 mRNA 전사기구

(3) RNA 사슬의 연장

RNA 중합효소 복합체가 DNA 나선구조를 따라 계속 진행하면 나선구조는 계속 풀리며 주형가닥을 노출시키고, 새로 합성된 긴 RNA 가닥은 DNA 나선가닥의 측면으로 분리되면서 연장된다. 한편, RNA 중합효소가 어떤 특정 부분까지 전사를 마치고 나면 DNA 이중나선은 원래 상태로 되돌아간다.

(4) RNA 합성의 종결

전사는 종결 부위가 전사될 때까지 진행되는데, 종결 부위는 실제로 종결되는 위치의 바로 뒤쪽에 위치한다. 종결 부위가 전사되면 중합효소는 RNA 합성을 끝내고, 합성된 RNA 전사체를 떼어낸 후 자신도 DNA 주형에서 떨어져 나온다.

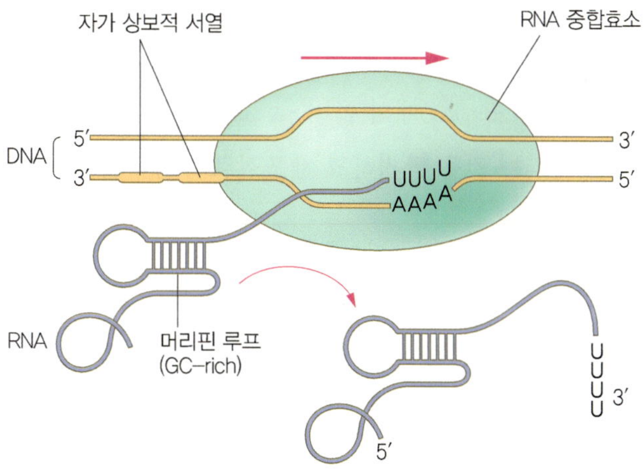

그림 7-14 RNA 합성의 종결기구

대장균의 종결 부위는 두 가지 특징을 지니는데, 첫 번째는 DNA 서열이 역반복 서열로 되어 있어서 전사된 후 머리핀 모양의 RNA 부위를 만든다(그림 7-14).

두 번째는 머리핀 모양 다음에 6개 정도의 연속하는 유라실 염기서열(poly U)이 만들어진다.

또 어떤 경우에는 ρ-팩터라는 단백질이, 합성된 RNA 사슬 끝에 결합하여 DNA 주형으로부터 RNA 중합효소를 분리시켜 합성을 종결시키는 경우도 있다.

3) 전사 후 RNA의 가공

원핵생물에서는 전사와 단백질 합성이 같은 장소에서 동시에 진행되는 반면, 진핵생물은 핵에서 전사된 후 mRNA를 세포질로 이송한 후 이곳에서 단백질 합성이 진행되기 때문에 오랫동안 파괴되지 않도록 하기 위해 가공·변형되어야 한다. 한편, tRNA와 rRNA의 경우는 원핵세포와 진핵세포 모두 일정 부위를 가공하는 과정을 거쳐 최종 전사물을 완성한다.

(1) 전령 RNA의 전사 후 가공

① 5′-캡(cap) 구조의 첨가

전사 후 만들어진 1차 전사체(pre mRNA)의 5′ 말단에 메틸구아노신을 첨가하거나 메틸기를 첨가하는 캡구조를 형성하여 전령 RNA의 번역을 촉진시킨다(그림 7-15).

② 폴리-A 꼬리 첨가

1차 전사체의 3′ 말단에 20~200개의 폴리-A 꼬리를 부착시키는데, 이것은 새로 생성된 전령 RNA가 분해되는 것을 방지하고 세포질로 수송하는 데 관여하는 것으로 여겨지고 있다.

③ RNA 스플라이싱

1차 전사체 안에 불필요한 부분(인트론, intron)을 제거하고 실제로 번역되는 부분(엑손, exon)만을 서로 연결하여 성숙한 전령 RNA를 만든다(그림 7-16).

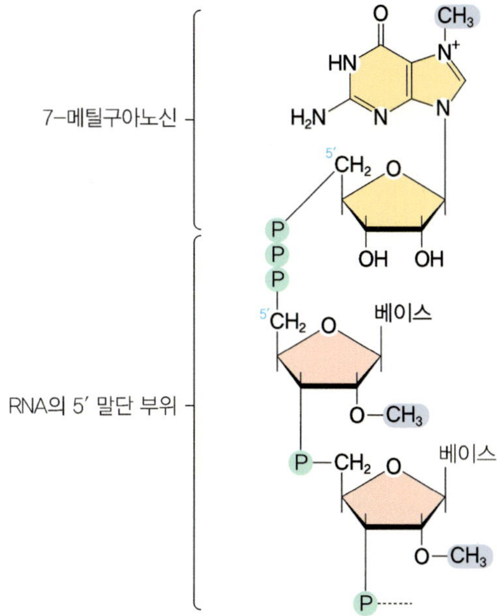

그림 7-15 5′-캡(cap) 구조의 첨가

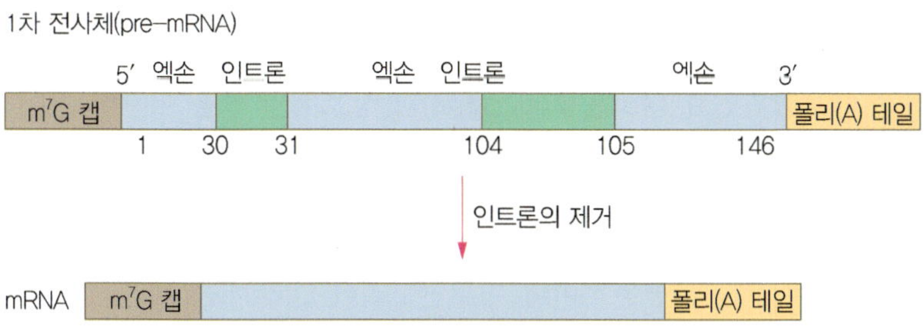

그림 7-16 RNA 스플라이싱

(2) 운반 RNA와 리보솜 RNA의 전사 후 가공

원핵세포와 진핵세포의 운반 RNA와 리보솜 RNA 모두는 1차 전사체의 특정 부위가 절개되고 가공되는 과정을 거치게 된다. 운반 RNA는 인트론 부분이 제거되고 3′ 말단 부위에 -CCAOH가 첨가되어 이곳에 아미노산을 부착시키는 자리가 마련된다. 아미노산의 카복실기는 3′ 말단 아데노신의 -OH기와 결합하여 아미노아실 tRNA를 형성하고 단백질 합성 장소로 운반되는 것이다. 한편, 리보솜 RNA도 전사 후 메틸화와 절단에 의하여 성숙한 리보솜 RNA로 가공된다.

4. 단백질의 생합성

앞부분에서 살펴보았듯이 단백질의 합성은 리보솜에서 진행된다. 물론 단백질 합성의 정보는 DNA 안에 담겨져 있다는 것을 잘 알 것이다. DNA의 정보가 mRNA 형태로 전사된 다음 이 정보로부터 직접 단백질이 합성되는데, 이 과정을 번역(translation)과정이라고 한다. 번역과정에서 아미노산은 tRNA에 의해 운반되며, 리보솜의 표면에서 mRNA와는 직접 결합하지 않고 정보만을 읽어 해당하는 아미노산을 엮어 펩타이드결합을 만들게 된다.

1) 유전암호

단백질 생합성에 필요한 유전정보는 mRNA 안에 내장되어 있는데, 4가지 핵산 염기, 즉 아데닌, 구아닌, 사이토신 그리고 유라실의 조합으로 표현된다. 유전정보는 이들 염기 3개가 한 조가 되어 아미노산 정보를 담고 있는데, 이 염기배열의 유전암호를 코돈(codon)이라고 한다. 유전정보는 한 번에 한 단위씩 5′ → 3′방향으로 순차적으로 읽히며 겹쳐서 읽거나 건너뛰어 읽지 않는다. 전령 RNA에 있는 유전암호는 운반 RNA에 있는 대응하는 암호단위인 안티코돈(anticodon)과 상보적인 짝을 이루어 정확하게 아미노산이 운반될 수 있도록 한다. mRNA(혹은 DNA)는 4종류의 염기로 되어 있는데, 1개의 코돈은 3개의 염기로 되어 있어서 코돈의 수는 43개(64개)가 된다.

유전암호는 모든 생물에 공통적이다(미토콘드리아 DNA에는 보편적인 암호와는 다른 것이 있다). 표 7-3에 나타낸 mRNA 64종류의 염기조합 중 AUG는 단백질 합성을 개시시키는 암호로 되고 그것을 개시코돈이라고 하며, 메싸이오닌(methionine)에 대한 코돈이기도 해서 모든 단백질의 합성은 메싸이오닌에서 시작된다. 한편, 단백질 합성 종료의 암호는 3종류(UAA, UAG, UGA)이고, 이것을 종료코돈이라고 하며 어떤 아미노산에도 대응하지 않는 코돈이다.

트립토판(trytophan)과 메싸이오닌은 한 종류의 코돈(UGG, AUG)밖에 갖지 않지만, 루신(leucine), 아르지닌(arginine), 세린(serine)은 6종류의 코돈을 가지며, 그 밖의 15종류의 아미노산은 2~4종류의 코돈을 갖는다.

표 7-3 유전암호

	U		C		A		G	
U	UUU	Phe	UCU	Ser	UAU	Tyr	UGU	Cys
	UUC		UCC		UAC		UGC	
	UUA	Leu	UCA		UAA	stop	UGA	stop
	UUG		UCG		UAG		UGG	Trp
C	CUU	Leu	CCU	Pro	CAU	His	CGU	Arg
	CUC		CCC		CAC		CGC	
	CUA		CCA		CAA	Gln	CGA	
	CUG		CCG		CAG		CGG	
A	AUU	Ile	ACU	Thr	AAU	Asn	AGU	Ser
	AUC		ACC		AAC		AGC	
	AUA		ACA		AAA	Lys	AGA	Arg
	AUG	Met	ACG		AAG		AGG	
G	GUU	Val	GCU	Ala	GAU	Asp	GGU	Gly
	GUC		GCC		GAC		GGC	
	GUA		GCA		GAA	Glu	GGA	
	GUG		GCG		GAG		GGG	

2) 아미노산의 활성화

단백질을 합성하는 데 있어서 재료가 되는 물질은 당연히 아미노산이다. 아미노산은 단백질 합성에 이용되기 전에 먼저 tRNA와 결합되어 활성화되어야 한다. 이때 아미노

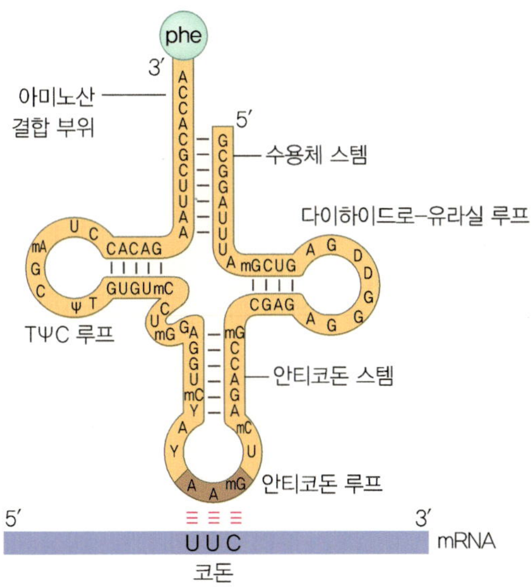

그림 7-17 tRNA의 구조 및 아미노아실 tRNA와 mRNA의 결합

산의 카복실기가 에스터결합에 의해 tRNA의 3′ 말단의 아데노신과 결합하여 생합성된 것이 아미노아실 tRNA이다(그림 7-17). 이 반응은 아미노아실 tRNA 합성효소에 의해 촉매되며 ATP의 가수분해 에너지에 의해서 진행된다.

3) 단백질의 생합성과정

원핵세포의 단백질 합성과정에는 많은 단백질과 RNA가 관여하며 개시, 연장, 종결 등의 순서로 진행된다. 진핵세포의 단백질 합성과정은 원핵세포와 거의 동일하게 진행되나 그 과정은 훨씬 복잡하다. 편의상 원핵세포의 단백질 생합성과정을 중심으로 살펴보기로 한다.

(1) 폴리펩타이드 사슬 합성의 개시

단백질 생합성의 시작은 리보솜의 30S 단위체, mRNA 분자, GTP, 포밀메싸이오닌과 결합된 tRNA(fMet-tRNA), 그리고 3개의 시작인자(IF-1, IF-2, 및 IF-3)가 30S 개시복합체를 만들면서 시작된다. 이것은 다시 50S 단위체와 결합하여 70S 개시복합체를 형성하는데, 이 과정에서 GTP가 가수분해되고 개시인자가 분리된다. 70S 개시복합체에는 A(아미노아실-tRNA) 부위와 P(펩티딜-tRNA) 부위, 즉 2개의 tRNA 결합 부위가 있다. P 부위에는 fMet-tRNA가 결합하고 A 부위에는 mRNA의 유전암호에 대응하는 활성화된 아미노아실 tRNA가 결합하게 된다. 이때 단백질 합성의 출발신호가 되는 유전암호는 AUG 혹은 GUG이다.

(2) 폴리펩타이드 사슬의 합성과 연장

폴리펩타이드 사슬의 합성과 연장에 관계되는 주요 반응은 3가지로 요약할 수 있다.

① 유전암호가 인지되어 아미노아실-tRNA가 A 부위에 결합되는 과정
② 펩타이드결합이 형성되는 과정
③ 형성된 펩티딜-tRNA가 A 부위에서 P 부위로 이동하고 리보솜을 이동시켜 A 부위에 다음의 코돈이 읽혀지도록 하는 자리 옮김과정(translocation)이다. 이때 GTP를 에너지로 사용한다.

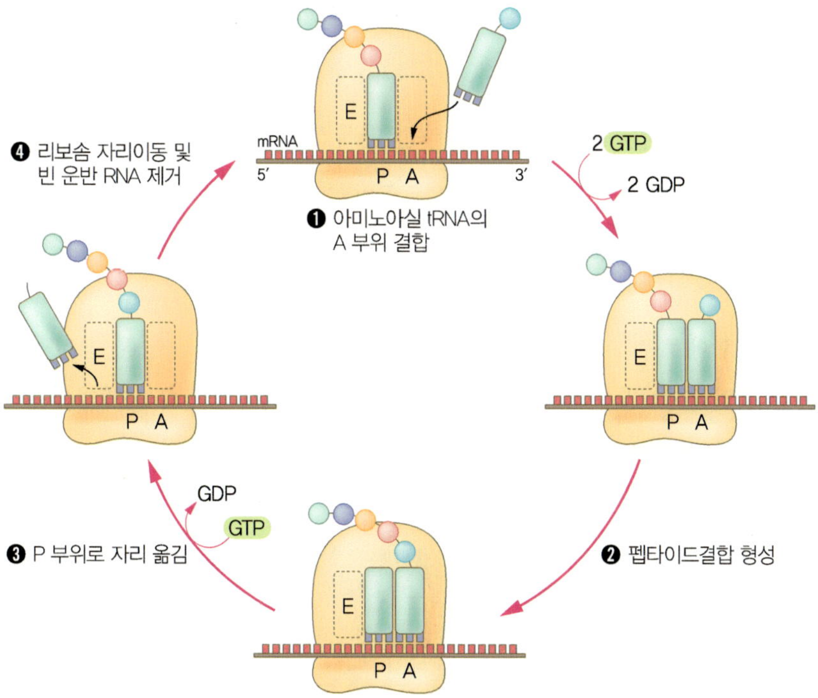

그림 7-18 **펩타이드결합의 연장과정**

폴리펩타이드 사슬의 형성이 시작될 때 fMet-tRNA는 P 부분에 결합되어 mRNA의 AUG 코돈에 결합되고 아미노아실 tRNA는 연장인자에 의해 A 부분에 결합된다. 다음으로 P 부위 아미노산의 카복실기와 A 부위의 아미노기 사이에서 펩타이드결합이 형성된다(그림 7-18).

펩타이드결합이 형성되면 P 부위에는 아미노산이 없는 tRNA가 A 부위에는 펩티딜 tRNA가 위치하게 된다. 이어서 연장인자에 의해 펩티딜 tRNA가 A 부위에서 P 부위로 이동하게 되고 P 부위에 있던 tRNA는 제거된다. 이때 리보솜은 mRNA를 5′ → 3′방향으로 이동시키고 자리가 빈 A 부위는 코돈에 인식된 다른 아미노아실 tRNA가 들어와 펩타이드결합이 반복된다.

이와 같은 방법으로 mRNA는 리보솜에 의해 한 번에 한 코돈씩 순차적으로 읽히면서 새로운 폴리펩타이드 사슬을 구성하는데, 더 많은 아미노산이 폴리펩타이드 사슬에 첨가되어감에 따라 사슬은 특정한 3차적인 구조를 형성하게 된다.

(3) 폴리펩타이드 사슬 합성의 종료(termination)

단백질 생합성 중 종료 유전자를 만나게 되면 사슬의 연장이 정지된다. 형성된 단백질의 분리는 방출인자(releasing factor)라는 단백질에 의해서 진행되며 대장균에서는 UAA, UAG, UGA 등 3개의 종료암호를 인식하는 방출인자가 존재한다. 방출인자가 GTP와 활성화된 복합체를 형성하여 종료 유전암호에 결합되면 펩티딜트랜스퍼레이스는 P 부위에 결합된 마지막 tRNA로부터 폴리펩타이드사슬을 가수분해시키고 리보솜-mRNA 복합체로부터 폴리펩타이드를 분리시킨다. 이렇게 생성된 폴리펩타이드의 N-말단은 포밀메싸이오닌이므로 포밀기의 제거와 메싸이오닌의 제거과정을 거쳐 폴리펩타이드를 완성한다.

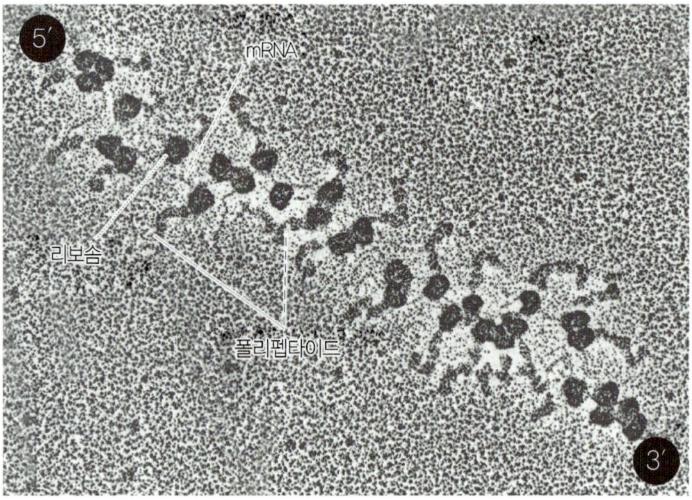

그림 7-19 대장균에서 mRNA의 번역이 진행되는 전자현미경 사진

지금까지 우리는 한 개의 리보솜 한 분자의 mRNA에 부착되어 폴리펩타이드를 합성하는 과정을 살펴보았다. 실제 단백질 합성에 있어서는 한 분자의 mRNA에 여러 개의 리보솜이 부착하여 동시에 작용함으로써 신속한 번역과정이 진행된다. 이러한 복합체를 폴리솜(polyribosome)이라고 한다(그림 7-19).

4) 단백질의 번역 후 가공

단백질이 합성된 후 그 기능을 나타내기 위해서는 독특한 접힘과정이나 생화학적 가공과정 등을 거친다. 접힘과정을 통하여 단백질은 가장 안정된 3차 구조를 형성하고, 또한 생물학적·생화학적 기능을 지니는 단백질들은 단백질 사슬의 일부를 절단하거나, 아미노산 잔기의 변형, 그리고 탄수화물과 같은 다른 분자단이 첨가되는 과정을 거치기도 한다. 그리고 인산화, 하이드록실기 첨가, 당분자의 결합 등이 단백질의 기능을 활성화하는 데 도움이 되기도 한다(그림 7-20).

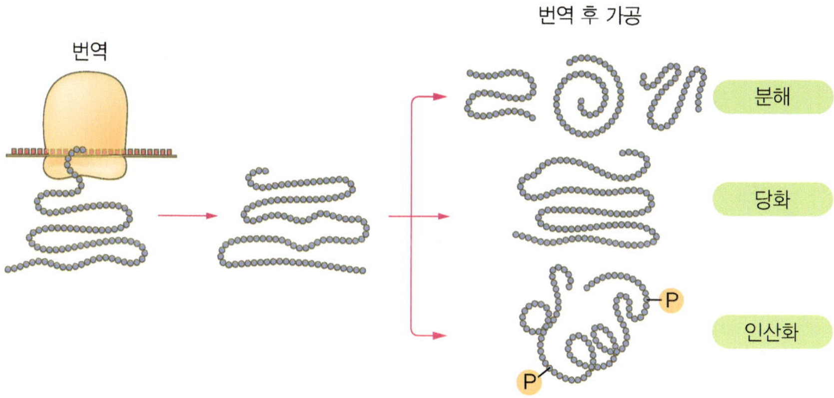

그림 7-20 **단백질의 번역 후 가공**

연습문제

❶ 다음 염기들의 상보적 결합 순서를 5′ → 3′ 방향으로 적어라.

1) GATTCA

2) ATCGAT

※ 참고 : 염기서열을 적을 때는 5′ → 3′ 방향으로 적는 것이 원칙이다.

❷ DNA가 이중나선구조를 유지하는 힘에는 어떤 것이 있는지 설명하라.

❸ 뉴클레오타이드의 구성성분을 기술하라.

❹ DNA를 구성하는 두 가닥의 폴리데옥시뉴클레오타이드(polydeoxynucleotide)가 서로 결합할 때 반드시 아데닌(adenine)과 티민(thymine), 구아닌(guanine)과 사이토신(cytosine)이 결합하는 이유는 무엇인가?

❺ DNA상에서 두 폴리데옥시뉴클레오타이드의 결합방향은 동일한가 반대인가?

❻ tRNA의 안티코돈(anticodon)이란 무엇인가?

❼ DNA 복제는 어느 방향으로 이루어지는가?

❽ 다음과 같은 DNA로부터 어떠한 mRNA가 합성되겠는가?

5′-ATCGTACCGTTA-3′

❾ 단백질이 합성되는 장소인 리보솜(ribosome)을 구성하는 RNA는 무슨 RNA인가?

❿ tRNA에서 아미노산과 결합하는 부위는 어디인가 ?

정답

1. 1) GATTCA, 2) ATCGAT
2. DAN는 두 가닥의 상보적인 폴리뉴클레오타이드 사슬이 서로 역방향으로 배열되어 있고 퓨린과 피리미딘 염기 간의 수소결합이 이루어져 있다.
3. 염기, 리보스(또는 데옥시리보스), 인산
4. 각기 형성할 수 있는 수소결합의 숫자, DNA 내부 공간의 크기
5. 반대방향으로 결합되어 있다.
6. mRNA의 코돈을 인지하고 결합하는 tRNA에 있는 3개의 상보적 염기 서열
7. 5′→3′ 8. UAGCAUGGCAAU
9. 리보솜 RNA 10. 3′ 말단

8
효소

1. 효소 연구의 역사
2. 효소의 특성
3. 효소의 분류
4. 효소반응에 영향을 주는 인자
5. 효소활성의 조절 작용
6. 보조효소

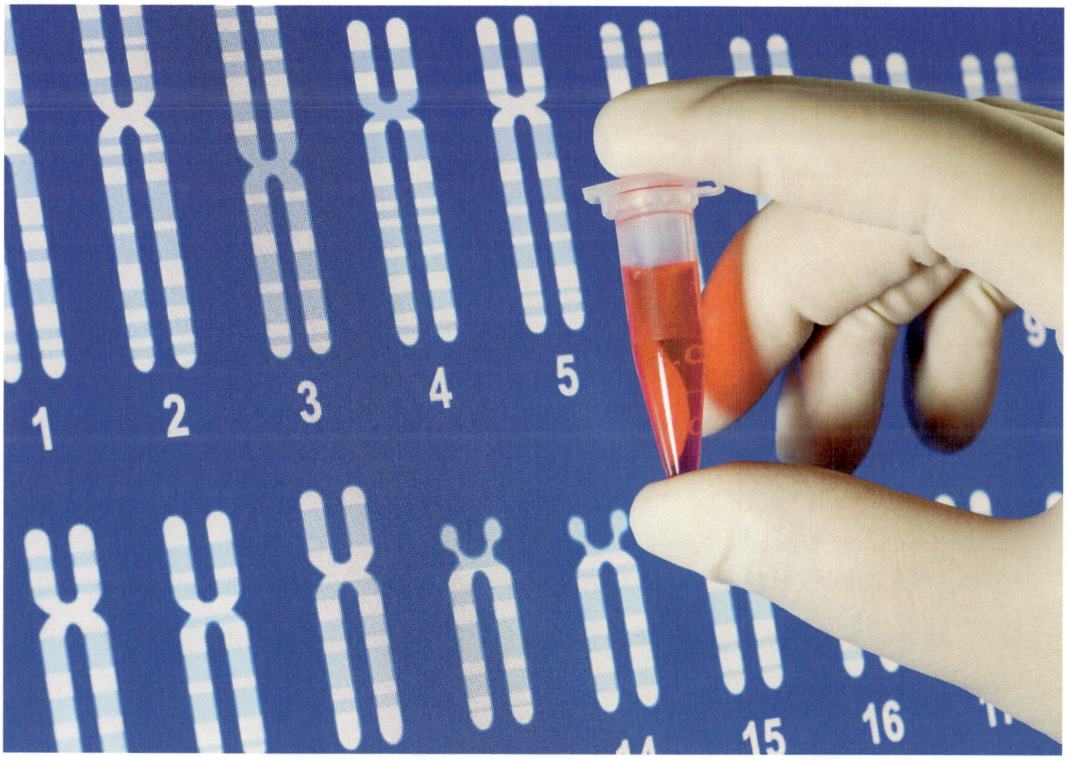

생물이 활발하게 생명현상을 유지하고 있을 때 그 생명체 내에서는 많은 종류의 대사물질이 합성 혹은 분해되는 생화학반응이 일어나고 있다. 이때 한 반응의 생성물은 다음 반응의 원료가 된다. 이와 같이 많은 반응들이 서로 거미줄처럼 연결되어서 전체의 평형을 이룸으로써 생명현상이 유지되고 있는 것이다. 이들 생화학반응에 있어서 효소는 수백 가지에 이르는 반응을 단계적으로 촉매하며, 이 작용에 의해 살아 있는 상태를 유지하는 데 필요한 여러 가지 대사활동들의 조화를 유지하고 있다. 효소(enzyme)는 식품산업, 임상병리, 의학, 약학, 화학공업, 농업분야 등 우리 생활 전반에 있어서 중요하고 유용한 도구로서 사용되고 있다.

1. 효소 연구의 역사

생물체 내에 촉매반응이 일어난다는 것은 분비물에 의해서 고기가 소화된다거나 전분이 타액이나 각종 식물 추출액에 의해서 당으로 변하는 관찰을 통해서 이미 18세기 초에 확인되었다. 그 후 생물학적 촉매반응(현재는 이것이 효소반응이라는 것이 밝혀졌다)에 관해 수많은 사례가 보고되었다. 1850년대에 루이 파스퇴르(Louis Pasteur)는 효모에 의해서 당이 발효되어 알코올이 생성되는 반응이 '발효계'에 의해서 촉매된다고 생각했다. 그는 발효계(후에 효소라고 명명)가 살아 있는 효모세포로부터 분리할 수 없는 것이라고 발표하였고, 이는 오랫동안 정설로 인정되었다. 그러나 1897년에 에두아르트 부흐너(Eduard Buchner)가 효모세포로부터 당을 발효시켜 알코올을 만드는 반응들을 촉매하는 일련의 효소들을 가용성이며 활성을 갖는 형태로 추출하는 데 성공함으로써 생화학 사상 획기적인 진전을 가져왔다. 이러한 발견은 에너지대사 공급 경로를 촉매하고 있는 중요한 효소군이 생체세포로부터 제거되더라도 변함없이 그 기능을 발휘할 수 있다는 것을 확인해준 것이다.

20세기에 들어서 에밀 피셔(Emil Fischer)는 효소의 특징에 관해서 최초로 계통연구를 실시하였다. 한편, 또 다른 연구자들은 효소활성에 대해서 속도론적으로 연구하여 효소 작용에 관한 이론을 세웠다. 그러나 효소를 순수한 결정형으로 분리한 것은 1926년이 되어서야 이루어졌다. 이것은 코넬대학의 제임스 섬너(James Sumner)에 의해 콩의 추출물에서 분리된 우레이스(urease)였다. 섬너는 이 우레이스 결정이 단백질만으로 구성되어 있다는 것을 알아냄과 동시에 모든 효소는 단백질이라고 생각하게 되었다. 그러나 그의 생각은 당대의 명성 높은 독일 생화학자인 빌슈테터(Willstatter)에 의해 맹렬한 반박을 받았다.

빌슈테터는 효소는 분자량이 작은 화합물이며 우레이스의 결정 속에서 검출된 단백질은 불순물에 지나지 않는다고 주장하였다. 효소의 본체가 단백질이라고 널리 받아들여지게 된 것은 존 노스럽(John Northrop) 등이 펩신이나 트립신을 결정화하여 이들 역시 단백질이라는 것을 밝힌 1930년대이다. 이 연구에 힘입어 세포대사의 모든 반응을 촉매하는 효소에 대한 광범위한 연구가 실시되었으며 오늘날은 2,000여 종의 효소가 확인되었고 수백 종의 효소들이 결정상으로 얻어졌다.

그러나 오늘날에 있어서도 효소에 관한 많은 의문들이 충분한 해답을 얻지 못한 채로 남아 있다. 왜 단백질이 선택되어 생체반응 촉매역할을 하고 있는 것일까? 왜 효소 분자들은 그들이 작용하는 기질에 비해서 매우 커야만 할까? 그 자신이 화학반응을 촉진하는 힘을 가지고 있지 않은 아미노산이 특정한 배열 순서로 결합된 경우에 강력한 촉매활성을 발휘하게 되는 것은 무엇 때문일까? 효소 작용은 어떻게 조절되는 것일까? 등의 의문점들이 그것이다.

2. 효소의 특성

1) 효소는 생체반응의 촉매역할을 한다

촉매란 어떤 반응에 있어서 그 반응이 잘 진행되도록 도와주는 물질을 말한다. 그런데 촉매는 반응에 개입하고 반응과정 중 물리적인 변화를 받지만 반응이 완료되면 원래의 상태로 돌아가는 특성이 있다.

그러면 효소는 어떨까? 효소가 없으면 매우 서서히 진행되는 특정의 화학반응 속도가 효소로 인하여 현저하게 빨라지고 반응이 일어나는 동안 효소는 소비되거나 영구적인 변화를 받지 않는다. 다시 말해서, 효소는 생물계에서의 화학반응에 대한 촉매물질이다. 생체 내에서 대부분의 화학반응은 효소에 의한 촉매가 없으면 매우 늦게 일어날 것이다.

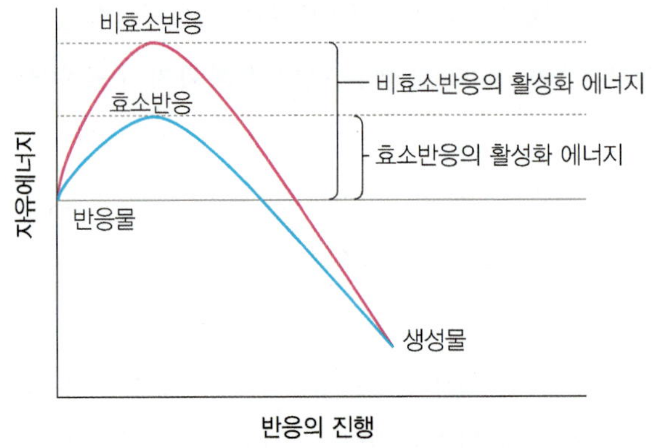

그림 8-1 **효소반응과 비효소반응의 활성화 에너지**

그렇다면 효소는 어떻게 생화학반응에 있어서 촉매역할을 할까? 저수지에 가두어 놓은 물의 예를 들어보자. 물은 높은 곳에서 낮은 곳으로 자연스럽게 흐르지만 제방을 넘지 않고서는 아래쪽으로 흐를 수가 없다. 생화학반응의 경로도 이와 같은 경로를 따르게 된다. 에너지 준위가 높은 기질이 낮은 생성물로 자연스럽게 변경되지 못함은 이와 비슷하게 에너지 장벽이 있기 때문이다. 따라서 기질이 생성물로 변하기 위해서는 일정한 에너지 장벽을 넘어야 하는데, 이를 활성화 에너지(activation energy)라고 한다(그림 8-1). 즉, 어떤 반응이 진행되려면 에너지를 공급받아 분자운동을 활성화시켜야 하는데, 이때 소요되는 에너지를 활성화 에너지라고 한다는 것이다.

그런데 만일 저수지의 수문 높이를 낮춘다면 어떻게 될까? 당연히 물은 쉽게 아래로 넘쳐 떨어질 것이다. 효소란 저수지의 수문을 낮추듯이 활성화 에너지를 낮추어 생화학반응이 잘 이루어질 수 있도록 도와주는 역할을 하고 있다.

2) 효소는 단백질이다

지금까지 조사된 순수한 효소는 모두 단백질이다. 효소의 촉매활성은 단백질의 완전한 구조에 의존하기 때문에 효소를 변성시키거나 분해하면 효소는 촉매활성을 잃는다. 예를 들어, 자연상태의 효소단백질을 가열하거나 극단적인 pH 환경을 조성하거나 또는 변성제를 처리하는 등 효소 자체의 고유구조를 파괴하게 되면 촉매활성은 사라지거나 저하된다. 효소는 다른 단백질과 마찬가지로 약 1만 2,000~100만 이상의 분자량을 가지고 있다. 따라서 효소는 이들이 작용하는 기질에 비해서 훨씬 몸집이 크다. 한편, 효소의 활성을 나타내기 위해서 단백질 이외의 저분자 화합물을 필요로하는 경우도 있다. 이 저분자 화합물은 보조인자(cofactor)라 불리는 Fe^{3+}, Mn^{2+}, Zn^{2+} 이온과 같은 무기화합물의 경우도 있으며 보조효소(coenzyme)라고 부르는 유기화합물 분자(주로 비타민 B군)인 경우도 있다. 어떤 효소는 그의 활성을 나타내는데, 보조효소와 한 종류 혹은 여러 가지의 보조인자를 필요로 한다. 이때 단백질인 효소가 보조효소나 보조인자와 느슨하게 일시적으로만 결합하고 있는 효소도 있고 영구적으로 결합하는 효소도 있다. 후자의 경우를 보결분자단(prosthetic group)이라고 부른다. 보조효소나 금속이온과 함께 완전한 촉매 작용을 지니는 효소를 완전효소(holoenzyme)라고 부른다(그림 8-2). 이때 보조효소나 금속이온은 가열하더라도 안정하지만 아포효소(apoenzyme)라고 부르는 단백질은 가열에 의해서 변성된다.

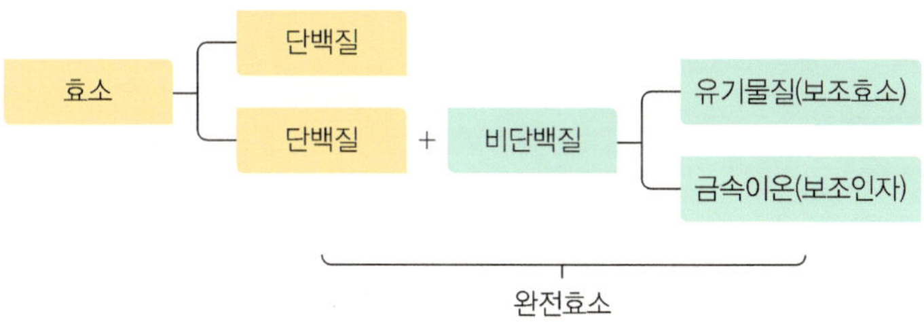

그림 8-2 효소의 구성

3) 효소는 기질 특이성을 지닌다

일반적으로 효소는 반응에 있어 기질의 구조가 조금만 달라도 그 물질과는 반응을 하지 않는다. 이러한 효소의 특성을 '기질 특이성'이라고 한다. 이것은 효소반응의 큰 특징 중 하나이다. 한 가지 효소가 한 가지의 특정반응만을 촉매하고 다른 반응에 근본적으로 개입하지 않는다는 것은 매우 중요한 성질이다. 여러 가지 대사과정의 속도가 특정한 효소의 촉매능력에 적절한 변화를 일으킴으로써 세밀하게 조절되고 있는 것이다. 그러나 대부분의 효소들은 구조상 유사성이 있는 몇 가지 기질들의 반응을 촉매하기도 한다(예를 들면, 인산기 전이, 산화환원 등). 효소의 기질 특이성의 엄밀성은 효소에 따라서 매우 다른데, 이해를 돕기 위하여 몇 가지 예를 살펴보기로 하겠다.

일반적으로 효소는 기질 분자의 적어도 일부분에 대하여 특이성을 나타낸다. 따라서 말테이스(maltase)는 α-글리코사이드의 분해는 촉매하지만 β-글리코사이드는 촉매하지 못한다. 어떤 효소는 특정 화학군에 대하여만 작용하는데, 글루코시데이스(glucosidase)는 글리코사이드에 대하여, 알코올 탈수소효소(alcohol dehydrogenase)는 알코올에 대하여, 펩신(pepsin)과 트립신(trypsin)은 펩타이드에 대하여 그리고 에스터레이스(esterase)는 에스터결합에 대하여 각각 작용한다. 키모트립신(chymotrypsin)은 카복실기가 페닐알라닌, 타이로신 또는 트립토판 등의 방향족 아미노산일 때만 그 펩타이드결합을 가수분해한다.

기질(substrate)이란
효소반응에 있어서 효소가 촉매하는 반응의 재료가 되는 물질이라고 하면 쉽게 이해가 갈 것이다. 예를 들면, 전분을 분해하는 반응을 촉매하는 아밀레이스(amylase)의 기질은 전분이다.

활성 부위(active site)
기질과 결합하여 직접 결합의 생성이나 절단에 관여하는 잔기를 지니는 영역을 말한다.

결합 부위(binding site)
효소에 기질이 고정되는 부위로 이온결합, 소수성결합, 수소결합, 반데르발스결합 등이 관여한다.

촉매 부위(catalytic site)
화학반응이 직접 진행되는 부위이다.

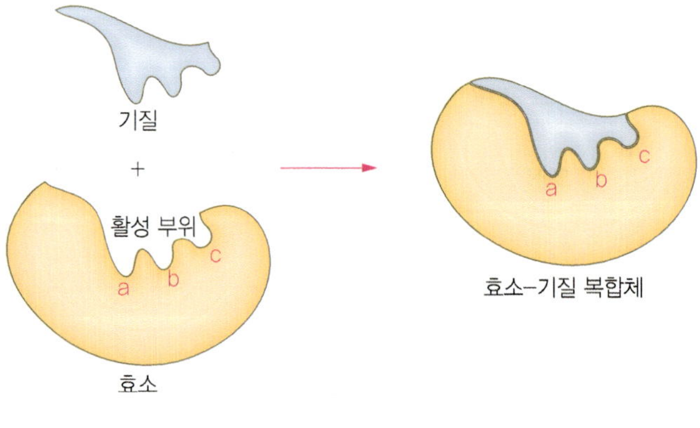

그림 8–3 **효소–기질 복합체의 형성**

3. 효소의 분류

1) 효소의 명명법

효소는 보통 기질의 이름 어미에 -에이스(-ase)라고 하는 어미를 붙여서 명명한다. 예를 들면, '아밀레이스'라고 하면 아밀로스를 가수분해하는 효소이며 우레이스(urease)는 요소(urea)를 암모니아와 탄산으로 가수분해하는 효소이다. 이 외에도 효소의 상용명(common name)으로서 트립신, 키모트립신, 카탈레이스와 같이 이름만으로는 기질을 알 수 없는 효소명도 있다.

한편, 자연계에 존재하는 수많은 효소에 대하여 이와 같이 이름을 정하여 기억하고 통용하여 사용하기란 거의 불가능한 일이다. 따라서 국제생화학연합(IBU)의 효소위원회에서는 효소를 명명하고 분류하기 위하여 이른바 '계통명(systematic name)'을 공식적으로 채택하게 되었다. 이 방식에 의하면 모든 효소들은 그들이 촉매하는 반응의 양식에 따라서 6가지 군으로 크게 분류하고 각 군에 속한 효소가 매개하여 분해 또는 연결하는 화학결합의 종류에 따라서 다시 분류한다(표 8-1). 이때 각각의 효소에는 4개의 숫자로 된 효소 분류번호(enzyme code)와 이것이 촉매하는 반응을 나타내는 계통명이 주어진다.

예) E.C 2.7.1.1

E.C(Enzyme Code, 효소 분류번호)

한 가지 예로서, 다음 반응을 촉매하는 효소를 명명해 보자.

ATP + D-glucose → ADP + D-glucose 6-phosphate

이 효소의 정식 계통명은 ATP : 글루코스 포스포트랜스퍼레이스(glucose phospho-transferase)로서 ATP로부터 포도당에 인산기의 전이를 촉매한다는 것을 나타낸다. 이 효소 분류번호는 2.7.1.1.이다. 첫 번째의 숫자 2는 분류군의 명칭인 전이효소(transferase)를 의미하고, 두 번째 숫자 7은 하부 분류군인 포스포트랜스퍼레이스를, 세 번째 숫자 1은 D-글루코스가 인산기의 수용체라는 것을 나타낸다. 효소의 계통명이 너무 길거나 번거로울 때는 상용명을 사용해도 된다. 이 효소의 상용명은 헥소키네이스이다.

표 8-1 국제 효소 분류

1. 산화환원효소(oxidoreductase) 1.1 CH-OH에 작용 1.2 C=O에 작용 1.3 CH=CH에 작용 1.4 $CH-NH_2$에 작용 1.5 CH-NH에 작용 1.6 NADH, NADPH에 작용	3. 가수분해효소(hydrolase) 3.1 에스터결합 3.2 당류의 결합 3.4 펩타이드결합 3.5 C-N결합 3.6 무수산화물	5. 이성화효소(isomerase) 5.1 라세미화효소
2. 전이효소(transferase) 2.1 한 개 탄소 그룹 2.2 알데하이드 및 케톤 2.3 아실 그룹 2.4 당잔기 2.7 인산기 2.8 황화합물	4. 분해효소(lyase) 4.1 C=C 4.2 C=O 4.3 C=N	6. 연결효소(ligase) 6.1 C-O 6.2 C-S 6.3 C-N 6.4 C-C

2) 효소의 분류

효소는 촉매하는 반응에 따라서 6종류로 분류된다. 이는 국제생화학위원회의 효소 명명 규칙에 의한 분류로서 효소 분류번호의 첫 번째 숫자에 해당된다.

(1) 산화환원효소(oxidoreductase)

산화환원반응, 탈수소반응, 수소첨가반응 등에 관여하는 효소이다.

예를 들면, 탈수소효소(dehydrogenase), 산화효소(oxidase), 과산화효소(peroxidase), 수산화효소(hydroxylase), 산소화효소(oxygenase), 카탈레이스(catalase) 등을 들 수 있다.

(2) 전이효소(transferase)

한 물질로부터 다른 물질로 작용기(functional group)를 전달하는 반응을 촉매하는 효소이다.

예를 들면, 키네이스(kinase), 아미노기전이효소(transaminase), 뮤테이스(mutase) 등이 있다.

(3) 가수분해효소(hydrolase)

가수분해반응에 관여하는 효소이다.

예를 들면, 에스터레이스(esterase), 글루코시데이스(glucosidase), 포스파테이스(phosphatase), 펩티데이스(peptidase) 등을 들 수 있다.

(4) 분해효소(lyase)

비가수분해적으로 작용기를 제거하는 반응에 의해 이중결합을 생성하거나, 반대로 이중결합에 작용기를 부가하는 반응을 촉매하는 효소이다.

예를 들면, 탈탄산효소(decarboxylase), 알돌레이스(aldolase), 탈아미노효소(deaminase) 등을 들 수 있다.

(5) 이성화효소(isomerase)

분자 내의 재배치를 촉매하여 이성화반응을 일으키는 효소이다. 예를 들면, 광학활성 화합물을 라세미화하는 반응을 촉매하는 라세미화효소(racemase)와 에피머를 형성하는 에피머화효소(epimerase) 등이 있다.

(6) 연결효소(ligase)

ATP 가수분해반응과 짝지어서 C-O, C-S, C-N, C-C 등의 결합이 형성되도록 촉매하는 효소이다. 각종 합성효소(synthase)가 여기에 속한다.

4. 효소반응에 영향을 주는 인자

1) 효소반응 시 pH와 온도의 영향

일반적인 화학반응에서는 반응온도가 10℃ 상승함에 따라 반응속도는 2배로 증가한다. 이것은 온도가 증가함에 따라 활성화 에너지를 뛰어 넘을 수 있는 충분한 에너지를 가진 효소의 수가 증가되기 때문이다. 그러나 효소는 단백질이기 때문에 온도를 너무 많이 올리게 되면 단백질의 구조와 그 성질이 변하여 효소의 활성을 잃어버리게 된다. 효소가 활성을 잃지 않고 최고의 활성을 유지할 수 있는 온도를 최적온도(optimum temperature)라 한다(그림 8-4). 한편, pH에 의한 영향도 이와 마찬가지로서 효소가 단백질이기 때문에 pH의 변화에 의해서 입체구조가 변할 수 있다. 그리고 활성 부위에 위치한 아미노산의 곁사슬에 있는 작용기의 해리 정도가 변하여 이 부위의 전하상태 및 구조의 변화를 가져오게 되므로 pH의 변화는 효소의 활성에 막대한 영향을 주게 된다. 이때 효소가 최고의 활성을 유지할 수 있는 pH를 최적 pH(optimum pH)라고 한다.

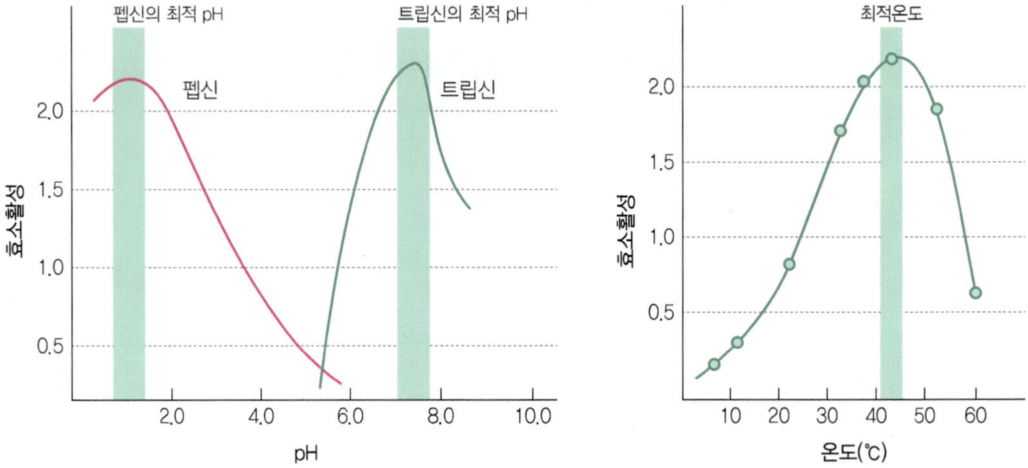

그림 8-4 효소반응에 대한 pH 및 온도의 영향

2) 효소반응과 기질의 농도

기질 농도 [S]가 매우 낮을 때 반응속도 V는 매우 느리며 기질농도의 증가에 비례해서 1차 반응(직선)과 같이 증가되지만 기질의 농도가 충분히 높은 상황에서는 반응속도의 증가 폭이 점점 작아지고 결국은 기질 농도를 아무리 높여 주더라도 반응속도가 사실상 변화되지 않는 상태에 도달하게 된다(그림 8-5). 이때의 반응속도를 최대반응속도(maximum rate : V_{max})라고 부르며 이때 효소는 기질로 '포화'되어 더 이상 반응속도가 증가하지 않는다.

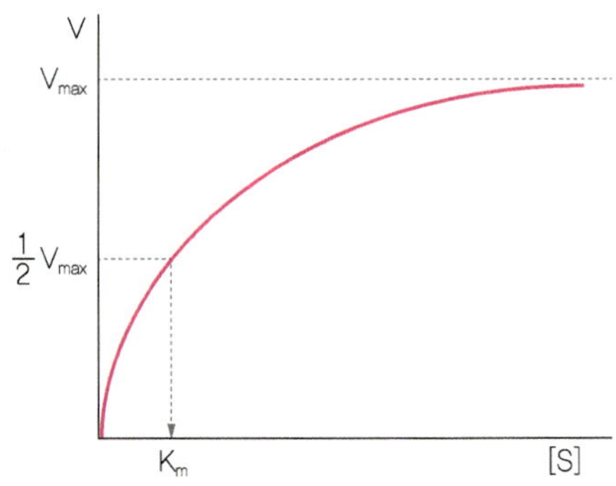

그림 8-5 효소반응에 대한 기질농도의 영향

'속도'하면 또 두드러기가 이는 사람이 있을지 모르겠는데, 어렵게 생각할 필요가 없다. 잘 알고 있듯이 속도란 개념은 단위 시간당의 결과에 대한 개념이므로 반응속도란 것은 단위 시간당 반응이 얼마만큼 진행되었는가 하는 것을 수치로 표현한 것일 뿐이다. 예를 들면, 전분이 분해되는 반응이라면 정해진 시간당 얼마만큼의 포도당이 생성되었는지를 측정하면 될 것이다(10초에 10 mol이 생성되었다면 V = 1 mol/sec).

빅토르 헨리(Victor Henri)는 1903년에 효소가 촉매반응에 있어 필연적인 제1단계로서 기질과 결합된 효소-기질복합체를 형성한다고 하는 결론에 도달하였다. 이러한 생각은, 특히 레오노르 미카엘리스(Leonor Michaelis)와 멘텐(Menten)에 의해서 1913년 효소반응의 일반이론으로 확대되었다. 그들은 비교적 빠른 가역반응에 의해서 효소-기질복합체 ES를 생성한다고 가정하였다.

$$E + S \rightleftharpoons ES$$

ES복합체는 다시 제2의 가역반응에 의해서 분해된다. 이 반응은 비교적 느리며, 반응생성물 P와 유리된 효소 E를 생성한다.

$$ES \rightleftharpoons E + P$$

제2의 반응은 속도제한단계(ratelimiting step)이기 때문에 효소촉매반응의 전체 반응속도는 효소-기질복합체 ES의 농도에 비례하게 된다. 효소반응은 반응속도론적 측면에서 수식으로 풀어볼 수가 있는데, 정상상태(steady state), 즉 효소-기질복합체(ES)의 생성속도와 분해속도가 같은 지점에서 반응속도 V와 기질농도 [S]와의 관계는 다음 식과 같이 정리된다.

$$V = \frac{V_{max}[S]}{K_m + [S]}$$

V : 반응속도, S : 기질농도, V_{max} : 최대반응속도, K_m : 미카엘리스상수

이 식은 미카엘리스-멘텐식(Michaelis-Menten equation)이라고 하는 유명한 식인데, 이때 K_m을 미카엘리스상수라고 하며 이 값은 1/2 V_{max}일 때, 즉 최대반응속도의 절반에 도달할 때 공급되고 있는 기질의 농도를 의미한다. K_m은 각종 효소의 성질을 나

타내는 중요한 상수로서 K_m 값이 작을수록 기질이 활성 부위에 대하여 강한 활성을 지니고 있음을 의미한다.

미카엘리스-멘텐식을 이용하여 효소반응식을 구하고 이를 이용하여 반응속도를 예측하기 위해서는 반응식을 구성하고 있는 2개의 상수값, 즉 V_{max}와 K_m 값을 알아야 한다. 이 상수값들은 효소반응을 시간별로 관찰한 데이터로부터 구할 수 있다. 즉, 기질농도 [S]와 반응속도 V 간의 관계 그래프(그림 8-5)를 그려서 V_{max}을 구하고 이어서 이 값의 절반일 때의 기질농도를 읽어 K_m 값을 구할 수 있다. 그러나 반응이 완만하게 일어나거나 불규칙한 반응이 진행되는 경우 이 작업은 그리 수월하지만은 않다. 따라서 보다 쉽게 이들 상수값을 구하는 방법이 고안되었는데, 미카엘리스-멘텐식을 조금 변형시키면 가능하다. 먼저 식의 양변에 역수를 취하여 정리하면 다음과 같은 식이 된다.

$$\frac{1}{V} = \frac{K_m}{V_{max}} \cdot \frac{1}{[S]} + \frac{1}{V_{max}}$$

이 식은 라인웨버-버크(Lineweaver-Buck)의 이중역수도표식이라고 부르는데, 효소반응식의 관찰 데이터로부터 단지 기질농도와 반응속도 값에 역수를 취하여 얻은 식으로서 좌변의 $\frac{1}{V}$과 우변의 $\frac{1}{[S]}$을 각각 x와 y값으로 하여 그래프를 그리면 일차식이 되므로 당연히 직선이 구해진다. 이때 이 직선의 기울기에 해당되는 것은 위에 있는 식으로부터 $\frac{K_m}{V_{max}}$에 해당하고, y절편은 $\frac{1}{V_{max}}$ 에 해당하므로 이 값으로부터 손쉽게 두 상수값을 구할 수 있다(그림 8-6).

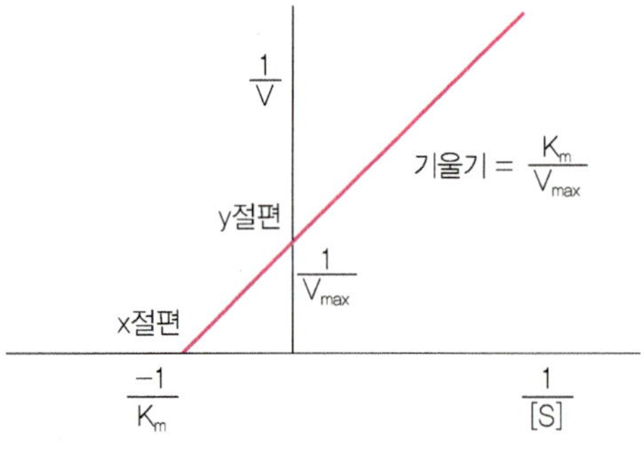

그림 8-6 라인웨버-버크식 이중역수도표

3) 효소활성의 저해제가 존재하는 경우

효소의 활성을 잃어버리게 만든다든가(실활) 저하시키는 물질을 '효소의 저해제(inhibitor)'라고 한다. 저해제에 의한 효소의 저해방식은 크게 두 가지 양태로 나눌 수 있다. 두 가지의 구분은 효소의 활성자리에 대해서 기질과 저해제 간의 경쟁 여부이다. 효소반응의 저해제가 어느 방식의 저해를 하고 있는가 하는 것은 반응에 관련된 상수를 측정해 보면 알 수 있다.

(1) 경쟁적 저해

경쟁적 저해(competitive inhibition)를 일으키는 저해제는 그 구조가 기질의 구조와 매우 유사하여 저해제와 기질이 효소분자의 같은 위치에 결합한다. 따라서 저해제와 기질이 서로 효소분자의 결합 부위에 결합하기 위하여 경쟁하게 된다.

이때 저해의 정도는 기질과 저해제의 농도에 의해 좌우된다. 다시 말해서, 기질의 농도가 무한히 크게 되면 저해제의 영향을 거의 받지 않게 된다. 따라서 최대반응속도 V_{max} 값은 일정한 값을 나타내게 되고 K_m 값은 저해제가 존재하면 증가하는 양상을 보이게 된다(그림 8-7). 예를 들면, TCA회로의 석신산탈수소효소는 말론산(malonate)에 의해 억제되는데, 말론산은 석신산과 효소의 활성자리에 대하여 경쟁적으로 작용하기 때문에 석신산의 농도가 높아지면 자동으로 저해가 풀리게 된다.

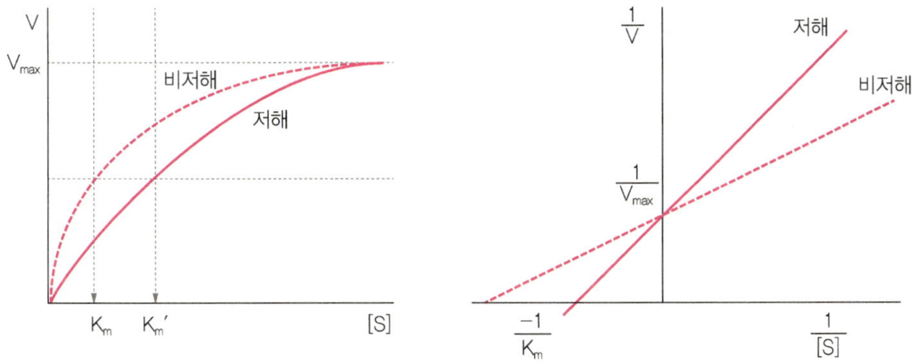

그림 8-7 경쟁적 저해제 존재 시 V와 [S]와의 관계

(2) 비경쟁적 저해

비경쟁적 저해(non-competitive inhibition)는 저해제와 기질 간의 구조상 유사점이 없고 기질과 저해제 사이에 경합이 없다. 이 경우 저해제는 효소 또는 효소-기질복합체의 양쪽에 결합이 가능하여 ES, EI, ESI와 같이 3종류의 복합체가 존재하며 ES복합체만이 생성물(product)을 생성한다. 즉, 기질농도를 증가시켜도 비경쟁적 저해제의 영향은 극복되지 않는다(여기서 비경쟁이란 일방적인 저해제의 승리인 셈이다). 이때 저해의 정도는 저해제의 농도에 비례하여 저해되므로 저해제가 존재하면 V_{max} 값은 저하되고 K_m 값은 일정한 값을 나타내게 된다(그림 8-8).

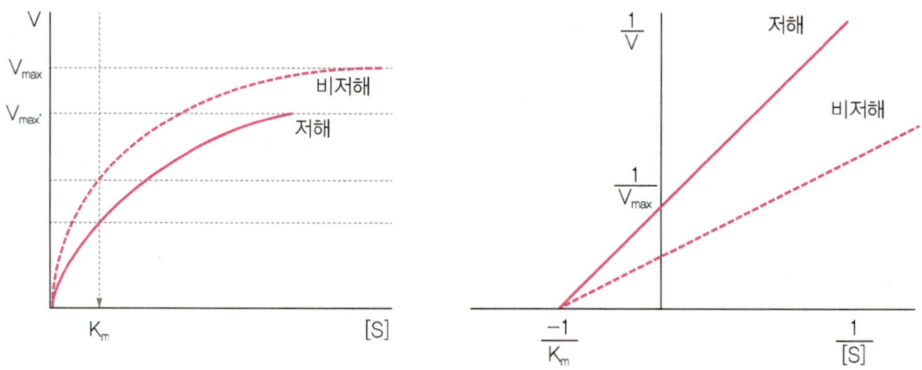

그림 8-8 비경쟁적 저해제 존재 시 V와 [S]와의 관계

개개의 효소는 특정의 기질에 대해서 고유의 K_m을 갖는다

미카엘리스-멘텐식에 있어서 중심적 요소는 K_m이다. 이것은 일정한 pH나 온도에 있어서 특정의 효소와 특정의 기질에 대해서 고유한 값이다. 카르보닉 하이드레이스(carbonic dehydrase)나 카탈레이스(catalase)와 같은 몇 가지 효소들은 촉매작용의 최대반응속도에 대한 것의 1/2을 얻기 위해서 비교적 높은 정도의 기질을 필요로 한다. ATP로부터 인산기를 포도당에 전이하는 반응을 촉매하는 헥소키네이스(haxokinase)와 같은 효소는 매우 낮은 기질농도에서 최대반응속도의 1/2값을 나타낸다. 헥소키네이스와 같이 두 개 이상의 기질을 갖는 효소는 각각의 기질에 대해서 다른 K_m 값을 가질 수 있다. 키모트립신처럼 하나의 효소가 구조상 공통점을 갖는 많은 종류의 기질에 작용할 수 있는 경우에는 각각의 기질에 대해서 광범위하게 변화하는 K_m 값을 갖는 것이 보통이다. 세포 내 조건에 있어서 효소는 일반적으로 그의 기질에 대해서 포화되어 있지는 않다. 따라서 보통은 가능한 최대반응속도로 작용하지는 않는다. 세포 내에 있어서 효소에 대한 반응속도의 조절은 부분적으로 그 기질의 세포 내 농도의 변화에 따라서 진행된다.

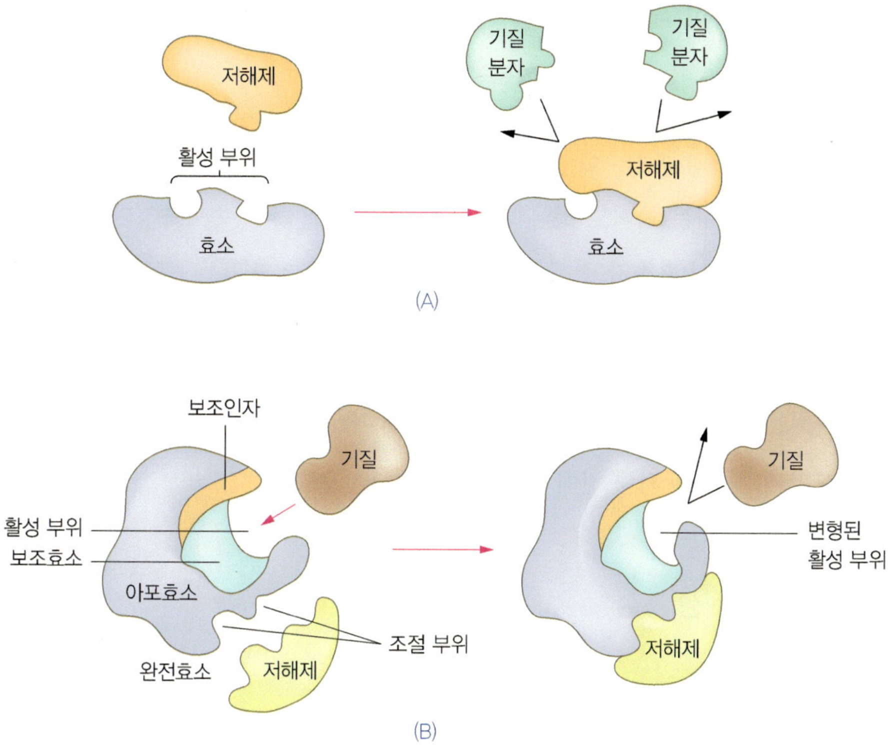

그림 8-9 경쟁적 저해제(A)와 비경쟁적 저해제(B)의 차이점

표 8-2 각종 효소의 미카엘리스상수(K_m)

효소	기질	K_m(mM)
카탈레이스	H_2O_2	25
석신산탈수소효소	석신산(succinate)	1.3
알코올탈수소효소	에탄올(ethanol)	13
헥소키네이스	ATP D-포도당(D-glucose) D-과당(D-fructose)	0.4 0.05 1.5
포도당-6-인산가수분해효소	포도당-6-인산(glucose-6-phosphate)	0.42
키모트립신	Gly-Tyr-Gly N-benzoyltyrosineamide	108 2.5
β-갈락토시데이스	D-유당(lactose)	4.0
석시닐 CoA 합성효소	석신산(succinate) CoA	0.5 0.005

5. 효소활성의 조절 작용

생체 내의 대사경로는 많은 효소가 순차적으로 협력하는 촉매반응으로 진행되고 있다. 이와 같은 효소계에서는 앞 효소의 반응 생성물이 순차적으로 다음 반응의 기질이 된다. 어느 효소계이든 적어도 하나의 효소는 가장 느린 반응(속도조절단계)을 촉매하는 효소가 있는데, 이 효소가 전체의 반응속도를 조절하는 효소가 된다. 이 조절효소는 어떤 신호에 의하여 촉매활성을 증가시키거나 감소시켜 대사반응속도를 조절한다. 대부분의 대사반응단계에서 그 경로의 첫 번째 단계 효소가 조절효소인 경우가 많다. 생체 내의 대사과정에서 조절효소는 다른자리입체성 조절, 공유결합성 변형 및 효소 합성의 유도와 억제 등에 의해 전체의 반응속도를 조절한다.

1) 다른자리입체성 조절

다른자리입체성 조절효소(allosteric enzyme)는 일반적으로 크고 복잡한 구조를 가지며 독특한 성질을 가지고 있다. 다른자리입체성 효소는 활성 부위 외에 조절인자와 결합하기 위한 조절 부위(다른자리입체성 부위)를 1개 이상 가지고 있다(그림 8-10). 따라서 다른자리입체성 효소는 조절인자에 의해 활성이 저해되기도 하고 촉진되기도 한다.

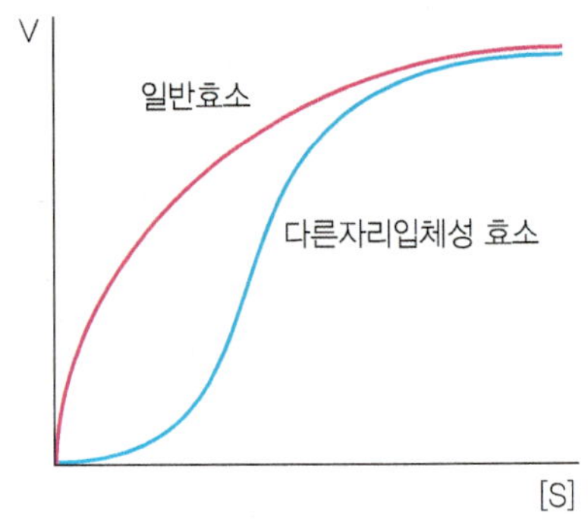

그림 8-10 다른자리입체성 효소의 특성

2) 공유결합성 변성에 의한 조절

효소 분자의 공유결합 변형에 의해 효소 합성이 조절될 수 있다. 예를 들면, 사이드체인에 하이드록실기를 가지고 있는 세린, 트레오닌, 타이로신 등 특정 아미노산에 인산기가 첨가되거나 또는 제거되어 공유결합이 변형되면 효소의 구조에 변화가 생겨 그 기능이 변화된다. 글리코젠의 분해단계에 있어 첫 번째 단계를 촉매하는 효소인 글리코젠가인산분해효소(glycogen phosphorylase)의 활성은 인산화와 탈인산화에 의하여 조절된다.

3) 단백질 가수분해효소에 의한 활성의 조절

효소는 단백질의 절단에 의하여 조절될 수 있다. 지모젠(zymogen)은 효소의 불활성형 전구체인데, 공유결합의 절단에 의해 활성화될 수 있다(표 8-3). 위 또는 췌장에 있는 많은 단백질 분해효소는 이와 같은 방식으로 조절되고 있다. 예를 들어, 췌장에서 생성되는 키모트립시노젠(chymotrypsinogen)은 소장에서 특정 펩타이드결합이 절단됨으로써 활성화된다. 이 반응은 트립신에 의해 촉매된다. 지모젠 활성의 다른 예는, 펩신, 트립신, 트롬빈 등에서도 볼 수 있다.

표 8-3 단백질 분해효소

지모젠	활성형 효소	활성제
펩시노젠	펩신	염산
트립시노젠	트립신	엔테로펩티데이스, 트립신
키모트립시노젠	키모트립신	트립신
프로카복시펩티데이스	카복시펩티데이스	트립신

4) 효소의 합성유도와 억제

세포는 효소의 합성속도를 증가(유도) 또는 감소(억제)시킴으로써 효소반응속도를 조절하기도 한다. 예를 들어, 고혈당으로 인슐린 수치가 증가하게 되면 포도당대사에 관여하는 주요 효소의 합성이 증가된다. 이와는 대조적으로 항상 일정하게 사용되는 효소는 효소 생성량이 항상 일정하다. 효소의 합성유도나 억제를 통한 속도 조절은 당연히 느리게 반응할 수밖에 없다. 효소단백질이 합성되어도 효소로서 기능이 발현되기 위해서는 고차구조의 형성, 부분적인 분해 또는 보조인자와의 결합 등을 거쳐 가공되어야 하기 때문이다.

6. 보조효소

효소들 중에는 보조효소(coenzyme)라고 불리는 비단백질성 유기물질(보통 비타민 또는 뉴클레오타이드)이 존재할 때만 효소반응을 진행시키는 효소가 많다. 보조효소는 말 그대로 효소작용을 도와주는 역할을 하는 물질로 생각하면 되는데, 흔히 보조효소의 개입을 요구하는 반응의 형태는 산화환원반응 또는 작용기의 전이 및 이성화반응 그리고 공유결합을 형성시키는 반응 등이다. 대조적으로 소화관에서 효소에 의하여 촉매되는 가수분해반응은 보조효소를 요구하지 않는다.

1) 산화환원에 관여하는 보조효소

(1) NAD^+와 $NADP^+$

NAD^+(nicotinamide adenine dinucleotide)는 나이아신(niacin)의 보조효소 형태로서 체내에서 가장 많이 존재하는 보조효소이며 TCA회로나 지방산의 β-산화과정에서 전자를 받아 NADH가 되고 이 전자를 전자전달계에 전달하는 역할을 한다. NADH는 산화환원 전위가 높은 플라빈(flavin)효소계에서 재산화된다(그림 8-11).

$NADP^+$(nicotinamide adenine dinucleotide phosphate)의 구조 및 작용은 NAD^+와 거의 같다. $NADP^+$가 관계되는 반응은 그다지 많지 않은데, 포도당-6-인산 탈수소효소, 이소시트르산 탈수소효소, L-글루탐산 탈수소효소, 지방산 합성 및 스테로이드 합성 등에 관여된다. 즉, 에너지 생성에 관여된 탈수소효소들은 주로 NAD^+를 보조효소로 사용하는 반면, 생합성반응에 관련된 탈수소효소는 $NADP^+$를 주로 사용한다.

(2) FAD와 FMN

FAD(flavin adenine dinucleotide)는 비타민 B_2(riboflavin)를 구성하는 보조효소로서 당, 아미노산, 지방산의 중간대사, 산화적 인산화 등 광범위하게 산화환원반응을 촉매하는 효소들의 보조효소 작용을 한다(그림 8-12). 예를 들면, 포도당 산화효소, 석신산 탈수소효소, D-아미노산 산화효소, 모노아민 산화효소 등의 반응에 관계한다.

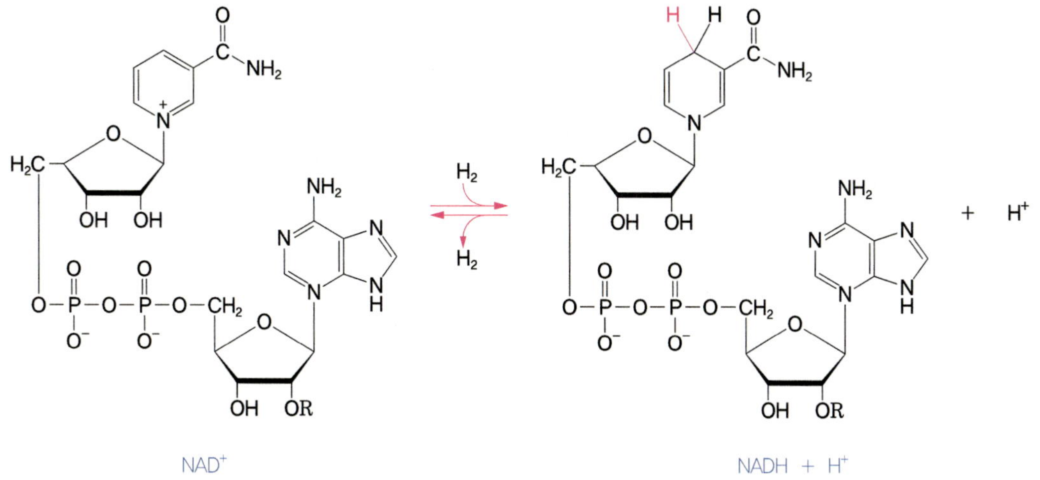

그림 8-11 NAD^+(R=H)와 $NADP^+$($R=PO_3^{2-}$)의 구조 및 산화·환원반응

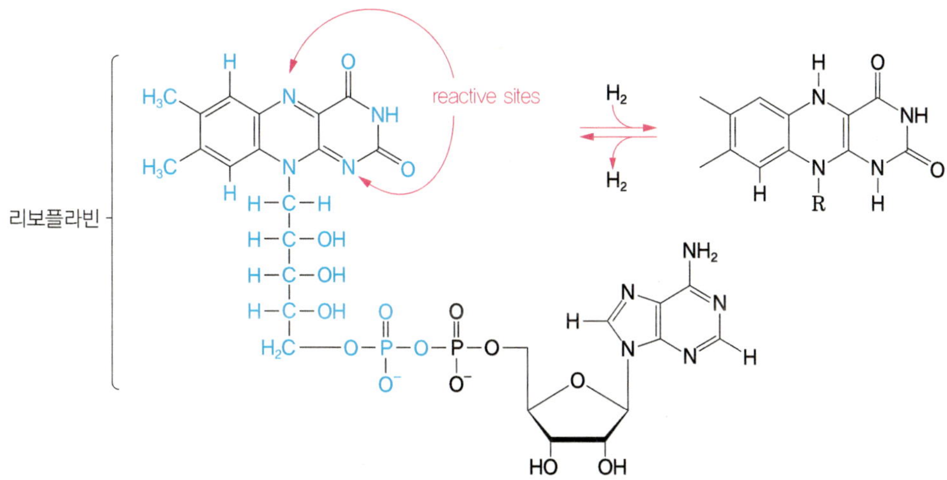

그림 8-12 플라빈 보조효소의 구조 및 산화·환원반응

(3) 유비퀴논(coenzyme Q, CoQ)

보조효소 Q라고도 하는데, 미토콘드리아 내의 호흡 사슬을 형성하는 지방층에 존재하며 NADH-CoQ 산화환원효소 및 석신산 산화환원효소에 의하여 환원되고 CoQ-사이토크롬 C 산화환원효소에 의하여 산화된다(그림 8-13).

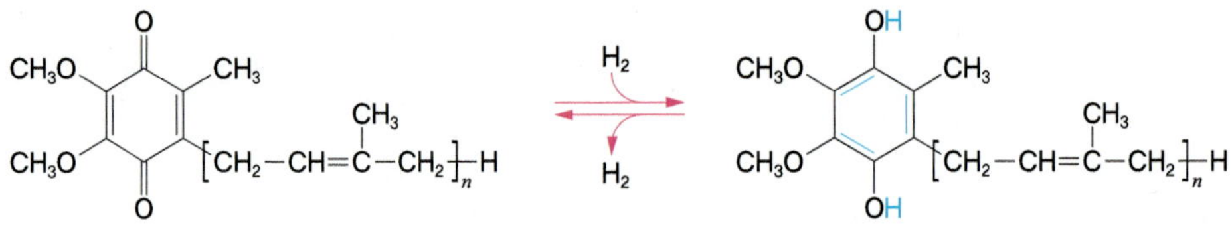

그림 8-13 유비퀴논의 산화·환원반응

(4) 리포산

리포산(lipoic acid)은 비타민의 일종으로서 산화-환원형식은 S-S결합의 가역적 개열반응에 의한다(그림 8-14).

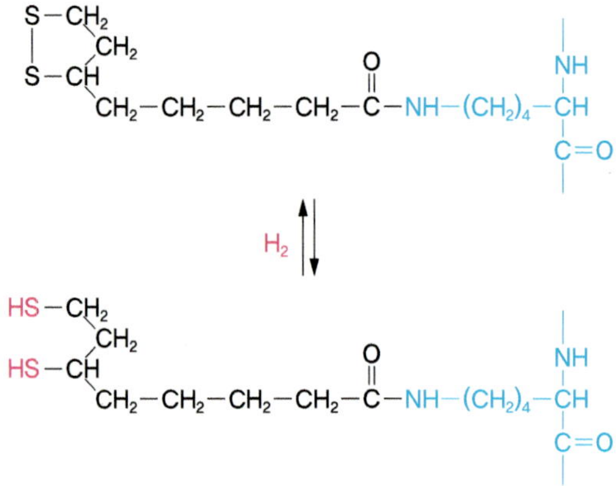

그림 8-14 리포산의 산화·환원반응

2) 작용기의 전이반응에 관여하는 보조효소

(1) 코엔자임 A(CoA)

CoA는 비타민의 하나인 판토텐산으로부터 생합성된다. CoA는 말단의 -SH기에 아실기를 부착하여 이를 수용하는 수용체에 운반하는 역할을 한다(그림 8-15). 아실기하면 생소할 수도 있는데, 지방산에서 1번 탄소에 있는 카복실기에서 -OH기를 떼어내면 나머지 부분은 RCO-기로서 마치 작용기와 같이 다른 부분에 부착될 수 있는 형태가 되는데, 이를 아실기라고 한다. 아실기 중에서 탄소가 2개인 것을 아세틸기

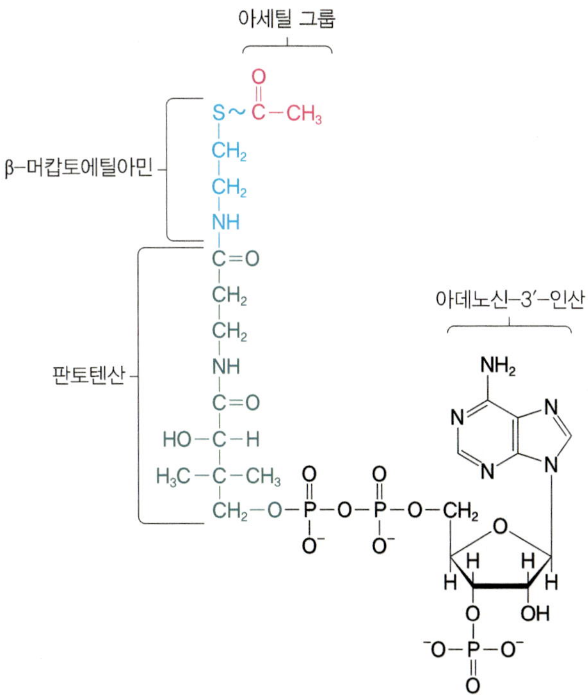

그림 8-15 코엔자임 A의 구조 및 아실유도체

(acetyl)라고 하는데, 특히 중요하므로 눈여겨보기 바란다. CoA는 피루브산 탈수소효소, 시트르산 합성효소, 지방산 합성효소 등에 관여한다.

(2) 티아민피로인산(TPP)

티아민피로인산(thiamin pyrophosphate)은 비타민 B_1의 유도체로서, 보조효소작용의 역할은 α-케토산의 탈탄산작용 및 알데하이드기의 전이 및 운반작용이다(그림 8-16).

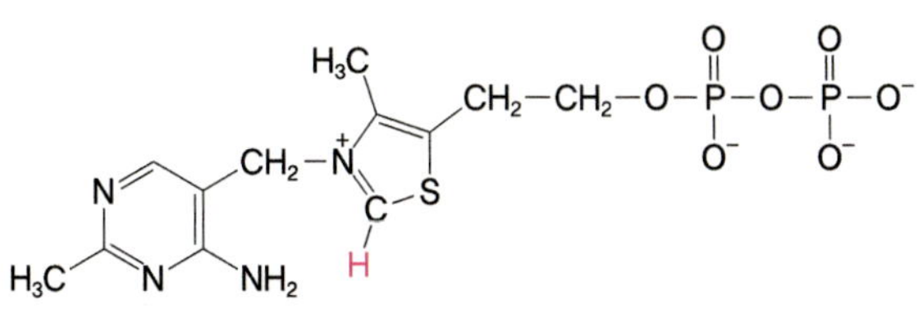

그림 8-16 티아민 피로인산의 구조

(3) 바이오틴

바이오틴(biotin)은 비타민 B군의 일종으로서 탄산의 고정이나 카복실기 전이반응에 관여하는 효소의 보조효소이다(그림 8-17). 아세틸 CoA 카복실레이스, 피루브산 카복실화효소(pyruvate carboxylase) 등의 효소가 그 예로서, 작용에는 보통 Mg^{2+}과 ATP를 필요로 한다.

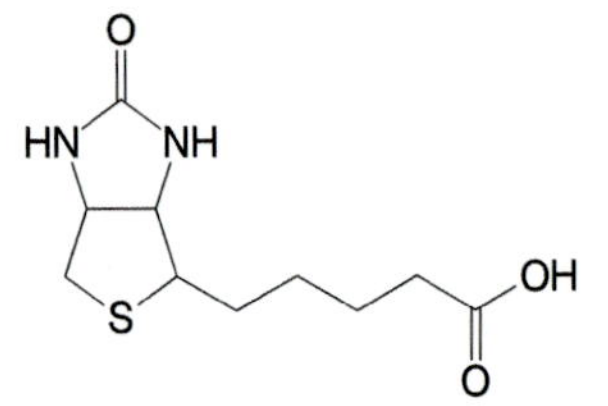

그림 8-17 바이오틴의 구조

(4) 피리독살인산(PLP)

피리독살인산(pyridoxal phosphate)은 비타민 B_6 유도체로서 주로 아미노산 대사에 관여하여 아미노기의 전이 및 탈탄산반응에 관여한다(그림 8-18).

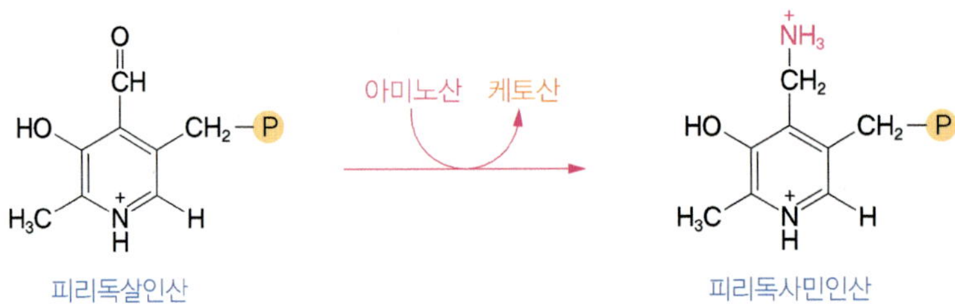

그림 8-18 피리독살인산(PLP)의 구조와 반응

(5) 비타민 B_{12}

비타민 B_{12} 자체는 보조효소가 되지 않지만 그의 유도체인 아데노실코발아민(adenosylcobalamin)과 메틸코발아민(methylcobalamin)이 보조효소 작용을 한다. 일반적으로 비타민 B_{12} 보조효소라고 하면 아데노실코발아민을 의미하며 메틸(methyl)기의 전이 반응에 관여한다(그림 8-19).

(6) 엽산

엽산(folic acid)은 항빈혈성인자로 작용하는 비타민으로서 그 자신은 보조효소 작용이 없지만 그 유도체 THF(tetrahydrofolate)는 메틸기, 포밀기, 메틸렌기, 포름이미노기 등 C_1 단위의 전이반응에 관여한다(그림 8-20).

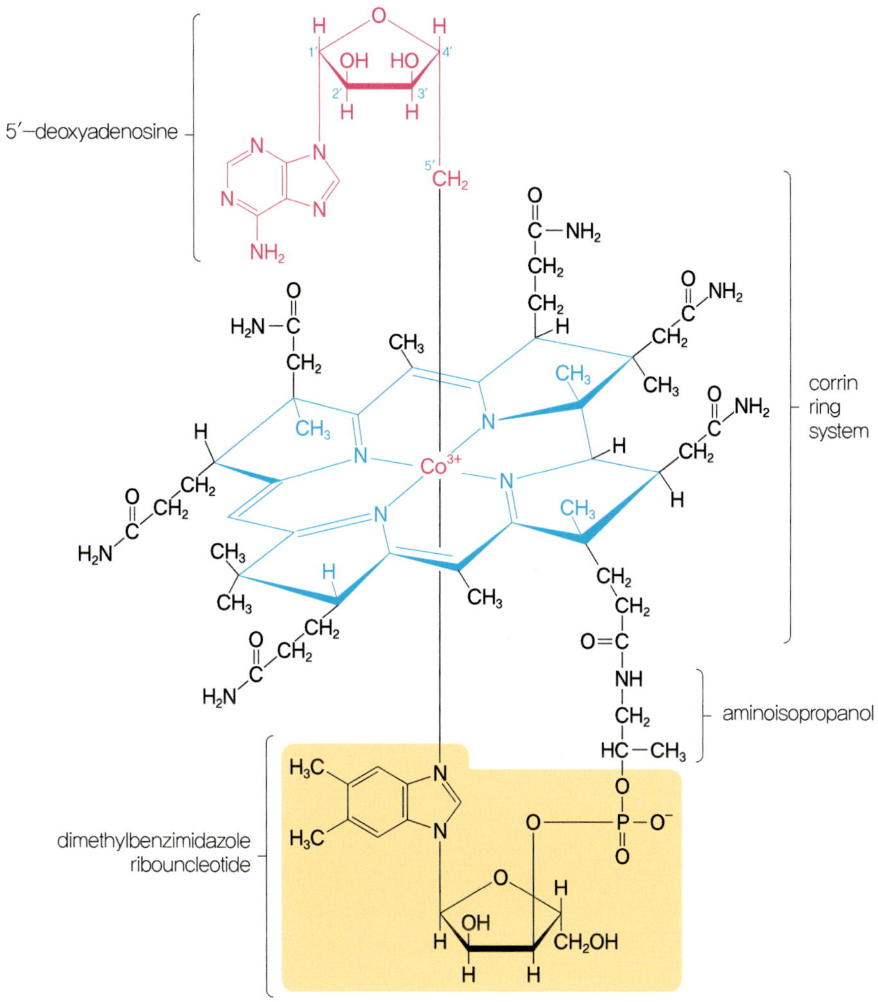

그림 8-19 아데노실코발아민

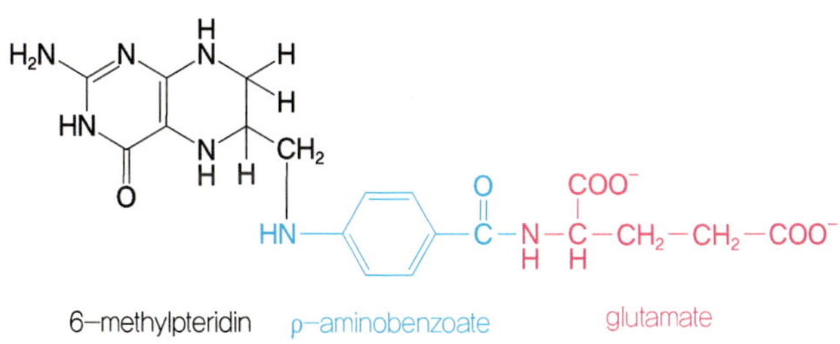

그림 8-20 테트라하이드로폴산(tetrahydrofolic acid, THF)의 구조

표 8-4 비타민과 그 보조효소형의 작용

보조효소 형태	전달되는 기능기	보조효소 작용	비타민
티아민피로인산(TPP)	알데하이드	탈탄산작용, 알데하이드기 전이반응	B_1(thiamin)
FAD, FMN	전자	산화-환원반응	B_2(riboflavin)
피리독살인산(PLP)	아미노기	아미노기 전이반응	B_6(pyridoxine)
NAD^+, $NADP^+$	전자	산화-환원반응	나이아신
CoA	아실기	아실기의 전이운반	판토텐산
리포산	전자, 아실기	아실기 전이반응	리포산
바이오시틴	CO_2	카복실화반응	바이오틴
THF	1-탄소기	C_1단위 전이반응	엽산
5′-데옥시아데노실코발아민	H-원자, 알킬기	분자 내 재배열	B_{12}

연습문제

❶ 효소를 국제생화학연맹의 효소위원회가 제정한 명명법에 따라 분류하고 그 특징을 설명하라.

❷ 보조효소의 특징은 무엇인가?

❸ 효소의 반응에 영향을 주는 인자는 어떠한 것이 있는가?

❹ 활성화 에너지란 무엇인가?

❺ 효소의 화학적 기본물질은 무엇인가?

❻ 효소가 반응을 촉진시키는 근본 원리는 무엇인가?

❼ 미카엘리스-멘텐상수란 무엇인가?

❽ 낮은 온도에서 효소의 활성이 낮은 이유와 높은 온도에서 효소의 활성이 낮은 이유를 설명하라.

❾ pH는 효소의 활성에 어떻게 영향을 미치는가?

❿ 효소의 활성자리는 어떤 기능을 담당하는가?

⓫ 효소의 활성자리를 제외한 부위는 어떤 기능을 담당하는가?

정 답

1. 효소의 계통명은 효소들이 촉매하는 반응의 양식에 따라 6가지 군으로 분류하고 각 군에 속하는 효소들은 촉매하는 반응에 따라 분류되어 4개의 숫자로 된 분류번호를 갖는다.
   E. C. □, □, □, □
   첫 번째 숫자는 1~6이며 각각
   1 : 산화환원효소(oxidoreductase)
   2 : 전이효소(transferase)
   3 : 가수분해효소(hydrolase)
   4 : 분해효소(lyase)
   5 : 이성화효소(isomerase)
   6 : 연결효소(ligase)이다.
2. 보조효소는 효소의 보조인자 중 유기화합물들을 말하며 주로 비타민 B군이 많다.
3. pH, 온도, 기질의 농도, 저해제 등이다.
4. 화학반응에서 반응물이 전이상태가 되기 위해 필요한 에너지를 말한다.
5. 효소는 단백질 외에 탄수화물, 무기물 등이 결합되어 있으나 주요 성분은 단백질이다.
6. 활성화 에너지를 대폭 감소시킴으로 해서 낮은 온도에서(적은 양의 에너지로서) 반응이 잘 일어나도록 한다. 반응이 진행되기 위해서는 반응물은 일정량 이상의 에너지 준위에 달해야 하므로 일반적으로 많은 에너지를 공급해야 한다. 즉, 고온을 유지해야 필요로 하는 에너지 준위에 도달할 수 있다. 그러나 효소와 같은 촉매가 존재하는 경우에는 촉매의 작용으로 인하여 도달해야 하는 에너지 준위가 매우 낮아진다. 그러므로 매우 소량의 에너지를 공급받아도 필요한 에너지 준위에 도달할 수 있기 때문에 낮은 온도에서도 반응이 쉽게 일어나는 것이다. 반응물의 원래 에너지 준위와 반응이 진행되기 위해 필요로 하는 에너지 준위와의 차이를 활성화 에너지라 한다.
7. 효소반응에 있어서 최대반응속도의 절반에 해당하는 속도로 반응이 이루어지는 데 필요로 하는 기질의 농도를 의미한다. 기질의 농도가 적을 때는 그 농도가 증가하면서 반응속도는 함께 증가한다. 기질의 농도가 계속 증가하면 반응속도의 증가율이 점차 감소하며 마침내 반응속도는 더 이상 증가하지 않는다. 이때의 반응속도를 최대반응속도라 하는데, 이 속도의 절반에 해당하는 속도일 때의 기질의 농도가 미카엘리스-멘텐상수인 것이다. 한 효소의 미카엘리스-멘텐상수는 반응의 조건에 관계없이 항상 일정하다. 따라서 반응조건이 좋을 때에는 반응속도가 높고 반응조건이 나쁠 때에는 반응속도가 낮을 뿐이지 이 상수의 값에는 변화가 없는 것이다. 그러므로 이 상수는 한 효소에 대한 중요한 지표이며 이는 동일한 기능을 가지는 두 효소가 동일한 효소인가(동일한 구조를 가지는 효소인가) 여부를 판단하는 자료로서 이용될 수 있다. 즉, 동일한 기능을 가지고 있다 해도 미카엘리스-멘텐상수가 다르면 이는 동일한 효소가 아니라고 판단한다. 이 상수의 값이 같으면 동일한 효소일 가능성이 있다. 이 상수가 같아도 동일한 효소인가의 여부를 확인하기 위해서는 구조에 대한 연구가 더 필요하다.
8. • 낮은 온도에서 활성이 낮은 이유 : 효소반응이 진행되기 위해서는 적은 양이긴 하지만 에너지가 필요하다. 낮은 온도에서 활성이 낮은 것은 낮은 온도에서는 반응에 필요한 충분한 에너지를 공급받을 수 없기 때문이다.
   • 높은 온도에서 활성이 낮은 이유 : 높은 온도에서는 반응에 필요한 에너지는 충분하나 과다한 에너지가 효소의 구조를 유지하는 화학결합을 분해하므로 효소의 구조를 변화시킨다. 효소의 반응에 중요한 부위는 경미한 구조변화에도 활성이 매우 낮아지게 된다.
9. 효소반응이라는 것은 효소의 활성자리에 존재하는 아미노산의 작용기가 전하를 가지는 상태에서 기질과 결합하고 이러한 복합체가 효소와 기질의 특성에 따라 기질을 다른 물질로 변화시키는 것이다. 그러므로 효소반응에서 기질과 효소가 모두 전하를 가져야 한다. 기질이나 효소의 아미노산은 pH에 따라 전하의 양태가 달라지게 되며 이에 따라 효소의 활성, 즉 반응속도가 달라지게 되는 것이다.
10. 기질과 결합하고 효소의 반응이 일어나도록, 즉 기질이 생산물로 전환하게 한다.
11. 효소의 활성자리는 적절한 구조를 항상 유지해야 그 기능을 수행할 수 있는데, 효소활성자리 이외의 부분은 효소활성자리가 적절히 형성하도록 받쳐 주는 기능을 담당한다. 그러므로 효소활성자리 외 부분의 구조가 변화하면 활성자리의 구조가 영향을 받아 효소의 활성이 변화할 수 있다.

9
생체에너지론

1. 생체 내에서 화학에너지의 일
2. 고에너지 화합물
3. 생체열역학
4. 자유에너지
5. 반응의 짝지음
6. 자유에너지의 변화와 산화환원전위

모든 생명체는 주위 환경으로부터 에너지물질을 받아들이고 이를 적절한 형태로 전환하여 필요한 에너지를 사용함으로써 생명현상을 유지할 수 있다. 식물체는 태양에너지를 이용하여 탄수화물과 지방 등 에너지물질을 만들고, 동물체는 그들이 섭취하는 식물체나 동물체로부터 에너지를 얻는다. 일반적으로 생물체에 흡수된 영양소는 분해대사(catabolism)라고 하는 일련의 복잡한 화학반응을 통해 에너지 함량이 작은 물질로 전환되고, 이때 그 에너지 차이에 해당하는 양의 일부가 합성대사(anabolism) 등 생명현상의 유지에 이용되고 있다. 사람이 음식물로부터 에너지를 얻는 과정과 나무를 태우는 화학반응을 비교해 보면, 두 과정 모두 대상물질을 산소와 결합시켜 산화시키고 이 과정에서 에너지를 뿜아낸다는 점에서 공통점을 지니고 있지만, 두 과정에는 커다란 차이점이 있다. 즉, 나무를 태워서 발생되는 에너지는 일시에 모든 에너지가 발산되어 소모되지만 생체 내에서는 주로 ATP(adenosine triphosphate)와 같이 다른 형태의 화학에너지로 저장된 후 생체물질의 합성, 근육의 수축, 물질의 능동 수송, 신경자극의 전달 등 에너지를 필요로 하는 곳에 적절히 사용된다는 점이 다르다.

1. 생체 내에서 화학에너지의 일

생체에너지 대사의 중심이 되는 ATP는 대사과정에서 유리되는 에너지를 저장하기 위해 ADP(adenosine diphosphate)로부터 합성되는 고에너지 화합물이다(그림 9-1). 고에너지 화합물은 세포 내에서 에너지 생성반응과 에너지 요구반응을 연결시키는 중간체 역할을 하며, 다양한 에너지 흡수성의 생화학반응이 일어날 수 있도록 자유에너지를 제공한다. ATP에 저장된 에너지는 다시 ADP로 분해될 때 유리되어 생체물질의 합성, 근육의 수축, 물질의 능동 수송, 신경자극의 전달 등과 같이 에너지를 소비하는 일에 이용된다. 따라서 ATP는 에너지 생산과정과 소비과정 사이에서 에너지 매개체의 역할을 하는 에너지 화폐로 활용되고 있다고 볼 수 있다.

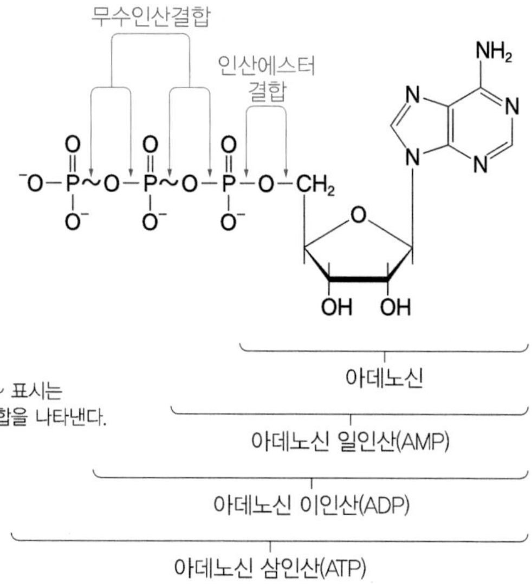

그림 9-1 ATP의 구조

2. 고에너지 화합물

생명체는 영양소를 산화시켜 생성되는 에너지를 바로 직접적으로 이용하지 않고 이 에너지를 세포에 공통적으로 존재하는 ATP와 같은 고에너지 화합물에 에너지를 저장하여 생체 내에서 에너지를 필요로 하는 일을 할 때 사용한다. ATP의 경우 가수분해될 때 자유에너지(G°′)의 감소가 크기 때문에 산, 알칼리 및 열 등에 불안정하고, 가수분해되는 동안 생성물이 반응물보다 더 안정하기 때문에 자유에너지가 크게 감소된다. 이와 같이 분해될 때 자유에너지의 감소가 커서 외부로 상당히 큰 에너지를 방출할 수 있는 화합물을 고에너지 화합물(energy rich compound)이라 한다(표 9-1).

표 9-1 인산화합물들의 가수분해에 의한 자유에너지 변화량

인산화합물	$\Delta G^{\circ\prime}$ (pH 7.0, kcal/mol)
포스포에놀피루브산(phosphoenolpyruvate, PEP → 피루브산 + P_i)	-14.8
사이클릭 AMP(cAMP)	-12.0
1,3-다이포스포글리세르산(1,3-diphosphoglycerate, 1,3BPG + ADP → 3PG + ATP)	-11.8
포스포크레아틴(phosphocreatine)	-10.3
아세틸인산(acetylphosphate)	-10.1
피로인산(pyrophosphate)	-8.0
아세틸 CoA(acetyl CoA)	-7.5
ATP(ATP → ADP + P_i)	-7.3
ATP(ATP → AMP + PP_i)	-8.6
ADP(ADP → AMP + P_i)	-7.3
AMP(AMP → 아데노신 + P_i)	-2.2
UDP-글루코스	-8.0
글루코스-1-인산	-5.0
프럭토스-6-인산	-3.8
글루코스-6-인산	-3.0
글리세롤-3-인산	-2.3

3. 생체열역학

생체 내에서 에너지의 변환과 이용에 관한 이론을 생체열역학이라고 부르며, 이러한 생체에너지 이론을 알기 위해서는 열역학에 대한 기초지식이 필요하다. 에너지는 분자 속에 화학에너지 형태로 저장되어 있어 물질이 연소되거나 화학반응을 일으키면서 이들 에너지는 밖으로 방출된다. 이러한 에너지의 변환을 연구하는 학문을 열역학이라고 하며, 열역학은 화학반응이 어느 방향으로 진행될 것인가를 예측 가능하게 하고 반응에 동반되는 에너지의 변화량을 정량적으로 다룰 수 있게 한다. 19세기 물리학자와 화학자들에 의해 이루어진 서로 다른 형태의 에너지의 상호 변환에 관한 많은 정량적 관찰은 다음과 같은 두 가지 열역학 법칙을 낳았으며, 생체 내에서의 에너지 전환도 이 열역학 법칙을 따른다.

1) 열역학 제1법칙

열역학 제1법칙은 일명 에너지보존법칙(law of conservation of energy)이라고도 부른다. 물리·화학적 반응에 의해 에너지는 여러 형태로 전환될 수는 있으나 우주의 에너지 총량은 일정하며, 에너지가 변환되거나 이동할 수는 있지만 새로이 생기거나 소멸되지 않음을 나타낸다. 계에 열(Q)이 주어지면 계는 내부에너지 변화(ΔE)를 일으키고 남은 에너지는 주위에 일(W)의 형태로 표현되어 총 에너지량은 변화하지 않는다는 것이 열역학 제1법칙이다.

$$Q = \Delta E + W$$

제1법칙의 예로 근육이 수축하는 경우를 보면 ATP의 화학에너지는 기계적 에너지로 변환되었으나 총 에너지 측면에서 보면 아무런 변화가 없다. 즉, 에너지가 다른 형태로 바뀌었을 뿐이다.

2) 열역학 제2법칙

에너지 제1법칙만으로서는 물리화학적 변화가 자발적으로 일어나는 방향성은 설명할 수 없다. 따라서 이 변화의 방향성을 설명하고자 하는 것이 열역학 제2법칙이다. 제2법칙에 의하면 우주에서 일어나는 모든 반응은 질서 있는 상태에서 무질서(disorder)가 증가되는 방향으로 진행되며 엔트로피(entropy)가 증가한다. 모든 물리 화학적 변화는 유용한 에너지(엔탈피)가 유용하지 못한 에너지(엔트로피)로 변화되는 방향으로 진행되고, 엔트로피가 최대가 될 때 변화는 정지된다.

생물계는 그들이 속해 있는 반응계(reacting system) 내에서 그를 둘러싸고 있는 외계(surroundings)와 접하여 살고 있다. 반응계는 특정의 물리 화학적 반응이 일어나는 계의 집합이며, 하나의 생물이나 세포, 또는 반응하고 있는 화합물일 수도 있다. 살아있는 세포나 생물에서 일어나는 반응은 끊임없이 외계의 물질과 에너지를 교환하며, 생물의 반응계는 외계와 절대로 평형상태가 되지 않는다. 그리고 반응계와 외계 사이의 끊임없는 상호작용을 통해 열역학 제2법칙 내에서 생물체는 그들 자신의 내부 질서를 유지해간다.

열역학 제2법칙에 따르면 총계(우주)의 엔트로피는 모든 물리 화학반응에서 증가하지만 엔트로피의 증가가 반드시 반응계 자체에서 일어날 필요는 없다. 세포가 성장하고 분열하면서 생기는 질서는 그들이 성장하고 분열하는 과정에서 외계에 만들어 내는 무질서에 의해 충분히 보상받는다. 즉, 생물은 그들을 둘러싸고 있는 외계로부터 영양소와 태양광의 형태로 자유에너지를 받아들이고 같은 양의 에너지를 열과 엔트로피로 외계에 돌려줌으로써 그들의 내부질서를 보존하게 되는 것이다.

이때 반응계의 총 에너지 변화(ΔH)는 일을 하는 데 이용될 수 있는 에너지(ΔG)와 질서를 유지하는 데 이용되는 에너지(T×ΔS)로 구성된다.

$$\Delta G = \Delta H - T \times \Delta S$$

위에서 ΔG는 계의 자유에너지 변화를 나타내며, G(Gibbs 자유에너지)는 일정한 온도와 압력하에서 일할 수 있는 에너지를 말한다. 생성물의 자유에너지가 반응물의 자유에너지보다 작은 반응은 자유에너지 변화(ΔG)가 음의 값이고 에너지 방출(exergonic)반응이라 하며, 반대로 생성물의 자유에너지가 큰 반응은 에너지 흡수(endergonic)반응이라 하고 반응계는 자유에너지를 얻으며 ΔG는 양의 값이다. ΔH는 계의 총 에너지 변화를 나타내며, H(엔탈피)는 반응계의 열량이다. 화학반응에서 생성물의 열량이 반응물의 열량보다 적으면 ΔH는 음의 값이며 열을 방출하는 발열반응이다. 반대로 생성물의 열량이 큰 경우는 외부에서 열을 흡수하는 반응으로 흡열반응이라 하며 ΔH는 양의 값을 갖는다. T는 절대온도(273+℃)를 나타낸다. ΔS는 계의 엔트

열역학에 대한 용어의 정의

우주

열역학은 우주(universe)로부터 시작된다. 이 우주는 계(system)와 주위(surroundings)로 이루어져 있다.

계

계(system)는 우주의 일부분으로서 규정된 구역 내에 있는 물질을 시스템(system)이라고 한다.

주위

계와 직·간접적으로 접하고 있는 우주의 나머지 부분이다. 즉, 시스템의 바깥 부분 혹은 시스템에 인접한 모든 부분을 말한다. 이 주위(surrounding)는 일의 저장고이다. 그리고 여기에서 계의 성질이 나타난다.

에너지

에너지(energy)란 일(work)을 할 수 있는 능력을 말한다.

로피, 즉 무질서도의 변화량을 나타내며, 일반적으로 무질서도가 증가하고 ΔH가 음의 값인 발열반응에서 ΔS는 양의 값을 갖는다.

4. 자유에너지

생화학에서 매우 유용한 열역학 개념의 하나는 자유에너지(free energy, G)이다. 자유에너지는 일정한 온도와 압력하에서 계가 평형상태로 진행되는 동안 계의 총 에너지 변화량(ΔH) 중에서 순전히 일에 이용된 에너지를 말한다. 자유에너지의 변화값(ΔG)은 반응의 자발성을 측정하는 데 있어서 유용하게 이용될 수 있다. 자발적인 과정에서의 계의 자유에너지는 감소되며($\Delta G < 0$) 이는 에너지가 방출된다는 뜻이다. 자유에너지의 변화값이 양수이면, 즉 $\Delta G > 0$이면 이 과정은 비자발적이다. 비자발적인 반응이 진행되기 위해서는 외부로부터 에너지를 공급받아야 한다. 평형상태에 있는 반응에서는 $\Delta G=0$을 나타낸다.

$\Delta G<0$	자발적 반응, 에너지 방출반응
$\Delta G=0$	평형상태
$\Delta G>0$	비자발적 반응, 에너지 요구반응

반응 $A + B \rightleftharpoons C + D$에 있어서 ΔG는 다음 식으로 나타낸다.

$$\Delta G = \Delta G^{\circ} + 2.303\ RT \cdot \log K_{eq}$$

ΔG : 자유에너지의 변화
ΔG° : 표준자유에너지의 변화, 표준상태(25℃, 1기압, pH=0, 용질의 농도 1 mol)에서의 자유에너지 변화
R : 기체상수, 1.987 cal/mol · K
T : 절대온도 K(273 + ℃)
K_{eq} : 평형상수 $= \frac{[생성물]}{[반응물]} = \frac{[C][D]}{[A][B]}$

표준자유에너지의 변화(ΔG°)는 반응물과 생성물이 표준상태로 유지될 때의 자유에너지 변화를 말하며, 평형상수(K_{eq})를 이용하여 계산할 수 있다. 평형상태란 반응물의 농도와 생성물의 농도가 변화하지 않고 일정한 값을 유지하는 상태를 말하는데, 이때

$\frac{\text{생성물의 농도곱}}{\text{반응물의 농도곱}}$의 비율을 평형상수($K_{eq}$)라 한다. 평형상태에서는 반응의 순수한 전환이 일어나지 않으므로 자유에너지의 변화(ΔG)는 0이다. 그러므로 평형상태에서 ΔG를 고려하면 ΔG° 계산이 가능하다.

$$
\begin{aligned}
0 &= \Delta G^\circ + 2.303\ RT \cdot \log K_{eq} \\
\Delta G^\circ &= -2.303\ RT \cdot \log K_{eq} \\
&= -2.303(1.987)(273+25)\ \log K_{eq} \\
&= -1363\ \log K_{eq}
\end{aligned}
$$

그런데 생체 내에서 세포는 표준상태가 아닌 특정한 온도와 pH에서 반응이 진행되며, pH 7.0에서의 표준자유에너지를 ΔG° 대신 $\Delta G^{\circ\prime}$를 사용한다.

$$\Delta G = G^{\circ\prime} + 2.303\ RT \cdot \log K_{eq}$$

평형상태에서는 ΔG=0이므로 위 식으로부터 반응물과 생성물의 농도를 측정하면 K_{eq}값 및 $G^{\circ\prime}$을 측정할 수가 있다.

$$G^{\circ\prime} = -2.303\ RT \cdot \log K_{eq}$$

화학반응에서 $\Delta G^{\circ\prime}$는 평형상수(K_{eq})의 다른 수학적 표현이라 할 수 있으며, 그 둘의 관계를 정리하면 다음과 같다. 어떤 화학반응의 K_{eq}이 1.0이면 그 반응의 $\Delta G^{\circ\prime}$는 0이다. 만일 반응의 K_{eq}이 1.0보다 크면 $\Delta G^{\circ\prime}$는 음의 값이고 K_{eq} 값이 클수록 더욱 음의 $\Delta G^{\circ\prime}$값을 갖는다. 반면 K_{eq}이 1.0보다 작으면 $\Delta G^{\circ\prime}$는 양의 값이고 K_{eq} 값이 작을수록 더욱 큰 양의 $\Delta G^{\circ\prime}$값을 갖는다(표 9-2).

표준자유에너지 변화($\Delta G^{\circ\prime}$)는 반응의 방향을 나타내는 지표라고 할 수 있다. $\Delta G^{\circ\prime}$는 생성물의 자유에너지에서 반응물의 자유에너지를 뺀 값이며, $\Delta G^{\circ\prime}$가 음의 값인 경우에는 생성물이 반응물에 비해 자유에너지가 작을 때이다. 따라서 이 경우에는 에너지를 방출하는(exergonic) 반응이며, 생성물을 만드는 방향으로 '자발적'으로 진행될 것이다. 반대로 $\Delta G^{\circ\prime}$가 양의 값인 경우에는 생성물이 반응물에 비해 자유에너지가 크므로 에너지를 흡수하는(endergonic) '비자발적' 반응이 된다.

표 9-2 $\Delta G^{\circ\prime}$와 평형상수와의 관계

K_{eq}	$\log K_{eq}$	$G^{\circ\prime}$ (kcal/mol)
10^3	3	-4.1
10^2	2	-2.7
10	1	-1.4
1	0	0
10^{-1}	-1	1.4
10^{-2}	-2	2.7
10^{-3}	-3	4.1
10^{-4}	-4	5.5

5. 반응의 짝지음

모든 대사반응은 열역학적으로 자유에너지의 변화가 음, 즉 $\Delta G<0$일 때 자발적으로 진행된다고 앞에서 언급하였다. 그러나 일반적으로 대사과정 중 $\Delta G>0$인 경우도 많이 발생하는데, 이 반응은 생체 내에서 진행될 수 없는 것일까? 답은 "그렇지 않다"이다. 왜냐하면 생명체에서 $\Delta G^{\circ\prime}$값은 반응물과 생성물의 농도에 따라 달라지므로 반응물과 생성물의 농도를 반응에 유리하게 유지시키거나, 또는 자유에너지 증가반응을 자유에너지 감소반응과 짝지음반응(coupled reaction)함으로써 이들 반응이 자발적으로 일어나게 한다. 다시 말하면, 자유에너지 총량이 감소할 수 있으면 반응은 일어날 수 있는 것이다.

예를 들어 살펴보면, 해당과정 중 포스포에놀피루브산(PEP)이 피루브산으로 가수분해되는 반응은 자유에너지가 감소하는 반응이고 ADP로부터 ATP가 생성되는 반응은 자유에너지가 증가하는 반응이다. 생체에서는 이들 두 반응을 짝지어 PEP가 피루브산이 될 때 방출되는 에너지를 이용하여 ADP로부터 ATP를 생성(기질 수준의 인산화)하는 데 사용하고 나머지는 열로 소비하며 자발적으로 진행한다.

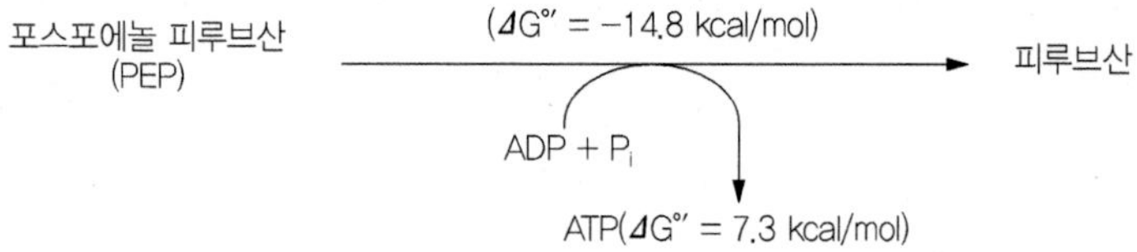

$$\begin{array}{lll} & PEP \rightarrow \text{피루브산} + P_i & \Delta G^{\circ\prime} = -14.8\ \text{kcal/mol} \\ + & ADP + P_i \rightarrow ATP & \Delta G^{\circ\prime} = +7.3\ \text{kcal/mol} \\ \hline & PEP + ADP \rightarrow \text{피루브산} + ATP & \Delta G^{\circ\prime} = -7.5\ \text{kcal/mol} \end{array}$$

위의 반응에서 ADP와 P_i으로부터 ATP를 합성하는 데 +7.3 kcal/mol이 필요하고, 이 에너지는 PEP가 피루브산과 P_i으로 분해되는 반응에서 $\Delta G^{\circ\prime}$= −14.8 kcal/mol의 많은 양의 자유에너지 방출에 의해 제공되는 에너지로 충당하여 자유에너지 증가반응과 감소반응이 짝지어 총 $\Delta G^{\circ\prime}$이 음의 값을 갖게 되어 정방향의 자발적 반응이 일어난다.

6. 자유에너지의 변화와 산화환원전위

산화-환원반응은 전자의 이동을 수반하며, 전자를 잃는 것을 산화라 하고, 전자를 얻는 것을 환원이라 한다. 또한 전자를 잃고 산화될 수 있는 경향을 가진 물질을 환원제라 하며, 반대로 전자를 얻어 환원될 수 있는 물질을 산화제라 한다.

$$\underset{(\text{환원제})}{Fe^{2+}} \underset{\text{환원}}{\overset{\text{산화}}{\rightleftharpoons}} \underset{(\text{산화제})}{Fe^{3+}} + e^-$$

이와 같이 산화·환원제의 정의로 볼 때, H^+과 같은 물질이나 아세트알데하이드 같은 유기화합물들은 전자를 얻어 환원될 수 있어 산화제로 작용한다. 아래 H^+과 아세트알데하이드의 환원반응에서처럼 전자가 소비(또는 생성)되는 반응에서 전자의 공여체(또는 수용체)를 나타내지 않은 반응을 반쪽반응이라 부른다.

$$H^+ + e^- \rightarrow \frac{1}{2}H_2$$

$$CH_3CHO + 2H^+ + 2e^- \rightarrow CH_3CH_2OH$$

물질들이 전자를 주고받는 능력과 경향은 그 화합물 특유의 성질에 따라 각각 다르다. 환원전위(E_o)는 물질들이 전자를 주고받는 경향과 능력을 정량적으로 표시한 것이며, H_2를 기준으로 하여 $H^+ + e^- \rightarrow \frac{1}{2}H_2$의 반쪽반응에서 pH 0인 점에서 H_2의 E_o = 0.000 V로 정한다. 그런데 이 반응에서 수소이온이 소비되기 때문에 이 반쪽반응의 전위는 pH에 따라 변하고, pH 7에서 E_o'= −0.42 V이다. 표 9-3은 생물학적으로 중요한 몇 가지 반쪽반응들의 pH 7 표준환원전위(E_o')이며, 모두 환원방향으로 표시되어 있다. 환원전위가 큰 물질은 환원하기 쉬워서 전자를 쉽게 수용한다. 즉, 좋은 산화제로서의 역할을 한다. 예를 들어, 산소는 환원전위(E_o'= +0.82 V)가 높아서 대부분 물질로부터 전자를 받아들여 H_2O로 환원되므로 강력한 산화제가 되는 것이다.

표 9-3 **표준환원전위**

반쪽반응(환원반응으로 표시)	E_o' (V)
$\frac{1}{2}O_2 + 2H^+ + 2e^- \rightarrow H_2O$	0.82
$Fe^{3+} + e^- \rightarrow Fe^{2+}$	0.77
푸마르산 + $2H^+ + 2e^-$ → 석신산	-0.03
옥살로아세트산 + $2H^+ + 2e^-$ → 말산	-0.166
아세트알데하이드 + $2H^+ + 2e^-$ → 에탄올	-0.197
피루브산 + $2H^+ + 2e^-$ → 젖산	-0.19
$FAD + 2H^+ + 2e^- \rightarrow FADH_2$	-0.219
$FMN + 2H^+ + 2e^- \rightarrow FMNH_2$	-0.219
글리세르산-1,3-이인산 + $2H^+ + 2e^-$ → 글리세르산-3-인산	-0.29
$NAD^+ + 2H^+ + 2e^- \rightarrow NADH + H^+$	-0.32
아세틸 CoA + $2H^+ + 2e^-$ → 아세트알데하이드 + CoA-SH	-0.41
$2H^+ + 2e^- \rightarrow H_2$	-0.42
아세트산 + $2H^+ + 2e^-$ → 아세트알데하이드 + H_2O	-0.47

어떤 2개의 반쪽반응이 짝지어질 때는 더 양의 환원전위를 가진 반쪽반응은 표에 나타난 대로(환원방향으로) 진행되고, 덜 양의 환원전위를 가진 반쪽반응은 역으로(산화방향으로) 진행된다. 예를 들어, 다음 두 반쪽반응이 짝지어지는 경우를 생각해 보자.

$$\text{피루브산} + 2H^+ + 2e^- \rightarrow \text{젖산} \qquad E_o' = -0.19\ V$$

$$NAD^+ + 2H^+ + 2e^- \rightarrow NADH + H^+ \qquad E_o' = -0.32\ V$$

위의 두 반쪽반응이 짝지어질 때 더 큰 환원전위를 가진 것은 환원으로 진행되고 환원전위가 작은 반쪽반응은 역(산화반응)으로 진행된다. 그러므로 피루브산(pyruvate)/젖산(lactate) 반쪽은 환원($E_o'= -0.19$ V), $NAD^+/NADH$ 반쪽은 산화($E_o'= -0.32$ V)로 진행되어 피루브산 + NADH + H^+ → 젖산 + NAD^+가 된다. 이때 $\Delta E_o'= -0.19 - (-0.32) = 0.13$ V가 된다.

$$\begin{array}{lll} & \text{피루브산} + 2H^+ + 2e^- \rightarrow \text{젖산} & E_o' = -0.19\ V \\ + & NADH + H^+ \rightarrow NAD^+ + 2H^+ + 2e^- & E_o' = -0.32\ V \\ \hline & \text{피루브산} + NADH + H^+ \rightarrow \text{젖산} + NAD^+ & \Delta E_o' = -0.19-(-0.32) = +0.13\ V \end{array}$$

그리고 두 반쪽반응의 환원전위차($\Delta E_o'$)를 알면 이를 이용하여 전자 이동을 수반하게 되는 산화-환원반응의 자유에너지 변화를 다음 식에 의해 계산할 수 있다.

$$\Delta G°' = -nF\Delta E_o'$$

F : 페러데이 상수(23.063 kcal/mol · V)
n : 이동된 전자 수
$\Delta E_o'$: 표준환원전위차

계산식을 이용하여 위 피루브산/젖산 반응식의 자유에너지의 변화를 계산하면 다음과 같으며, 자유에너지의 변화($\Delta G°'$)가 음수이기 때문에 이 반응은 정반응인 피루브산 → 젖산방향으로 진행된다.

$$\begin{aligned} \Delta G°' &= -nF\Delta E_o' \\ &= -2 \times 23{,}063\ cal/mol \cdot V \times 0.13\ V \\ &= -5{,}980\ cal/mol \end{aligned}$$

연습문제

❶ 생체에너지론(bioenegetics)이란 무엇인가?

❷ 자유에너지란 무엇인가?

❸ 고에너지 인산화합물이란 무엇인가?

❹ 산화, 환원, 산화제, 환원제의 개념을 설명하라.

❺ 환원전위란 무엇인가?

❻ 다음 반쪽반응의 표준환원전위를 이용하여 두 반쪽반응을 합한 후 1) 환원전위차와 2) 표준자유에너지의 변화를 계산하고, 3) 이 반응의 정반응의 방향과 흡열반응인지 발열반응인지 설명하라.

푸마르산 + $2H^+$ + $2e^-$ → 석신산 $E_o' = +0.031$

$\frac{1}{2}O_2 + 2H^+ + 2e^- \rightarrow H_2O$ $E_o' = +0.82$

정답

1. 생명체가 생명을 유지하기 위하여 에너지물질을 받아들여 이를 적절한 형태로 전환하여 필요한 에너지를 사용함에 있어 세포에서 일어나는 에너지 변환과 그 변환과정의 기초가 되는 화학반응을 정량적으로 해석하는 것을 생체에너지론이라 한다.
2. 자유에너지는 일정한 온도와 압력하에서 계가 평형상태로 진행되는 동안 계의 총 에너지 변화량(ΔH) 중에서 순전히 일에 이용된 에너지를 말하며, 자유에너지의 변화 값(ΔG)은 반응의 자발성을 측정하는 데 유용하게 이용된다. 자발적인 반응은 자유에너지가 감소되며($\Delta G<0$), 에너지 방출을 의미한다. 반대로 비자발적 반응은 자유에너지가 증가하는 반응이며($\Delta G>0$), 이 반응이 진행되기 위해서는 외부로부터 에너지를 공급받아야 한다.
3. 분해될 때 자유에너지의 감소가 커서 큰 에너지를 방출할 수 있는 화합물을 고에너지 화합물이라 하며, ATP와 같은 인산화합물들이 여기에 속한다.
4. 전자의 이동을 수반하는 산화-환원반응에서 전자를 잃는 것을 산화라 하고, 반대로 전자를 얻는 것을 환원이라 한다. 이때 전자를 잃어 산화될 수 있는 경향을 가진 물질을 환원제라 하며, 전자를 얻어 환원될 수 있는 물질을 산화제라 한다.
5. 물질들은 각각 그 특유의 성질에 따라 전자를 주고받는 능력과 경향이 다르다. 환원전위(Eo)는 물질들이 전자를 주고받는 경향과 능력을 정량적으로 표시한 것이며, H_2를 기준으로 하여 $H^+ + e^- \rightarrow \frac{1}{2}H_2$의 반쪽반응에서 pH 0인 점에서 H_2의 $E_o = 0.000$ V로 정하며, 이 반쪽반응의 전위는 pH에 따라 변하여 pH 7.0에서 표준환원전위(E_o')는 -0.42 V이다. 환원전위가 큰 물질은 환원되기 쉬워서 전자를 쉽게 수용한다. 즉, 좋은 산화제로서 역할을 한다. 예를 들어, 산소는 환원전위(E_o' = +0.82 V)가 높아서 대부분 물질로부터 전자를 받아들여 H_2O로 환원되므로 강력한 산화제이다.
6. 1) $\Delta E_o' = 0.82 - 0.031 = 0.789$
   2) $\Delta G^{\circ\prime} = -nF\Delta E_o' = -2\ (23{,}063) \times 0.789 = -36{,}393$ cal
   3) 푸마르산/석신산(산화), O_2/H_2O(환원)

$\frac{1}{2}O_2 + 2H^+ + 2e^- \rightarrow H_2O$

\+ 석신산 → 푸마르산 + $2H^+$ + $2e^-$

석신산 + $\frac{1}{2}O_2$ → 푸마르산 + H_2O

10 탄수화물대사

1. 탄수화물의 소화와 흡수
2. 해당과정
3. 피루브산의 운명
4. 시트르산회로

탄수화물은 먼저 소화관에서 소화되고 이들 가수분해물은 각 조직의 세포로 운반되어 이용된다. 세포에서 탄수화물은 에너지 생성을 위하여 혐기적 조건에서 해당과정을 통해 대사되고, 다음에 TCA회로를 거쳐 호기적으로 대사된다. 탄수화물은 글리코젠으로 체내에 축적되기도 하고 여러 가지 대사과정을 거치면서 지방산이나 아미노산으로 전환되기도 하며 반대로 아미노산이나 젖산 등으로부터 포도당을 합성하기도 한다. 한편, 탄수화물은 체내에서 다른 탄수화물로 전환이 가능하며 HMP 경로, 우론산(uronic acid) 경로 등을 거쳐 다양한 생체 구성분자를 합성하기 위한 원료로 제공되기도 한다.

탄수화물의 주요 기능은 산화하여 에너지를 공급하는 일이다. 생명체를 구성하고 있는 세포의 에너지 공급원은 주로 포도당이다. 혈당량이 저하되면 에너지대사를 위해서 다른 급원으로부터 포도당이 충당되는데, 맨 먼저 간에 저장된 글리코젠이 분해되어 포도당을 충당한다. 다음은 저장 지방과 단백질들이 분해되어서 생성되는 지방산이나, 당원성 아미노산과 케톤체 등이 포도당을 합성하거나 에너지대사의 중간대사과정으로 들어가 에너지를 생성하게 된다.

포도당으로부터 고에너지 인산화합물인 ATP가 생성되는 단계는 크게 세 가지 단계로 분류할 수 있다. 첫째 단계는 혐기성 과정으로서 포도당(C_6)이 2분자의 피루브산(C_3)으로 전환되는 해당과정으로 산소가 필요 없는 과정이다. 해당과정은 전체적으로 2분자의 ATP를 이용하고 4분자의 ATP를 생성하게 된다. 둘째 단계는 호기성 과정으로서 피루브산(C_3)이 아세틸 CoA를 형성한 후 시트르산회로(TCA회로)로 들어가 수소를 유리시켜서 호흡연쇄상이 이루어지도록 하는 과정이다. 호기성 과정은 아세틸 CoA와 옥살로아세트산의 공급이 지속되어야만 계속 작용한다. 아세틸 CoA는 포도당뿐만 아니라 지방산과 아미노산으로부터도 공급된다. 반면 옥살로아세트산은 식이의 포도당으로부터 공급되므로 반드시 탄수화물을 적정량 섭취하여야 열량대사가 원활히 이루어진다. 셋째 단계인 호흡연쇄상은 에너지 생성의 마지막 단계로 전자전달계를 거쳐 산소를 환원하여 ATP와 물을 합성하며 이때 많은 양의 ATP를 합성한다. 그러므로 에너지대사에서는 산소의 공급이 필수적이며 산소가 부족하면 에너지 생성이 적어진다.

1. 탄수화물의 소화와 흡수

여러 가지 형태의 탄수화물을 함유한 음식물을 섭취하면 먼저 α-아밀레이스가 함유된 타액과 혼합된다. 잘 알고 있듯이 이 효소는 아밀로스와 아밀로펙틴의 곁가지에 있는 α-1,4결합을 가수분해한다. 탄수화물의 부분 가수분해 혼합물은 이어서 산성을 띠고 있는 위를 거쳐 소장으로 이동하는데, 소장에서는 췌장에서 분비된 췌장액에 포함되어 있는 α-아밀레이스에 의해 완전 가수분해되어 이당류(maltose)와 올리고당류(maltotriose) 단편을 형성한다. 이들 당의 단편들은 최종적으로 소장 점막세포의 미세융모에 존재하는 효소에 의하여 각각 단당류로 전환된다. 이렇게 형성된 단당류는 장 점막세포를 통하여 신속히 흡수되고 혈액을 통하여 간 문맥을 거쳐 간으로 이송된다. 대부분의 인체세포는 세포의 열량원으로서 단당류를 사용하는데, 혈액으로부터 당이 분해되는 장소인 세포질로의 당의 수송방식은 단백질을 담체로한 중개확산(facilitated diffusion)방식에 의한다(그림 10-1).

식이로 섭취된 단당류 중 과당이나 갈락토스 등은 포도당으로 변환되어 혈당을 구성할 수 있다. 정상상태에서 혈당량(약 100 mg/dL)은 여러 가지 호르몬 작용에 의해 조절되는데, 혈당량의 조절이 원활하지 않아 그 농도가 규정치를 넘는 경우(160~180

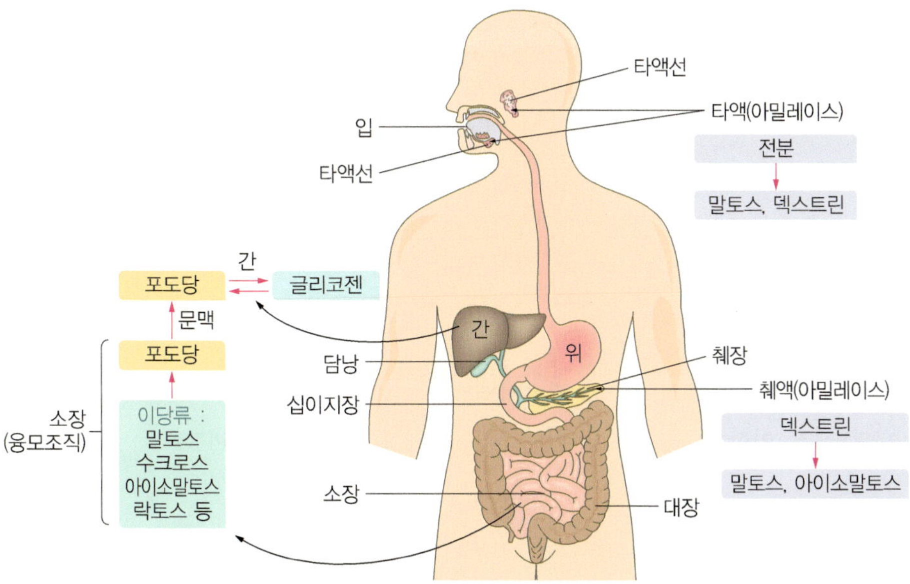

그림 10-1 탄수화물의 소화와 흡수

mg/dL) 소변 중으로 포도당이 배설되는 당뇨병이 된다. 한편, 갈락토스는 간에서 갈락토스-1-인산를 거쳐 포도당으로 전환되는데, 유전적 결함으로 이 전환이 일어나지 않으면 갈락토스가 혈액 중에 축적되는 갈락토스혈증을 일으키게 된다.

2. 해당과정

여기에 큰 통나무가 하나 있다고 하자. 통나무에 한 번에 불을 지피기란 쉬운 일이 아닐 것이다. 그렇지만 먼저 통나무를 조각내어 작은 장작을 만들고 이것을 이용해 모닥불을 피우는 것은 그리 어렵지 않다. 해당과정(glycolysis)은 이것과 유사한 과정이다. 제법 덩치가 큰 포도당(C_6)을 잘라내 작은 분자, 피루브산(C_3)을 만들어 놓으면 이후 산화과정에서 유용하게 이용할 수가 있는 것이다. 해당과정(解糖過程)은 말 그대로 당이 분해되는 과정이다.

해당과정에 관여하는 효소들은 모두 세포질에 있으며 따라서 반응은 이곳에서 진행된다. 해당과정은 보통 혐기적 조건하에서 진행되는데, 전 과정을 크게 두 부분으로 나눌 수 있다. 먼저 전반부는 ATP를 소비하면서 포도당(glucose)을 글리세르알데하이드-3-인산(glyceraldehyde-3-phosphate)으로 분할하는 과정이다. 모든 반응에 있어서 활성화 에너지를 충당하여 물질을 활성화시킨 후 반응이 진행되듯이, 이 과정도 에너지를 공급받아 반응에 용이한 조건을 조성한다고 볼 수 있다. 해당과정의 후반부는 산화환원반응이 일어나서 ATP와 피루브산이 생성되는 반응이다(그림 10-2).

해당과정에 수반되는 에너지 관계를 정리하면 다음과 같다.

먼저 ATP 형태 에너지의 수급관계를 살펴보자.

(1) ATP 소모반응

① 포도당 → 포도당-6-인산(헥소키네이스)

② 과당-6-인산 → 과당-1,6-이인산(포스포프럭토키네이스, PFK)

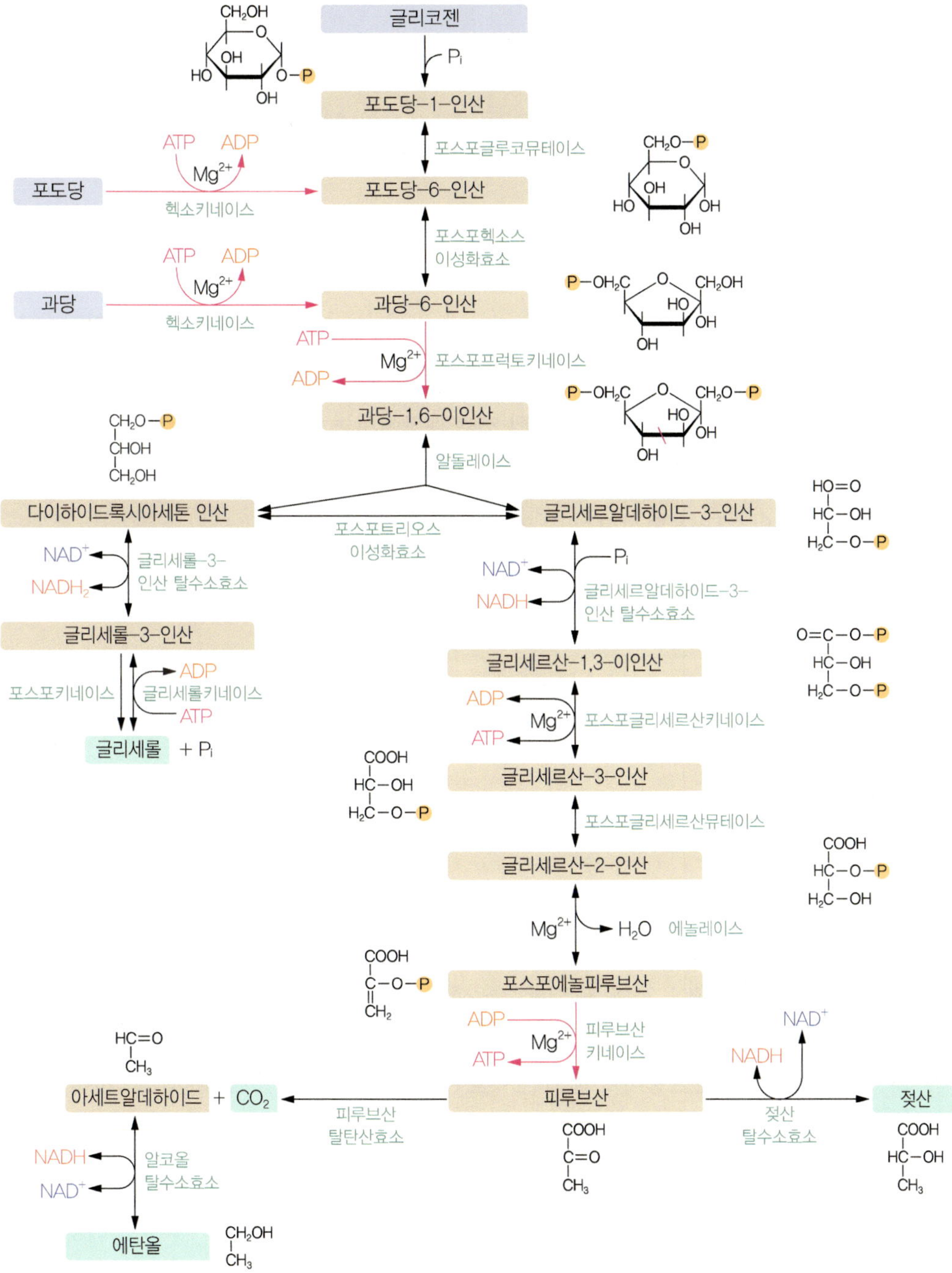

그림 10-2 해당과정(EMP, Embden-Meyerhof Pathway)

(2) ATP 생성반응

① 글리세르산-1,3-이인산 → 글리세르산-3-인산(포스포글리세르산키네이스)

② 포스포에놀피루브산 → 피루브산(피루브산키네이스)

(1) 과정에서 2 mol의 ATP가 소모되고, (2) 과정에서 4 mol의 ATP가 형성되므로 포도당이 해당과정을 거치게 되며 형성된 ATP 양은 2 mol에 해당한다.

한편, 생성된 환원력을 살펴보면 다음과 같다. 계속해서 언급하지만 환원력이 높은 물질은 산화과정을 통하여 에너지화가 가능한 것으로서, 쉽게 표현하면 '태울 소재'가 있다는 것과도 같다. 해당과정의 산화과정에서는 짝지음반응으로서 NAD^+의 환원이 일어나 NADH 형태로 축적되는데, 이 물질은 나중에 전자전달계를 거쳐 산화되면서 2.5분자의 ATP를 형성시킬 수 있는 물질이다.

(3) NADH의 생성위치

글리세르알데하이드-3-인산 → 글리세르산-1,3-이인산
(글리세르알데하이드-3-인산 탈수소효소)

포도당 1분자에서 이 과정은 2번 진행되므로 해당과정에 의해서 2분자의 NADH가 생성된다.

이상을 종합하여 해당반응의 결과를 정리하면 다음 식과 같이 표현할 수 있다.

$$\text{포도당} + 2P_i + 2ADP + 2NAD^+ \rightarrow 2\text{피루브산} + 2ATP + 2NADH + 2H^+ + 2H_2O$$

해당과정에서 포도당이 분해되는 속도는 매우 정밀하게 조절되는데, 이것은 두 가지 목적이 있다. 즉, 첫째 ATP농도를 거의 일정하게 유지하기 위함이고, 둘째로는 생합성에 필요한 해당과정의 중간대사물을 적절하게 공급하기 위함이다. 해당과정의 속도를 조절하는 것은 ATP, NADH 등에 의하여 영향을 받는데, 비가역반응을 촉매하고 있는 다른자리입체성 조절효소(allosteric enzyme)에 의해 전체 속도가 조절된다. 이들 효소는 헥소키네이스(hexokinase), 포스포프럭토키네이스(phosphofructo kinase)와 피루브산키네이스(pyruvate kinase)이다(표 10-1 참조).

표 10-1 해당과정의 다른자리입체성 조절효소 및 조절인자

효소	활성물질	억제제
헥소키네이스		포도당-6-인산, ATP
PFK	과당-2,6-이인산, AMP	구연산, ATP
피루브산키네이스	과당-1,6-이인산, AMP	아세틸 CoA, ATP

3. 피루브산의 운명

해당과정에 의해 생성된 피루브산(pyruvate)은 산소조건 및 대사과정이 진행되는 생명체에 따라서 서로 다른 형태로 전환된다(그림 10-3). 일반적으로 세포질에서 생성된 피루브산은 미토콘드리아 막을 거쳐 산소가 충분한 호기적 산화과정(TCA회로)으로 보내진다. 한편, TCA회로에서 피루브산이 잘 처리되지 못하면 피루브산은 환원되어 젖산 형태로 축적된다. 우리가 무리하게 운동을 하는 경우에 이러한 경험을 할 수 있는데, 빠른 대사로 인하여 근육 내에 산소 농도가 낮아지고 그 결과 젖산발효가 진행되어 젖산이 축적되는 것을 통증으로 느낄 수 있다. 같은 조건에서 혐기성 미생물의 경우 피루브산을 환원시켜 에탄올을 생성하는데, 우리가 알코올발효에 이용하고 있는 효모(*Saccharomyces* sp.)가 좋은 사례라고 할 수 있다(그림 10-4).

그런데 혐기적 조건에서는 왜 피루브산이 아니라 알코올이나 젖산으로 바뀐 다음 대사가 종결되는 것일까?

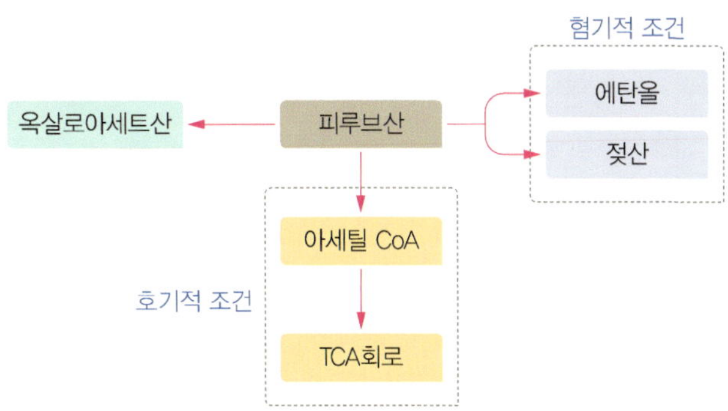

그림 10-3 피루브산의 운명

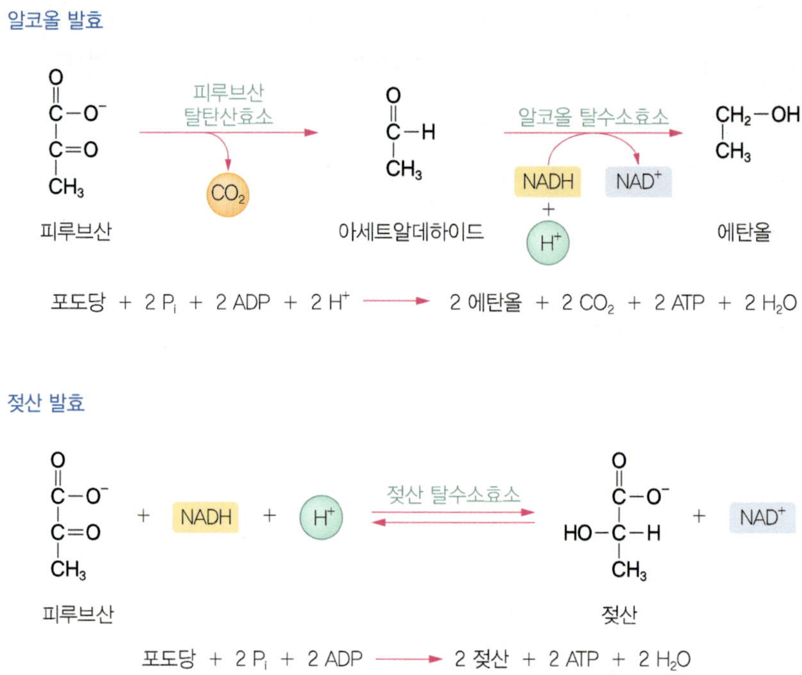

그림 10-4 알코올 발효 및 젖산 발효

그 이유는 해당과정 중 생성된 전자가 NADH 형태로 담겨 있어 이를 재산화하지 않으면 세포질에 있는 NAD^+가 고갈되어 해당과정을 계속 진행할 수 없기 때문이다. 즉, NAD^+의 양은 한정되어 있는데, 운반체 모두가 손님(전자, H)을 태우고 있으면 다음 영업(해당과정)을 할 수 없다는 말이다. 따라서 싣고 있는 전자를 피루브산에 넘겨주고 자신이 빈차(NAD^+)가 되기 위하여 알코올이나 젖산을 형성하고 대사를 종결시키는 것이다.

4. 시트르산회로

TCA회로는 시트르산회로, 크렙스회로 등 여러 가지 이름으로 불린다. 이들 명칭의 유래는 다음과 같다.

• 시트르산회로 : 이 대사반응에서 형성되는 첫 번째 단계 물질이 시트르산이다. 즉,

아세틸 CoA가 회로의 마지막 물질인 옥살로아세트산과 반응하여 시트르산이 형성되면서 회로가 또 다시 순환하는 것이다. 그러므로 이 회로 이름을 시트르산회로라고 부른다.

- TCA회로 : 이는 트라이카복실산(tricarboxylic acid)회로의 준말로서 시트르산이 카복실기를 세 개 가지고 있는 산이기 때문에 별칭으로 TCA회로라고 이름 붙여진 것이다.
- 크렙스회로 : 이 회로를 연구하여 최초로 확립한 사람의 이름이 크렙스(Krebs)이므로 이 사람의 이름을 따라 명명한 것이다.

정상상태에서 피루브산은 미토콘드리아로 옮겨져 산소를 충분히 사용하여 완전연소시키는 과정이 진행된다. 이 과정에서 피루브산의 탄소 골격은 CO_2 형태로, 전자들은 H_2O 형태로 산화되는데, 앞 부분의 과정에 해당하는 대사과정이 시트르산회로이다. 미토콘드리아의 매트릭스로 이송된 피루브산은 먼저 효소 복합체(피루브산탈수소효소 복합체)에 의해 탈탄산반응을 받아 먼저 아세틸 CoA로 산화된다(그림 10-5).

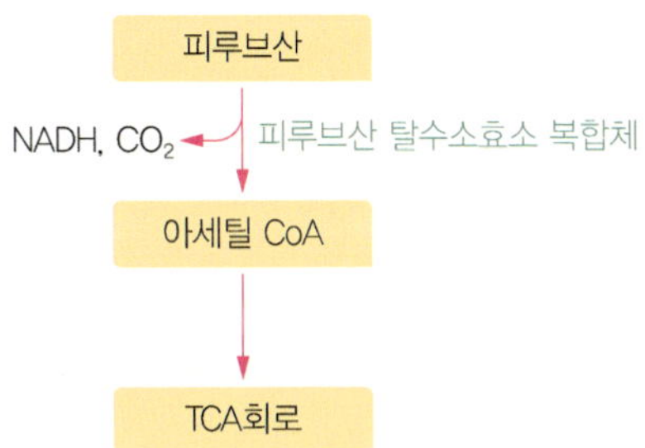

그림 10-5 피루브산의 산화적 탈탄산반응

이 효소복합체는 3가지 독립된 기능을 가진 효소성분으로 구성되어 있으며 6종류의 보조인자를 필요로 하는데, 그것은 티아민 피로인산(thiamin pyrophosphate, TPP), Mg^{2+}, 코엔자임 A(coenzyme A, CoA), 리포산(lipoic acid), NAD^+, FAD이다.

이때 형성된 아세틸 CoA는 TCA회로에서 산화분해되는데, 탄수화물뿐만 아니라 지질 또는 아미노산 등도 대사 중간물질로 아세틸 CoA를 형성할 수 있기 때문에 여러 가지 세포 내의 열량원들은 모두 TCA회로와 연관되어 있다고 할 수 있다.

TCA회로는 마지막 생성물이 처음의 시작물질로 되돌아가 계속해서 반복되기 때문에 회로(cycle)라는 이름이 붙여졌다. 즉, 아세틸 CoA는 옥살로아세트산과 축합되어 시트르산(구연산)을 형성하고 이 시트르산에 옮겨 붙여진 아세틸기 부위는 산화과정을 겪으며 분해된다. 그리고 남아 있는 탄소 4개의 물질은 다시 옥살로아세트산으로 전환되고, 여기에 다른 아세틸 CoA 분자를 받아들여 회로를 순환하는 과정을 반복하게 된다. 아세틸 CoA의 2개의 탄소는 회로를 순환하는 동안에 CO_2 형태로 산화된다(그림 10-6).

TCA회로는 정확한 대사 조절하에서 이루어진다. 피루브산 탈수소효소(pyruvate dehydrogenase), 시트르산 합성효소(citrate synthase), 아이소시트르산 탈수소효소(isocitrate dehydrogenase)와 α-케토글루타르산 탈수소효소(α-ketoglutarate dehydrogenas) 복합체는 이 과정의 조절효소라 부르는데, NADH나 ATP 양이 많으면 이 효소를 억제시켜 회로의 속도를 늦춘다(표 10-2).

표 10-2 TCA회로의 다른자리입체성 조절효소 및 조절인자

효소	활성물질	억제제
피루브산 탈수소효소 복합체	AMP, NAD^+, CoA	ATP, NADH, 아세틸 CoA
시트르산 합성효소	ADP	ATP, NADH, 시트르산, 석시닐 CoA
아이소시트르산 탈수소효소	ADP	ATP
α-케토글루타르산 탈수소효소 복합체		NADH, 석시닐 CoA

TCA회로는 양면성이 있는 대사 경로이다. 즉, 생체분자를 분해하여 에너지를 얻어내는 일련의 분해대사이면서 다른 한편으로는 TCA회로의 중간 대사물들을 다른 생합성 경로에 공급하는 합성대사 반응의 의미를 동시에 지니고 있다. 이와 같이 TCA회로가 합성대사로 작용하는 경우에는 회로를 작동시키는 데 필요한 중간물질들이 손실되기 때문에 소모된 이들 분자들을 다시 보충해서 회로의 기능을 회복시켜야 하는데 이러한 반응을 보충반응(anaplerotic reaction)이라고 부른다. TCA회로의 보충반응의 일례로서 옥살로아세트산을 보충하는 대표적인 반응으로 피루브산 카복실레이스(pyruvate carboxylase)에 의해 촉매되는 가역적 카복실화 반응을 들 수 있다.

$$\text{피루브산} + CO_2 + ATP + H_2O \rightleftarrows \text{옥살로아세트산} + ADP + P_i$$

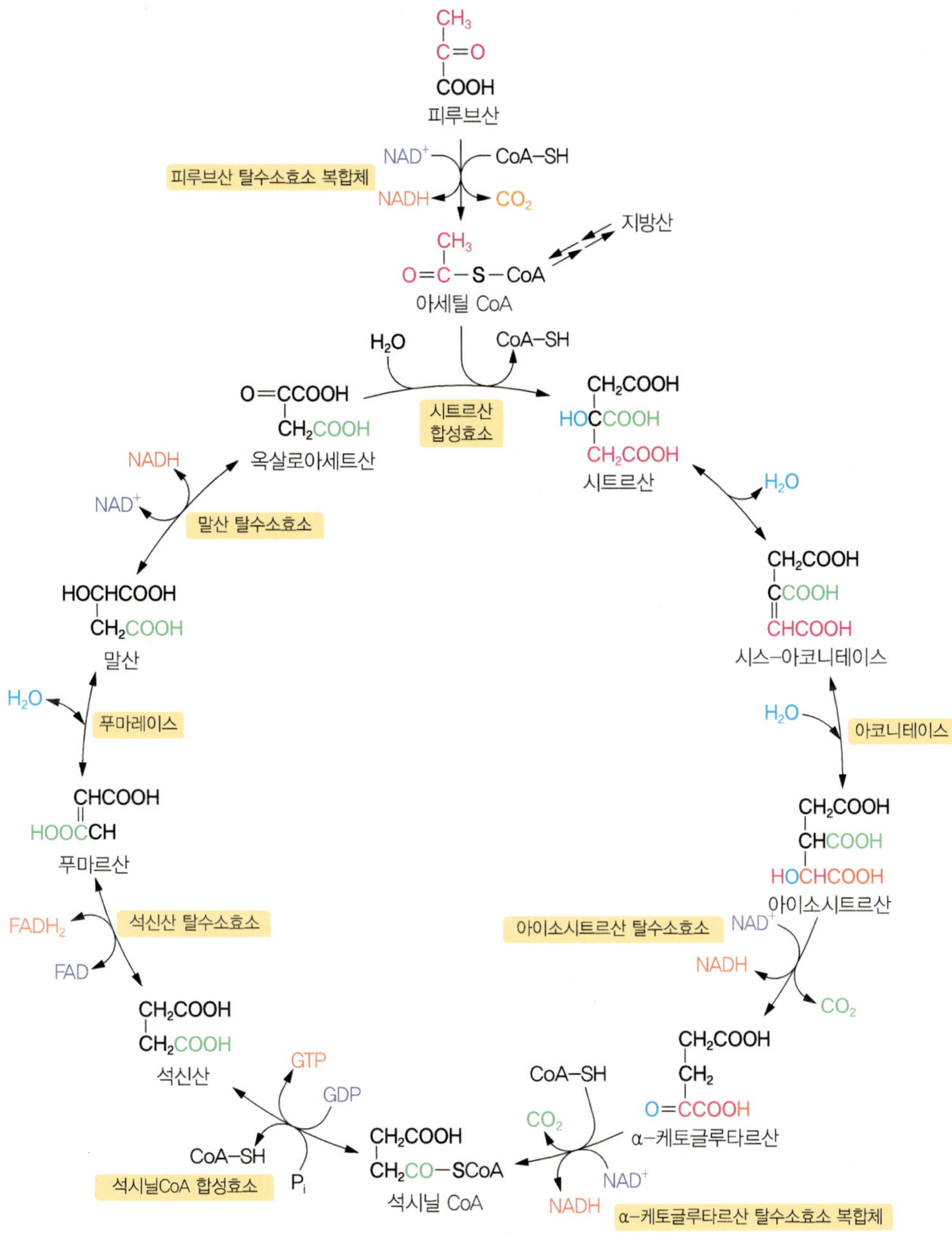

그림 10-6 시트르산회로(TCA회로)

이 효소는 12장에서 다루는 당 신생합성 경로에서 중요한 역할을 담당하는 효소이기도 하다.

이제 TCA회로에서 수반되는 에너지 수급관계를 살펴보기로 하자. 아세틸 CoA 1분자로부터 3분자의 NADH 및 1분자의 $FADH_2$ 형태의 환원력과, ATP와 같은 에너지물질인 GTP 1분자를 생성하게 된다.

$$\text{아세틸 CoA} + 3NAD^+ + FAD + GDP + P_i + 2H_2O \rightarrow 2CO_2 + 3NADH + FADH_2 + GTP + 2H^+ + CoA$$

이어지는 전자전달계를 통한 산화적 인산화를 감안한다면 1분자의 아세틸 CoA에서 생성되는 ATP 분자 수는 10 mol에 해당한다.

표 10-3 피루브산 탈수소효소 복합체와 시트르산회로의 ATP, NADH, $FADH_2$의 수지

반응	ATP(GTP)	NADH	FADH
피루브산 산화			
피루브산 탈수소효소 복합체	0	1	0
피루브산 산화 계	0	1	0
시트르산회로			
아이소시트르산 + NAD^+ ⇄ α-케토글루타르산 + CO_2 + NADH + H^+	0	1	0
α-케토글루타르산 + NAD^+ ⇄ 석시닐 CoA + CO_2 + NADH + H^+	0	1	0
석시닐 CoA + GDP 또는 ADP + P_i ⇄ 석신산 + GTP 또는 ATP + CoASH	1	0	0
석신산 + FAD ⇄ 푸마르산 + $FADH_2$	0	0	1
L-말산 + NAD^+ ⇄ 옥살로아세트산 + NADH + H^+	0	1	0
시트르산회로 계	1	3	1
	1	4	1

아세틸 CoA

아세틸 CoA는 아세틸 코엔자임(acetyl coenzyme A)의 준말로서 코엔자임 A에 아세틸기(CH_3CO-)가 결합된 것이다. 즉, 코엔자임 A는 아세틸기를 운반하는 조효소인 것이다. 코엔자임 A는 인산기를 가지고 있는 ADP, 판토텐산(pantothenic acid), β-머캅토에틸아민(β-mercaptoethylamine)으로 구성되어 있다. β-머캅토에틸아민에는 말단에 설프하이드릴기(sulfhydryl, SH-)가 존재한다. 그러므로 코엔자임 A를 CoASH로 표현하기도 한다. 아세틸 CoA에서 아세틸기는 β-머캅토에틸아민의 SH-에 결합한다. 아세틸 코엔자임 A는 $CoASCOCH_3$ 혹은 $CH_3COSCoA$로 표현하기도 한다.

연습문제

❶ 해당과정과 시트르산회로의 연결반응에 관여하는 효소는 무엇인가?

❷ TCA회로는 세포의 소기관 중에서 어디에서 일어나는가?

❸ 아세틸 CoA가 TCA회로와 전자전달계를 거쳐 완전히 산화되면 ATP는 몇 분자가 생성되는가?

❹ 포도당으로부터 혐기적 해당과정을 통해 대사되면 최종적으로 생성되는 것은 무엇인가?

❺ 해당과정 결과 생산된 피루브산은 산소가 존재할 때 무엇으로 전환되는가?

❻ 해당과정 결과 생산된 피루브산은 산소가 존재하지 않으면 무엇으로 전환되는가?

❼ 포도당이 해당과정을 거치면서 생산한 NADH는 산소가 존재할 때와 산소가 존재하지 않을 때 어떻게 변화하는가?

❽ 피루브산이 산소가 존재하는 경우 크렙스(Krebs)회로를 거치면서 생성되는 에너지 관련 물질을 제시하라.

❾ 포도당 한 분자가 산소가 존재하지 않을 때 생산하는 ATP는 몇 분자인가?

정답

1. 피루브산 탈수소효소 복합체
2. 미토콘드리아
3. 10ATP
4. 두 분자의 ATP, 두 분자의 젖산
5. 아세틸 CoA
6. 젖산 혹은 에틸알코올
7. • 산소가 존재할 때 : 전자전달계를 거쳐 NADH 한 분자당 2.5분자의 ATP를 생산한다.
   • 산소가 존재하지 않을 때 : 피루브산을 환원하여 젖산 혹은 에틸알코올을 생산하도록 한다.
8. 4NADH, $FADH_2$, GTP
9. 2ATP

11

전자전달계와 산화적 인산화반응

1. 전자운반체
2. 전자전달계와 산화적 인산화
3. 포도당대사를 통한 ATP 생산
4. 전자전달 저해제와 짝풀림제

해당과정과 TCA회로에서 생성된 NADH와 $FDAH_2$는 그들이 가진 높은 포텐셜의 전자들을 미토콘드리아 내막에 존재하는 효소 분자로 전달하면서 많은 양의 에너지를 방출한다. 전자들이 옮겨가면서 방출하는 이 에너지는 막을 가로질러 형성된 양성자 농도의 기울기에 의해서 ATP 합성반응과 짝지어진다. 산화적 인산화 반응이라고 하는 이 과정은 호기성 생물에서 소요되는 대부분의 ATP를 생성하는 과정이다.

1. 전자운반체

탄수화물, 지방질, 단백질 등(에너지 물질)이 산화될 때 생성된 전자(electron)는 NAD^+ 또는 FAD에 담겨져 NADH와 $FADH_2$를 생성한 후 미토콘드리아 내막의 전자전달계를 통해 O_2에 전자를 전달하여 H_2O를 생성한다. 전자전달을 설명하기 전에 전자전달계의 구성요소들을 알아보면 다음과 같다.

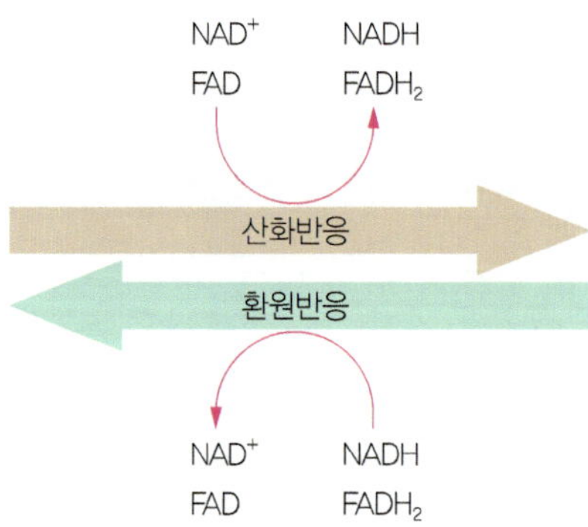

그림 11-1 **전자운반체 NAD^+와 FAD**

(1) NAD^+

NAD^+(nicotinamide adenine dinucleotide)는 환원력이 높은 에너지물질이 산화될 때 전자운반체(산화제)로 이용된다. 그 부위는 니코틴아마이드의 고리이다(그림 8-11 참조).

(2) FAD, FMN

FAD와 FMN도 전자운반체(산화제)로서 작용한다. 활성 부위는 아이소알록사진 고리에 이중결합을 하고 있는 질소 부위이다(그림 8-12 참조). 플라빈(flavin) 조효소인 이들은 NAD^+와는 달리 단백질 부분과 견고하게 결합되어 있다. 어떤 경우에는 석신산 탈수소효소 단백질과 공유결합하고 있다. 호흡계의 플라보단백질은 비헴철(nonheme iron)인 철-황 단백질을 포함하거나 결합되어 있다.

(3) 철-황 단백질

호흡 사슬에는 두 가지 유형의 철 함유 단백질(철-황 단백질과 사이토크롬)들이 존재한다. 이 중 철-황 단백질은 플라보단백질의 시스테인 황원자에 철이 결합되어 있어 이 철원자가 전자를 받아 환원(Fe^{2+})되고 전자를 잃어 산화(Fe^{3+})되면서 전자를 전달한다. 단백질의 철-황 중심부는 1개의 철 원자가 4개의 시스테인 황원자에 결합된 간단한 구조로부터 2개 또는 4개의 철원자를 가지고 있는 복잡한 구조를 가지는 여러 종류가 있다(그림 11-2).

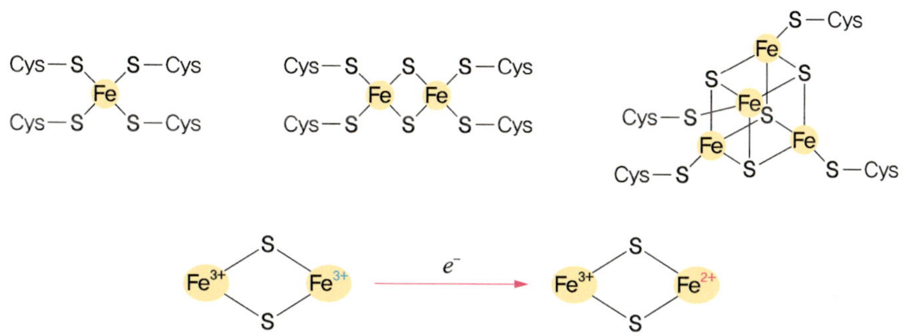

그림 11-2 **철-황 단백질의 철-황 중심**

(4) 유비퀴논

코엔자임 Q(coenzyme Q)라고 불리는 유비퀴논(ubiquinone)은 아이소프레노이드(isoprenoid) 곁가지를 가진 지용성 벤조퀴논이며, 곁가지 아이소프레노이드 수는 종에 따라 다르다(그림 11-3). 유비퀴논은 1개의 전자를 받아 세미퀴논 음이온 라디칼

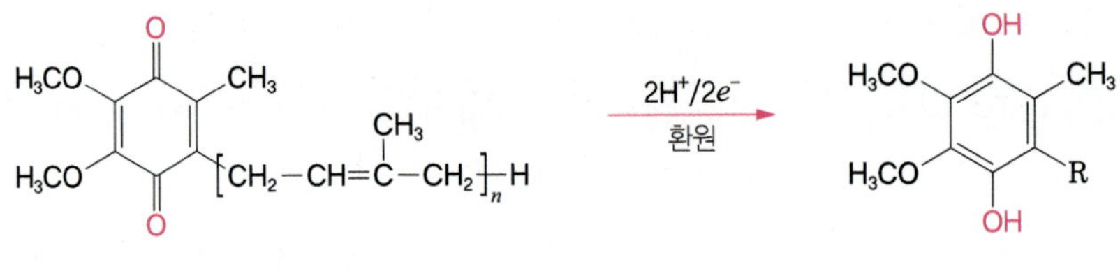

코엔자임 Q(CoQ)
(산화형)

CoQ-H_2
(환원형)

CoQ_6 (n=6)
CoQ_8 (n=8)
CoQ_{10} (n=10)

n 값은 종에 따라 다르다.

그림 11-3 유비퀴논(coenzyme Q)의 구조와 산화 환원

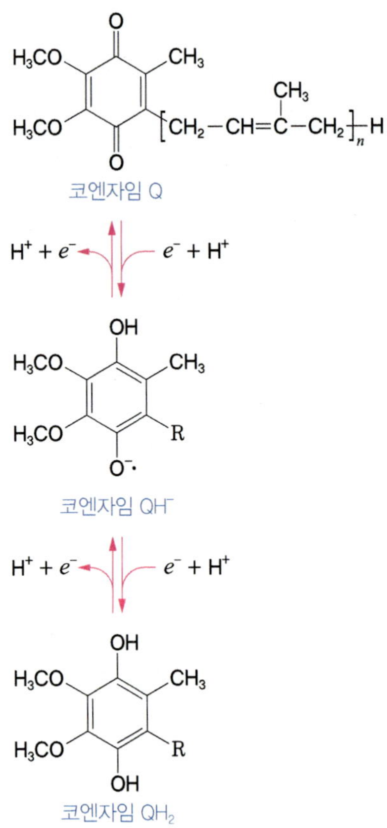

그림 11-4 코엔자임 Q의 산화형, 환원형 및 Q 회로의 중간대사물 세미퀴논 음이온 형태

이 되거나, 2개의 전자를 받아 유비퀴논이 되어(그림 11-4), 2개 전자 운반체와 1개 전자 운반체의 사이에서 다리 역할을 해준다. 유비퀴논은 작고 소수성이기 때문에 미토콘드리아 내막에서 다른 전자 운반체들 사이를 자유로이 이동하면서 전자를 전달할 수 있다. 유비퀴논은 또한 전자와 양성자를 모두 운반할 수 있기 때문에 전자전달과 양성자 이동 간의 연결에 중요한 역할을 한다.

(5) 사이토크롬

철-황 단백질 외에 호흡 사슬에 존재하는 다른 한 가지 유형의 철 함유 단백질은 사이토크롬이다(그림 11-5). 사이토크롬은 철 함유 헴(heme)을 가짐으로써 가시광선을 잘 흡수하는 특징을 갖는다. 이들은 빛의 흡수 스펙트럼에 따라 a, b, c 등 3종류로 구별되며, a는 600 nm 부근, b는 500 nm 부근, 그리고 c는 550 nm 근처 빛의 파장을 흡수하는 특성을 가지고 있다. 사이토크롬 a와 b의 헴 부분은 공유결합은 아니지만 단단하게 단백질과 결합하고 있으나 사이토크롬 c의 헴 부분은 사이토크롬 단백질의 시스테인 잔기를 통해 단백질과 공유결합하고 있다. 사이토크롬의 철원자는 전자를 잃거나 받아 산화(Fe^{3+})되거나 환원(Fe^{2+})되어 전자전달계의 운반체로서 중요한 기능을 담당한다.

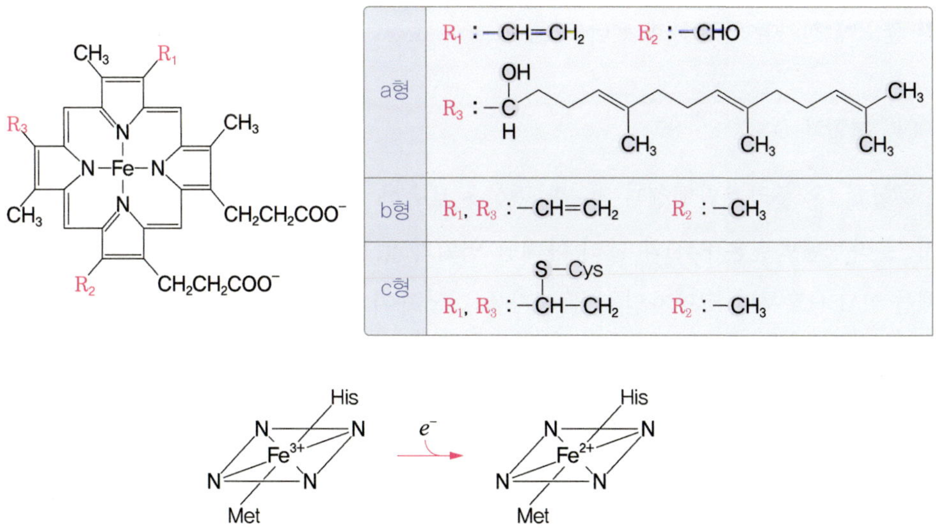

그림 11-5 사이토크롬의 구조와 헴기의 산화 환원

2. 전자전달계와 산화적 인산화

물질대사 중 산화반응으로 생성된 NADH와 $FADH_2$는 산소를 이용해 직접 산화되지 않고 미토콘드리아 내막 안쪽에 연결되어 있는 일련의 효소들로 구성된 일명 '전자전달계'를 통하여 최종적으로 전자를 산소에 전달하고 물을 형성하게 된다. 전자의 전달 과정에서 방출되는 자유에너지는 산화적 인산화 과정에서 ADP를 인산화하여 ATP를 합성하는 데 사용하게 된다.

1) 전자전달계

미토콘드리아 내막에 있는 전자전달계는 4개의 복합체(complex I, II, III, IV)로 구성되어 있다. 각 복합체는 여러 가지 단백질과 보조인자로 구성되어 있으며, 이들은 전자공여체로부터 전자를 받아들여 다음 단계의 복합체에 전자를 넘겨주어 최종적으로 산소에 전자를 전달하여, 물 분자를 생성한다. 따라서 세포에 공급되는 산소가 부족한 상황에서는 전자전달계의 기능이 원활히 수행되지 않는다. TCA회로, 지방산의 β-산화 등 산화반응에서 생성된 대부분의 전자는 NADH의 형태로 전자전달계에 전달되어 복합체 I, III과 IV를 차례로 거쳐 산소에 전자를 전달한다. 반면 미토콘드리아 내막에 위치한 석신산 탈수소효소에 의해 생성된 $FADH_2$에 담긴 전자는 복합체 II, III과 IV를 거쳐 산소에 전자를 전달하게 된다(그림 11-6).

(1) 복합체 I

복합체 I은 플라보단백질과 철-황 중심을 보유한 여러 개의 단백질로 구성되어 있으며, 플라보단백질은 FAD와 달리 아데닌 염기가 없는 FMN 조효소를 가진다. 이 복합체는 NADH로부터 코엔자임 Q에 전자를 전달하여 NADH를 산화시키고 코엔자임 Q를 환원시키는 역할을 하므로 NADH-코엔자임 Q 산화환원효소라 한다.

$$NADH + H^+ + CoQ \rightarrow NAD^+ + CoQH_2$$

이 반응은 플라보단백질과 철-황 부분의 연속적인 산화-환원과정으로 이루어진 여러 단계로 구성되며, 그 첫 단계는 NADH로부터 전자를 플라보단백질의 플라빈 부위

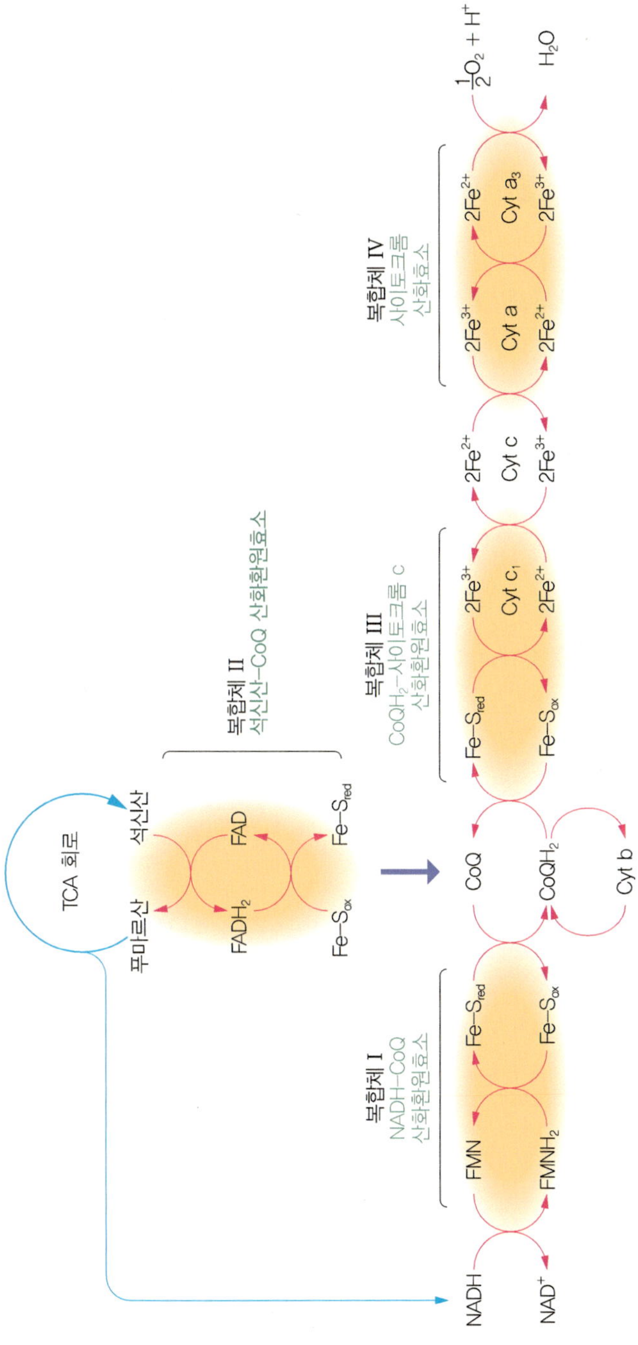
TCA 회로
석신산
푸마르산
FAD
$FADH_2$
$Fe-S_{red}$
$Fe-S_{ox}$
복합체 II
석신산-CoQ 산화환원효소
복합체 I
NADH-CoQ
산화환원효소
NADH
NAD^+
FMN
$FMNH_2$
$Fe-S_{red}$
$Fe-S_{ox}$
CoQ
$CoQH_2$
Cyt b
복합체 III
$CoQH_2$-사이토크롬 c
산화환원효소
$Fe-S_{red}$
$Fe-S_{ox}$
$2Fe^{3+}$
Cyt c_1
$2Fe^{2+}$
$2Fe^{2+}$
Cyt c
$2Fe^{3+}$
복합체 IV
사이토크롬
산화효소
$2Fe^{3+}$
Cyt a
$2Fe^{2+}$
$2Fe^{2+}$
Cyt a_3
$2Fe^{3+}$
$\frac{1}{2}O_2 + H^+$
H_2O

그림 11-6 **전자전달계**

로 이전하는 것이다.

$$NADH + H^+ + Pr\text{-}FMN \rightarrow NAD^+ + Pr\text{-}FMNH_2$$

여기서 Pr-FMN은 효소 단백질에 공유 결합된 플라빈을 나타낸다. 다음 단계는 환원된 플라보단백질이 다시 산화되면서 $FMNH_2$의 수소원자를 전자(e^-)와 양성자(H^+)로 분리하여 전자는 철-황 단백질을 환원시키고 양성자(H^+, proton)는 미토콘드리아 내막과 외막 사이의 공간으로 배출된다. 그리고 환원된 철-황 단백질은 다시 전자를 코엔자임 Q(유비퀴논)에 넘겨주어 산화되면서 CoQ를 환원시켜 $CoQH_2$(유비퀴놀)를 생성한다.

$$Pr\text{-}FMNH_2 + 2Fe\text{-}S_{ox} \rightarrow Pr\text{-}FMN + 2Fe\text{-}S_{red} + 2H^+$$

$$2Fe\text{-}S_{red} + CoQ + 2H^+ \rightarrow 2Fe\text{-}S_{ox} + CoQH_2$$

이렇게 생성된 양성자는 미토콘드리아의 내막과 외막 사이로 뿜어 나가 미토콘드리아 내부 기질(marix)과 미토콘드리아 내·외막 사이 공간의 양성자 농도차(proton gradient)가 형성되어 전자전달을 통한 ATP 합성의 동력으로 작용한다. 또한 이 반응의 표준 자유에너지 변화($\Delta G^{\circ\prime}$)는 $-16.8\ kcal \cdot mol^{-1}$로서 강한 발열반응으로 ADP를 ATP로 인산화하는 데 충분한 에너지를 방출한다.

(2) 복합체 II

복합체 II도 플라보단백질과 철-황 단백질로 구성되어 있으며, 플라보단백질은 FAD 조효소를 가진다. 이 복합체는 석신산으로부터 코엔자임 Q에 전자를 전달하여 석신산을 산화시키고 코엔자임 Q를 환원시키는 반응을 촉매하여 석신산-코엔자임 Q 산화환원효소라 한다.

$$\text{석신산} + CoQ \rightarrow \text{푸마르산} + CoQH_2$$

이때 첫 번째 반응은 기질인 석신산이 푸마르산으로 산화되면서 전자를 FAD에 전달하는 반응으로 TCA회로의 일부인 석신산 탈수소효소에 의하여 촉매된다.

$$\text{석신산} + Pr\text{-}FAD \rightarrow \text{푸마르산} + Pr\text{-}FADH_2$$

여기서 Pr-FAD는 효소 단백질에 공유결합된 플라빈을 나타내며, 환원된 플라빈 그룹은 다음 단계에서 다시 산화되면서 철-황 단백질을 환원시킨다. 환원된 철-황 단백질은 다시 전자를 코엔자임 Q에 넘겨주어 산화되며 CoQ를 환원시킨다.

$$\text{Pr-FADH}_2 + \text{Fe-S}_{ox} \rightarrow \text{Pr-FAD} + \text{Fe-S}_{red}$$

$$\text{Fe-S}_{red} + \text{CoQ} + 2\text{H}^+ \rightarrow \text{Fe-S}_{ox} + \text{CoQH}_2$$

복합체 II를 통한 표준자유에너지 변화($\Delta G^{\circ\prime}$)는 $-3.5\ \text{kcal}\cdot\text{mol}^{-1}$로 발열반응이지만 ATP를 생합성하기에는 충분하지 않은 에너지이다. 또한 복합체 I과 달리 H^+을 미토콘드리아의 기질 밖으로 내보내지 않는다.

(3) 복합체 III

복합체 III는 $CoQH_2$-사이토크롬 c 산화환원효소로 불리며, 환원형 코엔자임 Q($CoQH_2$)를 산화시켜 사이토크롬 c를 환원시키는 반응을 촉매한다. $CoQH_2$의 산화로 발생된 e^-는 여러 단계를 거쳐 사이토크롬 c로 전달된다.

$$\text{CoQH}_2 + 2\ \text{Cyt}\ c_{ox} \rightarrow \text{CoQ} + 2\ \text{Cyt}\ c_{red} + 2\text{H}^+$$

하나의 CoQ를 산화시키기 위해서는 2개의 e^-이 필요한 반면 Fe^{3+}가 F^{2+}로 환원되기 위해서는 1개의 e^-이 필요하므로 1분자의 CoQ를 산화시키기 위해서는 2분자의 사이토크롬 c가 필요하다. 사이토크롬은 수소가 아니라 전자를 수송하므로 이 복합체도 수소이온(H^+)을 미토콘드리아의 기질로부터 밖으로 뿜어내는 기능을 한다.

이 복합체는 미토콘드리아 내막에 내재되어 있으며, 사이토크롬 b(Cyt b_L과 b_H), 사이토크롬 c_1 및 철-황 단백질들을 함유하고 있다. 코엔자임 Q는 미토콘드리아 내막의 지질 부분에 녹아 호흡계 복합체들 가까이에 위치해 있으며, 사이토크롬 c는 미토콘드리아 내·외막 사이 공간에서 내막 쪽으로 느슨하게 부착되어 존재한다. 코엔자임 Q와 사이토크롬 c는 전자전달계에서 전자수송체로서 중요한 기능을 담당하지만 전자전달 복합체에는 속하지 않으며, 미토콘드리아 내막에서 자유롭게 위치를 이동하면서 존재한다. 호흡계 복합체들도 미토콘드리아 내막을 자유로이 움직여 다니다가 전자전달계의 다음 복합체를 만나게 되면 전자를 전달한다.

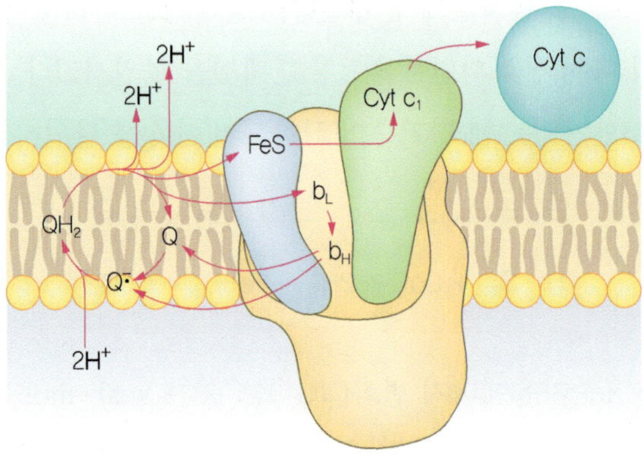

그림 11-7 복합체 III에서의 전자전달과 Q-회로

환원형 $CoQH_2$로부터 복합체의 다른 전자수용체로의 전자 이동은 간단하지 않고 세미퀴논 형태가 포함된 Q회로를 사용하게 된다(그림 11-7). Q회로의 첫 단계에서는 $CoQH_2$로부터 전자(e^-) 두 개 중 하나는 철-황 단백질과 사이토크롬 c_1을 경유하여 사이토크롬 c로 전달되고 다른 하나는 사이토크롬 b_L과 b_H를 거쳐 CoQ에 전달되어 세미퀴논 음이온($CoQH\cdot$)을 형성한다. $CoQH\cdot$은 그 다음 다른 $CoQH_2$로부터 사이토크롬 b_L과 b_H를 거쳐 운반되어 온 전자(e^-)에 의해 $CoQH_2$로 환원된다. 그러므로 Q회로는

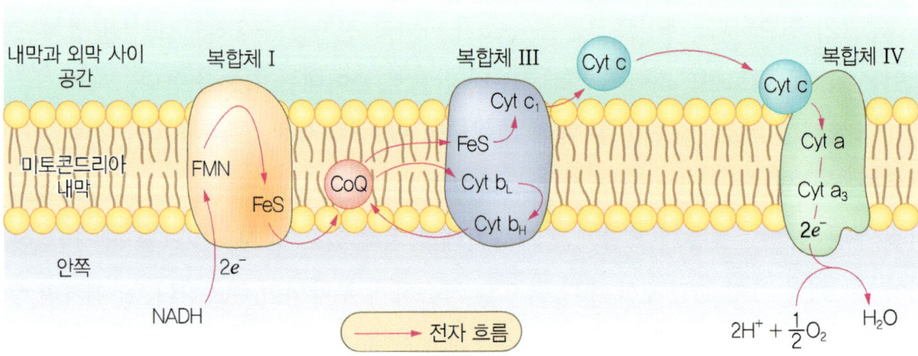

그림 11-8 NADH로부터 산소에 전자전달과정

$CoQH_2$로부터 사이토크롬 c_1을 경유하여 사이토크롬 c로 전자가 운반될 때 전자가 하나씩 운반되도록 하는 기능을 수행한다.

이렇게 하여 복합체 III에서도 H^+을 미토콘드리아의 기질 밖으로 방출하여 ATP 합성의 동력으로 사용된다. 이 복합체를 통한 표준자유에너지 변화($\Delta G^{\circ\prime}$)는 -8.2 kcal · mol^{-1}로서 ADP의 인산화반응에 필요한 에너지 7.3 kcal · mol^{-1}을 충족시켜 ATP를 생합성하기에 충분한 에너지를 공급한다.

(4) 복합체 IV

복합체 IV는 전자전달의 마지막 단계로 사이토크롬 c로부터 산소에게로 전자 운반을 촉매하여 사이토크롬 c 산화효소라 한다.

$$2\ \text{Cyt c[Fe(II)]} + 2H^+ + \frac{1}{2}O_2 \rightarrow 2\ \text{Cyt c[Fe(III)]} + H_2O$$

전자전달계의 다른 복합체와 같이 복합체 IV도 미토콘드리아 내막에 내재성 복합체로 존재하며, 사이토크롬 a와 a_3 및 두 개의 Cu^{2+} 단백질을 함유하고 총 10개 정도의 서브유닛(subunit)으로 구성되어 있다. 전자 흐름에서 Cu^{2+}이온은 사이토크롬 a와 a_3 사이에서 전자 수용체로 작용한다. 사이토크롬 a와 a_3는 사이토크롬 산화효소라고 알려진 하나의 효소 복합체를 이루고 있으며, 환원된 사이토크롬 산화효소는 산소에 전자를 전달하여 물을 생성한다(그림 11-8). 사이토크롬 산화효소는 또한 H^+을 미토콘드리아의 기질 밖으로 방출하여 ATP 합성의 동력으로 사용되지만 그 기전에 대해서는 잘 알려지지 않았다.

복합체 IV 전체반응의 표준자유에너지 변화($\Delta G^{\circ\prime}$)는 전자전달계로 들어오는 NADH 1 mol당 -24.3 kcal로 ATP 합성에 충분한 에너지를 공급한다. 이렇게 하여 전자전달계 전체를 볼 때 복합체 I의 NADH 탈수소효소반응, 복합체 III의 사이토크롬 b의 산화 및 복합체 IV의 사이토크롬 산화효소의 산소와의 반응 등 3곳에서 H^+ 펌프 작용에 의해 전자전달이 ATP 합성으로 이어진다.

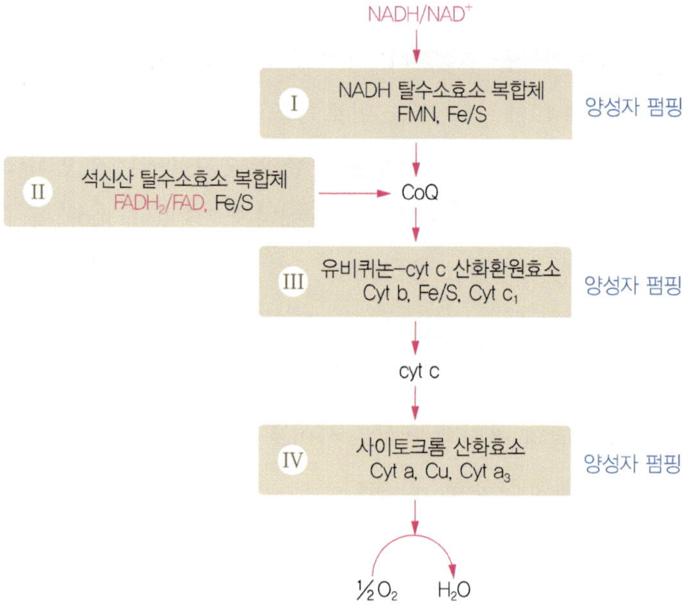

그림 11-9 전자전달계

2) 산화적 인산화

NADH로부터 2개의 전자가 전자전달계를 통해 산소 분자에 전달되는 반응은 다음과 같이 요약되며, 이 반응은 강한 발열반응이다.

$$NADH + H^+ + \frac{1}{2}O_2 \rightarrow NAD^+ + H_2O$$

산화·환원쌍 NAD^+/NHDH의 표준환원전위 E_o'은 −0.32 V이고, O_2/H_2O 쌍의 E_o'은 0.816 V로 전체반응의 E_o'은 1.14 V이다. 이로부터 표준 자유에너지 변화 $\Delta G^{\circ\prime}$를 계산하면,

$$\begin{aligned} \Delta G^{\circ\prime} &= -nF\Delta E_o' \\ &= -2(23.063\ \text{kcal/V}\cdot\text{mol})(1.14\ \text{V}) \\ &= -52.6\ \text{kcal/mol NADH} \end{aligned}$$

이와 유사하게 석신산이 산화되어 산소에 전자를 전달하는 반응의 경우에도(푸마르산/석신산의 E_o'=0.031 V) $\Delta G^{\circ\prime}$가 −36.2 kcal/mol을 나타내어 NADH의 경우보다는

작지만 음의 값을 보여 발열반응이다.

이 에너지 중의 많은 부분은 H^+을 미토콘드리아의 기질 밖으로 방출하는 데 쓰인다. 한 쌍의 전자가 O_2에 전달될 때 복합체 I에서 4개, 복합체 III에서 4개, 그리고 복합체 IV에서 2개, 총 10개의 H^+이 밖으로 방출된다. 이것을 H^+의 방향식으로 나타내면,

$$NADH + 11H^+_N + \frac{1}{2}O_2 \rightarrow NAD^+ + 10H^+_P + H_2O$$

여기서 H^+_N은 미토콘드리아 내막을 중심으로 안쪽(기질 쪽)의 H^+을 나타내며, H^+_P는 바깥쪽(내막과 외막의 사이 공간)의 H^+을 나타낸다. 이렇게 미토콘드리아 내막을 중심으로 생성된 H^+ 농도의 차(proton gradient)는 전자전달과정에서 발생된 에너지의 대부분을 보유하게 되며, NADH로부터 O_2에 2개의 전자가 이동될 때 발생하는 52.4 kcal 중 약 47.8 kcal를 보유한다. 이 양성자 동기 에너지(proton-motive force)는 내막을 중심으로 나타나는 H^+ 농도 차이에 의한 화학에너지와 전위차에 의한 전기에너지의 두 가지 힘으로 구성되며, ADP로부터 ATP 합성을 위한 에너지로 사용된다. 1 mol의 ADP가 인산화하는 데는 7.3 kcal의 에너지가 필요하며, 이렇게 산화환원전위차가 ATP 합성의 원동력이 되어 진행되는 인산화과정(ADP → ATP)을 산화적 인산화(oxidative phosphorylation)라고 한다.

표 11-1 전자전달계 주요 구성체의 표준환원전위(E_o')

전자전달계의 주요 구성체	E_o'
$NAD^+ + H^+ + 2e^- \rightarrow NADH$	-0.320
$FAD + 2H^+ + 2e^- \rightarrow FADH_2$	-0.219
유비퀴논 + $2H^+ + 2e^-$ → 유비퀴놀	+0.045
사이토크롬 b (ox) + e^- → 사이토크롬 b (red)	+0.077
사이토크롬 c_1 (ox) + e^- → 사이토크롬 c_1 (red)	+0.22
사이토크롬 c (ox) + e^- → 사이토크롬 c (red)	+0.254
사이토크롬 a (ox) + e^- → 사이토크롬 a (red)	+0.29
사이토크롬 a_3 (ox) + e^- → 사이토크롬 a_3 (red)	+0.35
$\frac{1}{2}O_2 + 2H^+ + 2e^- \rightarrow H_2O$	+0.816

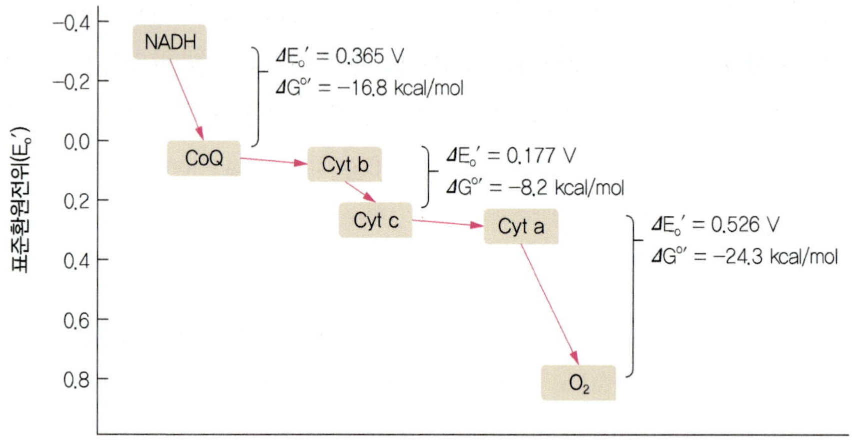

그림 11-10 전자전달계에서 표준환원전위(E_0')와 자유에너지($G^{\circ\prime}$)의 변화

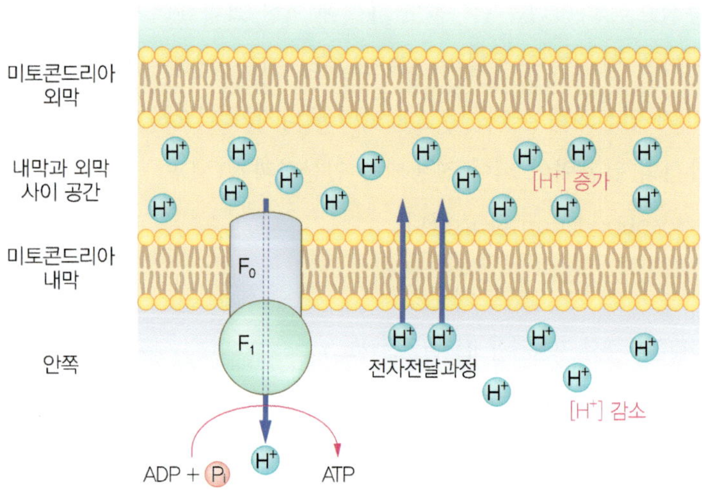

그림 11-11 화학삼투설에 의한 전자전달과 ATP 합성의 연계

전자전달에 의해 생성된 양성자 농도구배를 이용한 산화적 인산화를 설명하는 대표적인 이론은 미첼(Mitchell)에 의해 제안된 화학삼투설(chemiosmotic hypothesis)이다(그림 11-11). 막 사이 공간에 축적된 양성자가 ATP 합성효소기능을 갖는 특수한 채널을 통해서 기질쪽으로 다시 되돌아오며, 이 과정에서 ADP를 기질로 하는 산화적 인산화(ATP 생성)가 진행되는 것이다. 이 ATP 합성효소 채널은 전자전달계와는 별도로 분리되며, 여러 개의 단백질로 이루어진 복합체로서 미토콘드리아 내막을 관통하여 기

질쪽으로 돌출되어 있다. 내막을 관통하는 부분을 F_o라고 부르며, 3개(a, b, c)의 단백질로 구성되어 H^+이 기질로 들어오는 채널 역할을 한다. 기질에 돌출되어 있는 부분은 F_1이라고 하며, 5종류($\alpha_3\beta_3\gamma\delta\varepsilon$)의 단백질로 구성되어 ATP 합성효소기능을 수행한다(그림 11-12).

산화적 인산화에 의한 ATP 생합성에는 전자전달계의 세 군데 장소가 관여하고 있는데, 첫 번째는 NADH 탈수소효소 복합체, 두 번째는 유비퀴논-사이토크롬 산화환원효소 복합체, 세 번째는 사이토크롬 산화효소 복합체이다. 따라서 NADH 1분자로부터 전자가 전달되면서 합성 가능한 ATP는 3개이다. 전자전달에 의해 소모되는 산소원자 1 mol에 대해 생성되는 ATP의 mol 수를 P/O 비율이라 하며, 실험적으로 NADH는 2.5, $FADH_2$는 1.5이다.

한편, 미토콘드리아에서 생성된 ATP는 세포질로 나와야 하고 ADP와 인산은 기질에 보충되어야 하는데, 미토콘드리아의 내막은 이들을 자유롭게 통과시키지 못하므로 특수한 수송체계를 이용해야 한다. 양성자의 농도구배에 의한 산화환원 전위차는 이와 같이 ATP 합성과정뿐 아니라 이들의 수송체계에도 사용된다.

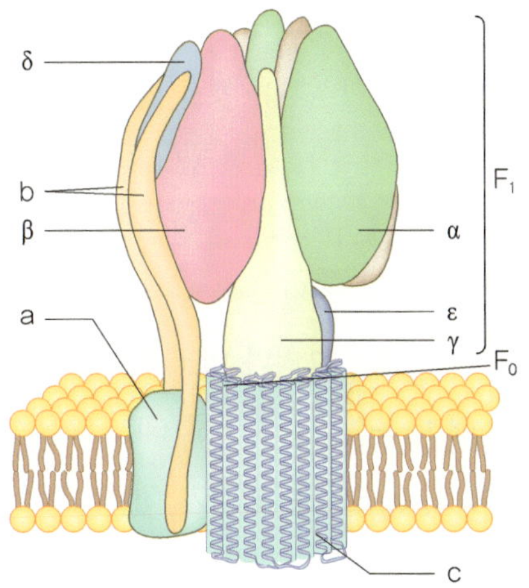

그림 11-12 ATP 합성효소 복합체

3. 포도당대사를 통한 ATP 생산

탄소원자 6개를 가진 포도당은 세포질 부분에서 일어나는 해당과정을 거쳐 3개의 탄소원자를 가진 피루브산을 생성하게 되며, 혐기적 상태에서는 피루브산으로부터 젖산을 생성하면서 적은 양의 ATP만을 생산하게 된다. 그러나 호기적 상태에서 피루브산은 미토콘드리아 안으로 들어가 TCA 회로를 거치며 이산화탄소로 완전히 대사되면서 많은 양의 ATP를 생산하게 된다.

세포에서 ATP는 두 가지 형태의 인산화, 즉 기질 수준 인산화와 산화적 인산화에 의하여 합성된다. 기질 수준 인산화는 포스포에놀피루브산과 같은 고에너지 인산화합물이나 석시닐 CoA와 같은 고에너지 유황에스터 화합물의 분해에 동반되는 반응으로 ATP를 생성하는 것이다.

글리세르산-1,3-이인산 + ADP → 글리세르산-3-인산 + ATP

포스포에놀피루브산 + ADP → 피루브산 + ATP

석시닐 CoA + GDP + P_i → 석신산 + CoA-SH + GTP

산화적 인산화에 의한 ATP 합성은 해당과정과 TCA회로에서 생성되는 NADH와 $FADH_2$로부터 전자전달과정을 통해 ATP를 합성하는 것을 말하며, NADH와 $FADH_2$ 1분자로부터 전자전달을 통해 얻을 수 있는 ATP의 수는 실험적으로 각각 2.5와 1.5분자이다.

그런데 해당과정의 글리세르알데하이드-3-인산 탈수소효소의 촉매작용으로 세포질에서 생성된 NADH로부터 전자를 전달하여 ATP를 생성하기 위해서는 NADH가 미토콘드리아 안쪽으로 들어가야 한다. 그러나 미토콘드리아 내막은 NADH 분자를 자유로이 통과시키지 않기 때문에 다음의 2가지 셔틀(shuttle) 중 하나를 이용하여 환원당량만을 미토콘드리아의 안쪽(기질)으로 이송하게 된다(그림 11-13).

1) 말산 셔틀(malate shuttle)

이 셔틀은 간, 신장 및 심장 등 에너지를 많이 요구하는 세포에서 진행되는 운반 기구로서, 이 셔틀을 사용하면 결과적으로 세포질의 NADH가 소모되고 미토콘드리아 내에서 NADH가 생성된다. 따라서 수송된 NADH 1개당 2.5 mol의 ATP가 합성된다.

말산 셔틀(말산-아스파트산 셔틀)

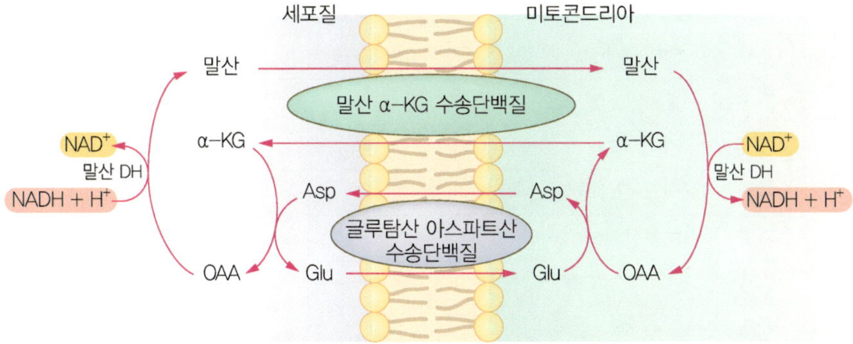

글리세롤 인산 셔틀

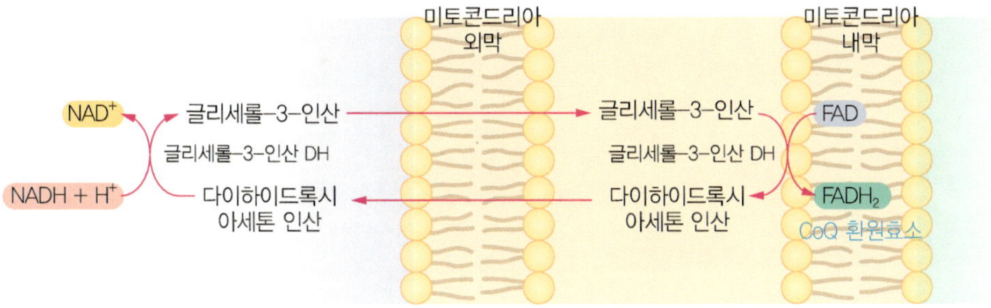

그림 11-13 말산 셔틀과 글리세롤 인산 셔틀

2) 글리세롤-인산 셔틀(glycerol-3-phosphate shuttle)

뇌, 골격근 및 대부분의 조직에서는 이 셔틀을 사용하여 세포질의 NADH를 운반하는데, 그 결과 세포질의 NADH가 NAD^+로 되고 미토콘드리아 내의 FAD가 $FADH_2$로 된다. 따라서 이 셔틀을 이용하여 운반되는 NADH는 1.5 mol의 ATP만을 생성하게 된다.

따라서 포도당 1분자로부터 ATP 생성량은 말산 셔틀을 사용할 때 32 ATP, 글리세롤-3-인산 셔틀을 사용할 때는 30 ATP가 된다.

표 11-2 포도당대사 에너지 수지

반응		NADH	$FADH_2$	ATP	
해당과정(세포질)	포도당 → G-6-P			-1	
	F-6-P → F-1,6-BP			-1	
	G-3-P → 1,3-BPG	2			
	1,3-BPG → 3-PG			2	
	PEP → 피루브산			2	
TCA(미토콘드리아)	피루브산 → 아세틸 CoA	2			
	시트르산 → α-KG	2			
	α-KG → 석시닐 CoA	2			
	석시닐 CoA → 석신산			2(GTP)	
	석신산 → 푸마르산		2		
	말산 → 옥살로아세트산	2			
산화적 인산화반응(전자전달계)	2 NADH(해당작용)			5	3
	2 NADH(피루브산 → 아세틸 CoA)			5	5
	6 NADH(TCA회로)			15	15
	2 $FADH_2$(TCA회로)			3	3
총계				32[1]	30[2]

주 : 1) 말산 셔틀, 2) 글리세롤-인산 셔틀

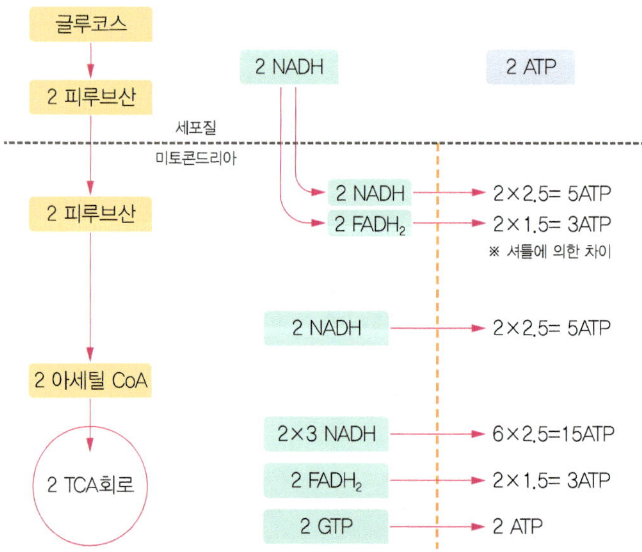

그림 11-14 탄수화물대사를 통한 에너지 생성

4. 전자전달 저해제와 짝풀림제

1) 전자전달 저해제

전자전달계의 특정 구성요소에 결합하여 전자의 흐름과 산화환원을 방해하는 저해제들이 존재한다. 예를 들면, 안티마이신 A(antimycin A)는 사이토크롬 b를 저해하고, 로테논(rotenone)과 아미탈(amytal)은 복합체 I 을, 일산화탄소, 아지드화합물(azide, N_3^-)은 사이토크롬 산화효소를 억제한다. 이들 전자전달계의 저해제는 전자전달계 구성요소의 정확한 순서를 알아내는 데 유용하게 이용된다(표 11-3).

표 11-3 **전자전달 저해제**

화합물	작용
로테논(rotenone) 아미탈(amytal) 마익소싸이아졸(myxothiazol) 피에리시딘(piericidin) A	복합체 I의 철-황 중심에서 유비퀴논으로의 전자전달 방해
안티마이신(antimycin) A	복합체 III의 사이토크롬 b에서 사이토크롬 c_1으로의 전자전달 방해
사이아나이드(cyanide) 일산화탄소(carbon monoxide)	복합체 IV의 사이토크롬 산화효소 억제

2) 짝풀림제

전자전달과정이 ATP 합성으로 이어지기 위해서는 미토콘드리아 막이 온전해야 한다. 만일, 미토콘드리아 막에 어떤 손상이 있어 H^+이 내막 밖으로부터 안쪽으로 흘러 들어오게 되면 전자전달은 여전히 잘 이루어질 수 있으나 전자전달이 ATP 합성으로 이어질 수 없게 되며, 이를 짝풀림(uncoupling)이라 한다.

짝풀림 현상은 막의 물리적 손상이 없이 화학물질에 의해서도 일어날 수 있으며, 이러한 화합물을 짝풀림제(uncouplers)라 한다. 2,4-다이나이트로페놀(2,4-dinitrophenol, DNP)과 카보닐 사이아나이드-p-트라이플루오로메톡시 페닐하이드라존(carbonyl cyanide-p-trifluoromethoxy phenylhydrazone, FCCP)은 소수성 약산으로 미토콘드리아 내막을 통과한다. 이들은 미토콘드리아 내막과 외막 사이에서 H^+을 결합하여 기질로 들어와 양성자 기울기를 소멸시킴으로써 ATP 합성을 저해한다(그림

11-15). 한편, 밸리노마이신(valinomycin)과 같은 이온운반체는 K^+와 같은 무기이온을 분자 내에 포획하여 소수성 막을 쉽게 통과한다. 따라서 이온운반체는 미토콘드리아 내막 안팎에 걸쳐 형성되는 전기화학기울기를 붕괴시켜 전자전달이 산화적 인산화로 연결되지 못하게 짝풀림제 기능을 한다.

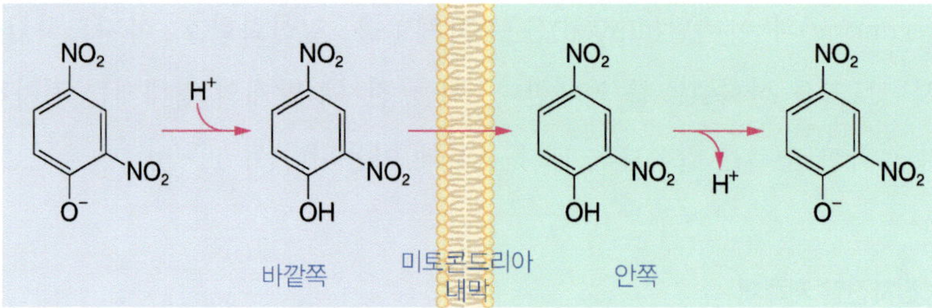

그림 11-15 짝풀림제 2,4-다이나이트로페놀(DNP)의 기능

이러한 짝풀림은 화학적 짝풀림제에 의해서만 일어나는 것은 아니다. 인체를 비롯한 대부분의 포유류 신생아와 동면 동물은 갈색지방이라고 불리는 지방조직을 가지고 있는데, 이곳에서는 에너지물질의 산화와 전자전달이 ATP 합성으로 이어지지 않고 열을 발생하여 체온을 유지시켜 주는 기능을 한다. 갈색 지방세포에는 미토콘드리아가 많아 사이토크롬 농도가 높기 때문에 갈색을 띠며, 이들 미토콘드리아는 내막에 짝풀림 단백질(uncoupling protein, UCP)이라는 특수 단백질을 함유하는 것 외에는 다른 일반적 백색지방의 미토콘드리아와 다를 것이 없다. 열 발생 단백질(thermogenin)이라고도 불리는 이 단백질은 양성자가 F_oF_1-ATP 합성효소 복합체를 통과하지 않고 미토콘드리아의 기질로 돌아오는 통로역할을 함으로써 전자전달이 ATP 합성으로 짝지어지는 것을 방해한다(그림 11-16). 이렇게 하여 ATP 합성으로 보존되지 못한 산화에너지는 열로 발산되어 체온 유지에 사용된다.

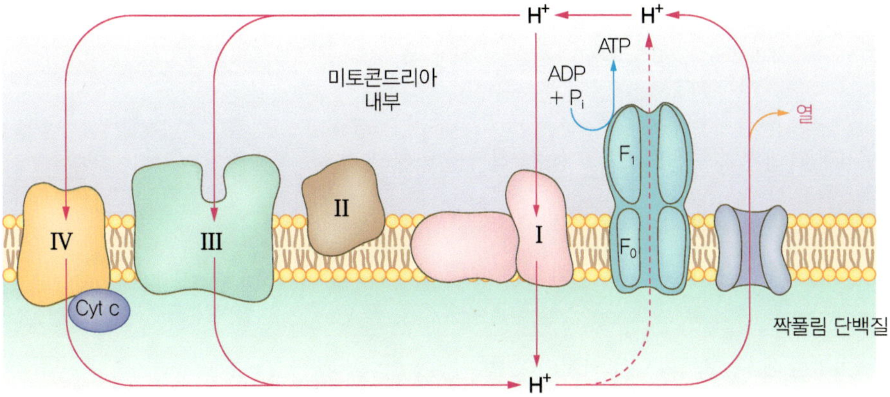

그림 11-16 짝풀림 단백질의 기능

연습문제

❶ 전자전달계 4개 복합체의 구성요소와 기능을 각각 설명하라.

❷ 아세틸 CoA가 CO_2와 H_2O로 완전히 산화하면 몇 mol의 ATP가 생산되는가?

❸ NADH와 $FADH_2$가 전자전달계를 거치면서 각기 몇 분자의 ATP를 생산하는가?

❹ 전자전달계에서 전자가 마지막으로 전달되는 물질은 무엇이며 그 결과 무엇이 생산되는가?

❺ 산화적 인산화란 무엇인가 ?

❻ 글루코스 한 분자가 산소 존재하에 이용될 때 생산되는 ATP는 몇 분자인가?

❼ 전자전달 저해제들의 각각 저해 위치는 어디인가?

❽ 짝풀림제와 짝풀림 단백질을 설명하라.

정 답

1. 복합체 I은 FMN과 철-황 중심을 보유한 여러 개의 단백질로 구성되어 있으며, NADH로부터 코엔자임 Q에 전자를 전달하면서 양성자(H^+)를 미토콘드리아 내막 바깥쪽으로 방출하는 기능을 한다. 복합체 II는 FAD 플라보단백질과 철-황 단백질로 구성되어 있으며, 석신산으로부터 코엔자임 Q에 전자를 전달하는 반응을 촉매한다. 복합체 III는 사이토크롬 b와 c_1 및 철-황 단백질들로 구성되어 있으며, 코엔자임 Q로부터 사이토크롬 c에 전자를 전달하며 양성자를 미토콘드리아 내막 바깥쪽으로 방출하는 기능을 한다. 복합체 IV는 사이토크롬 a와 a_3 및 두 개의 Cu^{2+} 단백질을 함유하고 있으며, 사이토크롬 c로부터 산소에 전자를 운반하여 물을 생성한다.
2. 10 mol
3. NADH = 2.5, $FADH_2$ = 1.5
4. 산소에 전달되며 물이 생산된다.
5. 산화되는 상태에서 인산화가 일어나는 반응을 의미한다. 전자전달계에서 전자가 이탈하여 다른 전자전달 매체로 옮겨갈 때에 ADP에 인산이 결합되면서 ATP가 생산되는데, 이때 전자가 이탈하는 것이 산화반응이고 인산이 결합되는 것이 인산화 반응이다.
6. 32(또는 30)
7. 표 11-3 참조
8. 짝풀림제(uncouplers)란 전자전달과정에서 미토콘드리아 내막 바깥쪽으로 방출되었던 H^+과 결합하여 안쪽으로 들여옴으로써 전자전달과정에서 생성된 양성자 기울기(proton gradient)를 소멸시켜 ATP 합성을 저해하는 물질을 말하며, DNP와 FCCP 등이 여기에 속한다. 짝풀림 단백질(uncoupling protein, UCP)은 갈색 지방세포의 미토콘드리아 내막에 존재하며, 양성자가 F_oF_1-ATP 합성효소 복합체를 통과하지 않고 미토콘드리아 기질(matrix)로 돌아오는 통로 역할을 하여 전자전달이 ATP 합성으로 짝지어지는 것을 방해한다.

12
탄수화물의 기타 대사

1. 당 신생합성 경로
2. 글리코젠의 대사
3. 오탄당인산 경로
4. 기타 당질의 대사

앞장에서 우리는 탄수화물의 에너지대사를 중심으로 한 대사과정을 살펴보았다. 에너지대사는 탄수화물뿐만 아니라, 지질, 아미노산 등 탄소골격을 지닌 다른 영양소들의 대사와도 밀접하게 관련되어 있기 때문에 여기에 탄수화물의 다른 대사과정까지 연이어 기술하면 이해하는 데 매우 복잡함을 느낄 수 있으므로 부수적으로 다룰 수 있는 당 신생합성 경로, 글리코겐의 대사, 오탄당인산 경로 및 기타 당질의 대사 등에 대하여 별도로 살펴보고자 한다.

1. 당 신생합성 경로

당질이 아닌 여러 물질, 예를 들면 아미노산, 젖산, 피루브산, 프로피온산, 글리세롤 등으로부터 포도당을 새로 합성하는 과정을 당 신생합성 경로(gluconeogenesis)라고 한다. 당 신생합성 경로는 식이로부터의 당질 공급이 충분하지 않아 체내에서 요구하는 포도당을 충분히 공급하지 못하는 경우에 가동된다. 포도당은 체내에서 사용하는 보편적인 에너지물질일 뿐만 아니라 어떤 조직에서는 거의 유일한 에너지원이다. 예를 들면, 사람의 뇌와 신경계 및 적혈구 등에서는 혈액을 통해 공급되는 포도당이 유일한 에너지원이거나 주된 에너지원이다. 그리고 포도당은 혐기적 상태의 골격근에서 유일한 에너지원으로 사용되며 각종 조직에서 TCA회로를 구성하고 있는 중간물질들을 유지하는 데도 이용된다. 지방조직에서도 포도당은 지방 합성의 원료가 되고 지방으로부터 에너지를 공급받는 조직에서도 기본적으로 약간의 포도당을 필요로 한다.

일반적으로 식사와 식사 중간에 탄수화물 섭취가 중단될 때에는 글리코겐을 분해하여 포도당을 공급한다. 그러나 격렬한 운동을 하고 난 다음이나, 또는 오랫동안 금식을 하고 난 다음, 또는 아침식사 전 등에는 저장된 글리코겐이 고갈될 수 있다. 이때는 혈액 중의 포도당(혈당)농도를 일정하게 유지하기 위해 당 신생합성 경로를 가동하여 포도당을 만들어 공급하는 것이다.

일반적으로 당 신생합성 경로는 주로 간에서 진행되는데, 적은 양이기는 하지만 신장과 소장에서도 진행된다. 당 신생합성 경로는 생합성에 사용되는 원료물질을 각 조직에서 간으로 운반하여 이것을 이용해 포도당으로 재생하고, 재생한 포도당을 다시 혈액을 통해 각 조직(뇌, 근육 및 적혈구 등)으로 공급하는 과정으로 이루어진다.

이때 간과 각 조직 사이에는 원료물질과 포도당을 주고받는 독특한 대사계가 존재하는데, 예를 들면 젖산은 적혈구와 근육에서(코리회로), 알라닌은 근육에서(글루코스-알라닌 회로), 그리고 글리세롤은 지방조직에서 각각 간과의 물질교환이 이루어지고 있다.

1) 당 신생합성 경로의 주요 반응

당 신생합성 경로는 해당과정의 경로 중 세 군데의 비가역적인 과정을 제외하고는 이 과정을 정확하게 역으로 거슬러 올라가는 반응 경로를 거치는데, 비가역적 과정에 해당하는 반응은 별도의 우회 경로를 경유하여 진행된다(그림 12-1). 이때 해당과정과 차이가 나는 세 군데의 과정은 피루브산을 포스포에놀피루브산(PEP)으로 바꾸는 과정, 과당-1,6-이인산(F-1,6-BP)을 과당-6-인산으로 전환하는 과정, 그리고 포도당-6-인산을 포도당으로 바꾸는 과정이다.

① 젖산(lactate)이나 피루브산은 미토콘드리아 내의 피루브산카복실화 효소(pyruvate carboxylase)에 의해 이산화탄소와 반응하여 옥살로아세트산(oxaloacetate)으로 변하고, 이때 생성된 옥살로아세트산은 PEP 카복시키네이스(PEP carboxykinase)에 의해 PEP으로 전환된다. 이때 피루브산카복실화 효소는 보조효소로서 바이오틴(biotin)을 필요로 한다.

② 과당-1,6-이인산이 과당-6-인산으로 전환되는 과정은 과당-1,6-이인산 가수분해효소(fructose-1,6-biphophatase)에 의해 촉매되며 무기 인산(P_i)을 방출할 뿐 ATP를 생성하지 않는다.

③ 포도당-6-인산이 포도당으로 전환되는 과정은 간과 신장에서만 존재하는 포도당-6-인산 가수분해효소(glucose-6-phosphatase)에 의해 촉매되는데, 이때 생성된 포도당은 혈액으로 방출된다. 이 효소는 당 신생합성 경로뿐 아니라 글리코젠 분해의 마지막반응을 촉매하는 효소이다. 근육에는 이 효소가 존재하지 않기 때문에 근육의 글리코젠이 분해되어도 혈당을 공급할 수 없는 것이다.

당 신생합성 경로에 소요되는 ATP는 피루브산 두 분자에서 포도당 한 분자를 생성하는 과정에 총 6 ATP(4 ATP + 2 GTP)를 소모하게 된다. 분해과정인 해당과정에서 2분자의 ATP가 생성된다는 점을 감안한다면 역시 만드는 것이 파괴하는 것보다 훨씬 더 어려운 과정임을 알 수 있다.

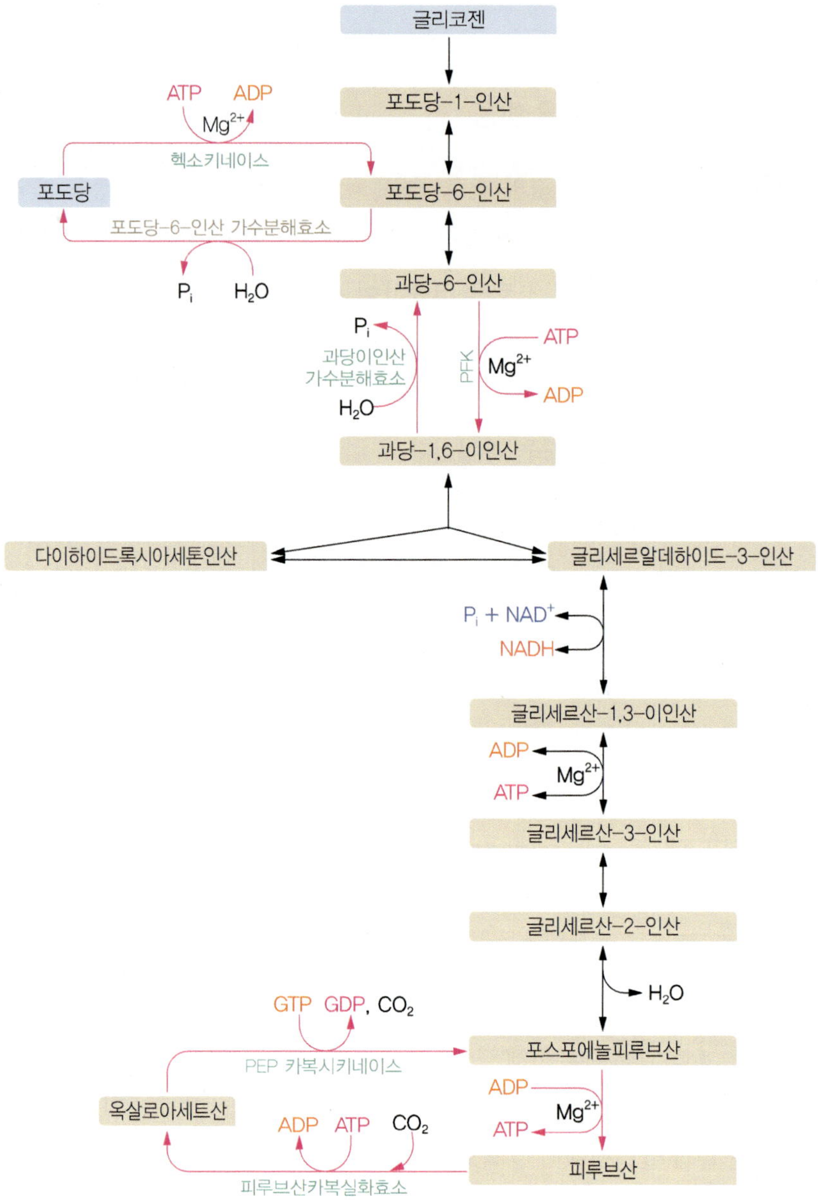

그림 12-1 당 신생합성 경로

2) 당 신생합성 경로의 기질과 관련 대사

탄수화물, 지질 및 단백질이 대사되는 과정에서 해당과정의 중간대사물이나 TCA회로를 통해 옥살로아세트산을 공급할 수 있는 물질들은 당 신생합성 경로의 기질이 될 수 있다.

예를 들면, 활동성인 근육에서 생성된 젖산(코리회로), 아미노산에서 유래된 피루브산이나 α-케토산(글루코스-알라닌회로), 지방세포에서 지질의 가수분해에서 생성되는 글리세롤(글리세롤 인산화반응) 등은 당 신생합성 경로의 기질이 될 수 있다.

동물체에서 지방산은 β-산화에 의해 생성되는 아세틸 CoA가 피루브산으로 전환될 수 없으므로 당 신생합성 경로를 거쳐 포도당으로 전환되지 못한다.

(1) 코리회로

골격근에서 혐기적 해당과정으로 생성되는 젖산은 혈액으로 방출된 다음 간으로 이송되고 젖산 탈수소효소에 의해 피루브산으로 전환된 다음 당 신생합성 경로를 거쳐 포도당으로 재생된다(그림 12-2).

운동을 많이 한 다음 느끼는 근육통은 근육에 젖산이 많이 쌓여 발생되는 젖산 통(痛)인데, 당 신생합성 경로를 거쳐 젖산이 제거되면 통증이 완화되는 것이다. 이와 같이 골격근의 해당과정과 간의 당 신생합성 경로를 연결하는 회로를 코리회로(Cori cycle)라고 부른다.

(2) 글루코스-알라닌회로

글루코스-알라닌회로(glucose-alanine cycle)는 골격근에서 글리코젠뿐 아니라 골격근 단백질의 분해산물인 암모니아를 간으로 옮겨 처리하는 역할을 한다. 골격근 단백질은 심한 운동 후에 아미노산의 탄소골격을 TCA회로로 유입시킴으로써 에너지 생성에 이용될 수 있다. 이때 아미노산에서 제거된 암모니아는 글리코젠 분해나 해당과정의 결과로 생성된 피루브산에 결합하여 알라닌을 형성한 후 혈액을 통해 간으로 이송된다.

간에서는 알라닌의 탄소골격을 이용하여 포도당으로 재생하고 아미노기는 독성이 낮은 요소(urine)로 전환하여 배설함으로써 항상성을 유지하는 것이다(그림 12-3).

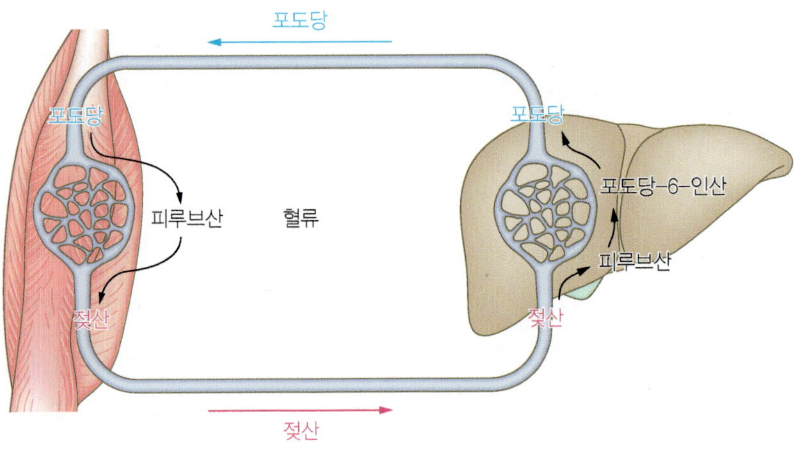

그림 12-2 **코리회로**

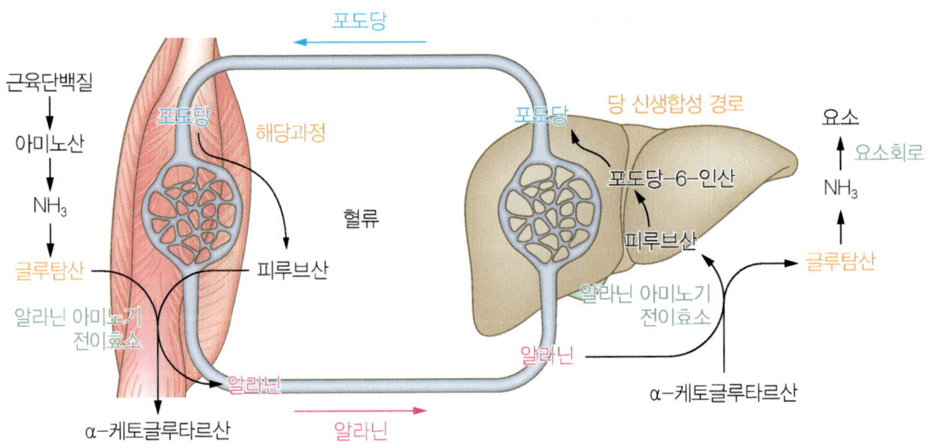

그림 12-3 **글루코스-알라닌회로**

(3) 글리세롤의 인산화

중성지방의 가수분해에 의해 생성된 글리세롤은 그림 12-4와 같이 글리세롤키네이스(glycerokinase)의 작용으로 글리세롤-3-인산으로 인산화되고 이어서 다이하이드록시아세톤인산(DHAP)으로 산화되어 해당과정이나 당 신생합성 경로의 기질로 이용된다.

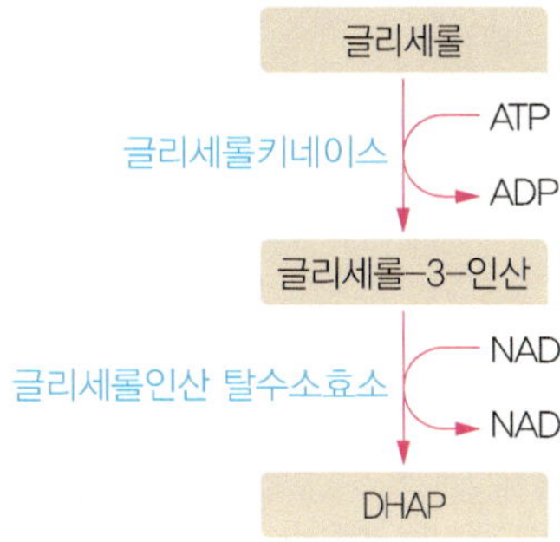

그림 12-4 글리세롤의 대사

3) 당 신생합성 경로의 조절

당 신생합성 경로의 속도는 기질의 농도와 다른자리입체성 조절인자 및 호르몬에 의해 조절되며 이들 조절인자 사이에는 서로 밀접한 연관이 있다. 당 신생합성 경로의 속도 조절효소는 피루브산 카복실화효소 및 과당-1,6-이인산 가수분해효소(fructose-1,6-biphosphatase) 등이다.

① 고지방식의 섭취, 기아 및 장시간의 단식 등으로 체지방과 골격근의 분해가 증가되어 비탄수화물 전구체(젖산, 글리세롤 및 아미노산 등)의 농도가 높을 때 당 신생합성 경로는 촉진된다. 이러한 상황에서는 ATP 또는 아세틸 CoA 농도가 높을 때이며 이들 농도가 높을 때 당 신생합성 경로는 촉진된다.

② 호르몬인 인슐린/글루카곤 비율이 높으면 당 신생합성 경로는 억제되고, 반대로 낮으면 촉진된다. 이때 인슐린은 혈당을 낮추고 글루카곤은 혈당을 높이는 작용을 하는 호르몬이다.

2. 글리코젠의 대사

혈액의 포도당농도를 일정하게 유지하는 것은 생명현상을 유지하는 데 있어 필수적인 조건이다. 글리코젠은 불과 몇 단계만 거치면 포도당-6-인산을 거쳐 포도당으로 전환될 수 있기 때문에 좋은 에너지 저장형 물질로 이용된다. 인체 내에 과량의 포도당

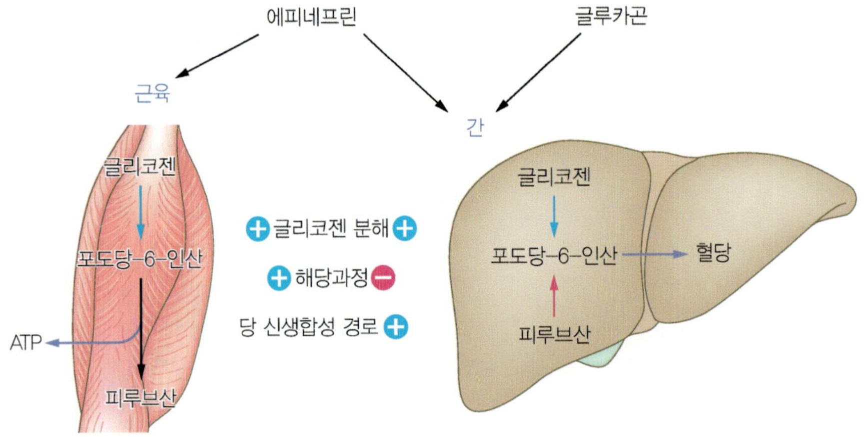

그림 12-5 간과 근육에서의 글리코젠대사

이 유입된 경우 글리코젠을 합성하여 저장하면 고혈당도 방지할 수 있을 뿐 아니라 공복 시나 과격한 운동에 필요한 포도당을 공급할 수 있게 된다. 간과 신장에 저장되었던 글리코젠은 저혈당 시 분비되는 호르몬인 글루카곤(glucagon)의 작용을 받아 신속하게 분해됨으로써 포도당을 혈액으로 방출하게 된다. 근육에 저장된 글리코젠은 호르몬인 에피네프린(epinephrine)의 작용으로 신속하게 분해되어 근 수축의 에너지원이 된다(그림 12-5). 이때 에피네프린은 간과 근육에서 다른 기능을 하는데, 즉 간에서는 해당과정을 억제하여 혈당을 증가시키는 역할을 하고 근육에서는 해당과정을 촉진하는 역할을 한다.

1) 글리코젠의 합성

글리코젠의 합성에는 글리코젠 자신이 시작물질로 작용하며 UTP(uridine triphosphate)를 에너지물질로 사용한다(그림 12-6). 글리코젠 합성의 시작반응은 포도당이 인산화되어 포도당-6-인산이 되는 것이다. 이 반응을 촉매하는 효소는 간에만 존재하는 글루코키네이스(glucokinase) 또는 근육이나 다른 장기에 존재하는 헥소키네이스(hexokinase)이다. 글루코키네이스는 K_m 값이 10 mM로서 헥소키네이스에 비하여(0.01 mM) 높은 값을 나타내 포도당에 대한 친화성이 낮아 포도당농도가 높을 때만 인산화를 진행하여 글리코젠으로 저장하게 된다. 글리코젠 합성에 첨가되는 포도당 잔

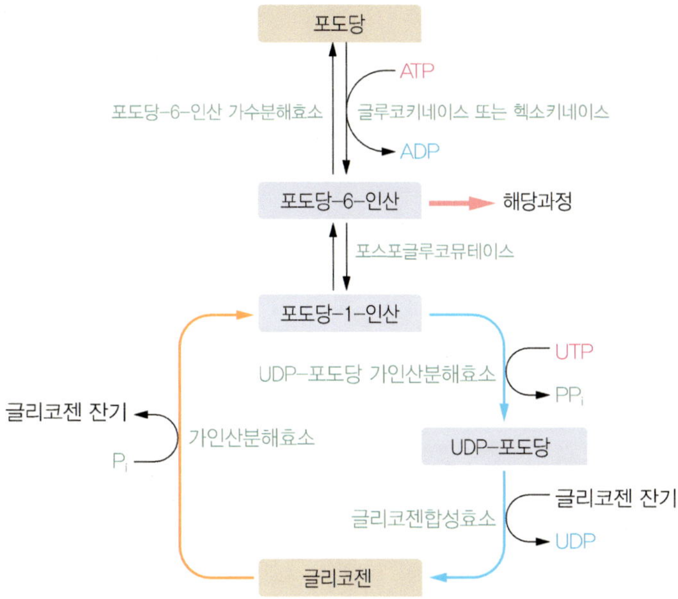

그림 12-6 글리코젠의 합성과 분해 개요

기는 UDP-포도당 형태인데, 이것은 포도당-6-인산으로부터 전환된 이 포도당-1-인산이 UTP와 반응하여 생성된다. 글리코젠 합성의 최종단계는 글리코젠 합성효소(glycogen sythase)의 작용으로 기존에 존재하는 글리코젠 잔기에 포도당 한 분자를 α-1,4결합 형태로 연장시키는 반응이다. 이러한 과정을 계속 진행하여 일정한 길이에 도달하면 이것을 분지시키는 과정을 반복하여 글리코젠 분자를 합성한다.

2) 글리코젠의 분해

글리코젠의 분해는 먼저 글리코젠 가인산분해효소(glycogen phosphorylase)의 작용에 의해 촉매되고 조절된다. 이 효소는 글리코젠의 α-1,4결합을 가인산분해(phosphorylysis)하여 포도당-1-인산을 생성한다. 이 효소작용은 α-1,6결합의 가지가 분지되는 지점의 근처에 도달할 때까지 글리코젠을 포도당-1-인산 형태로 분해하는 것이다. 이 효소가 가지가 시작되는 부근에 접근하여 더 이상 접근하지 못하고 작용을 멈추면, 이어서 작용하는 탈분지효소(debranching enzyme)에 의해 남아 있는 사슬 부분에서 포도당 1개만을 남기고 잔기를 분해하여 다른 사슬에 옮겨 붙임으로써 효소

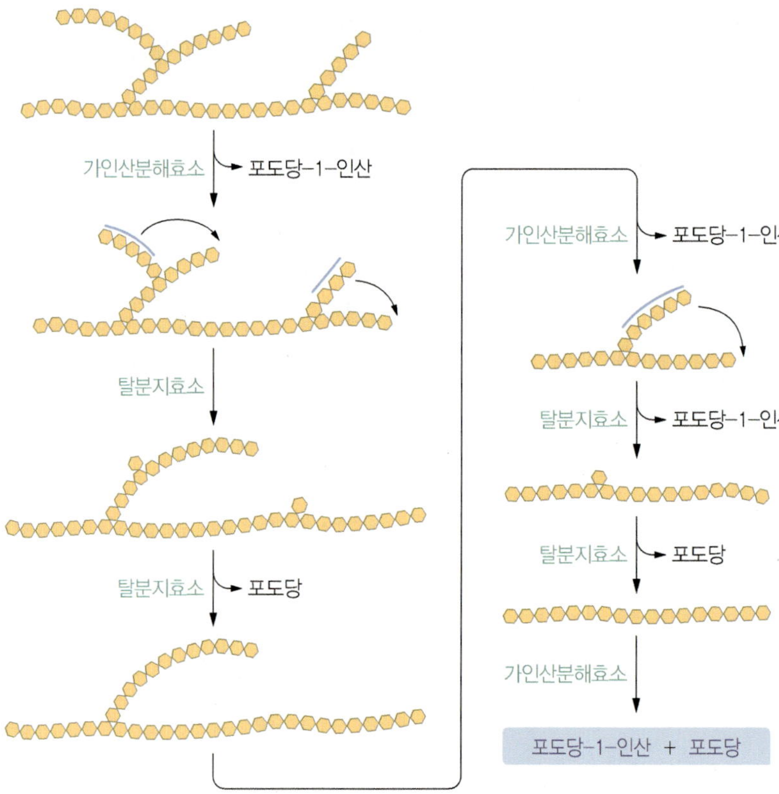

그림 12-7 글리코젠의 분해대사

작용이 계속 진행될 수 있도록 해준다(그림 12-7).

그리고 이때 남아 있는 1개의 포도당 잔기는 포도당 형태로 분해하여 방출된다. 따라서 글리코젠의 분해 결과 생성되는 물질의 대부분은 포도당-1-인산과 유리형의 포도당이다. 이때 형성된 포도당-1-인산은 포도당-6-인산으로 전환되고 이어서 포도당-6-인산 가수분해효소(glucose-6-phosphatase)의 작용으로 유리형의 포도당으로 전환되어 혈액 중으로 들어가게 된다. 그런데 포도당-6-인산 가수분해효소는 간과 신장에는 존재하나 근육에는 없기 때문에 근육에 있는 글리코젠은 혈당량을 높이는 원료로 이용될 수 없고 분해과정에서 생성된 포도당-1-인산은 해당과정을 통하여 근수축 에너지로만 이용되는 것이다.

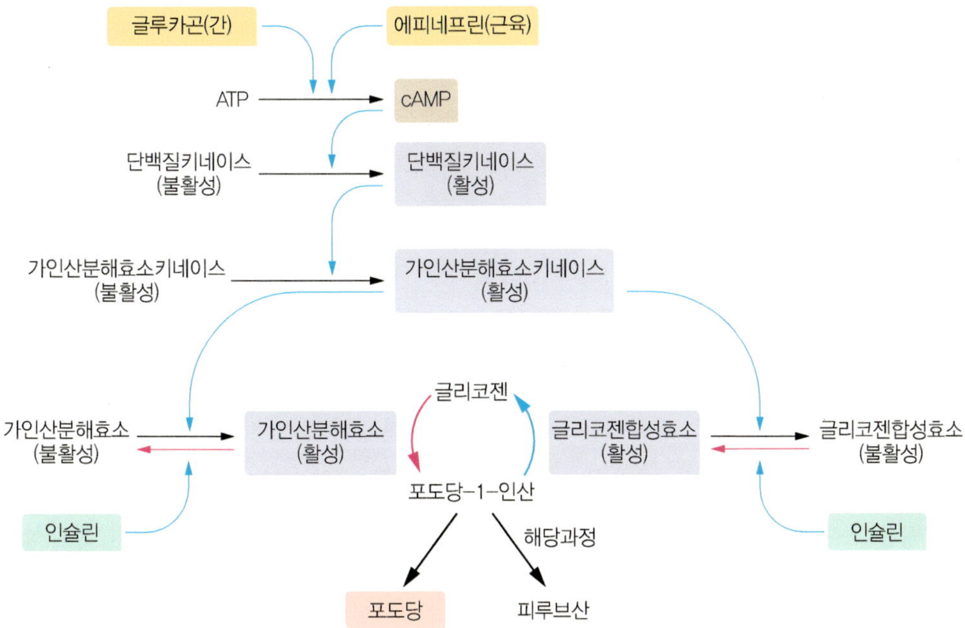

그림 12-8 **글리코젠대사의 조절**

3) 글리코젠대사의 조절

글루카곤, 에피네프린 및 인슐린은 글리코젠대사를 정밀하게 조절함으로써 에너지 소모를 방지한다. 글리코젠 합성과 분해대사의 조절은 각각 글리코젠 합성효소(glycogen synthase)와 글리코젠 가인산분해효소(glycgen phosphorylase)의 활성 조절을 통하여 이루어지는데, 동일 호르몬에 의해 상반적으로 조절된다. 즉, 인슐린의 증가는 글리코젠의 합성을 촉진하는 동시에 분해를 억제하는 반면, 글루카곤이나 에피네프린은 글리코젠 합성을 억제하는 동시에 분해를 촉진한다. 글루카곤이나 에피네프린이 세포막에 존재하는 수용체에 결합하면 세포막에 공존하는 아데닐산사이클레이스(adenylate cyclase)가 활성화되어 cAMP가 생성된다. 증가된 cAMP에 의해 활성화된 단백질키네이스(protein kinase)는 일련의 반응을 거쳐 연쇄적으로 여러 가지 효소들의 인산화를 촉진하여 최종적으로 글리코젠 가인산분해효소를 활성화시켜 글리코젠을 분해하여 혈당으로 방출하게 된다. 반면에 인슐린은 세포 내에서 포도당의 흡수나 해당과정을 촉진하여 당의 생합성을 억제하고 글리코젠 합성효소를 활성화하며 가인산분해효소를 불활성화하여 혈당을 낮추게 된다.

3. 오탄당인산 경로

오탄당인산 경로(pentose phosphate pathway, hexose monophosphate shunt ; HMP)는 세포질에서 진행되는 포도당의 또 다른 분해과정(해당과정의 측로)이지만 해당과정과는 달리 ATP를 생성하지 않는다. 이 회로의 의의는 다양한 생합성에 필요한 환원제인 NADPH와 오탄당(예 : 리보스)을 공급하는 데 있다.

오탄당인산 경로는 포도당-6-인산이 산화적으로 탈탄산되어 오탄당인산(pentose phosphate)과 NADPH를 생성하는 비가역과정과 3탄당, 4탄당, 5탄당, 6탄당 및 7탄당 등의 인산에스터가 상호 전환되는 두 부분으로 구분된다(그림 12-9).

이때 생성된 NADPH는 지방산, 아미노산 및 스테로이드 등의 생합성, 산화형 글루타치온의 환원 등에 이용된다. 오탄당인산 경로가 활발한 조직에는 환원적 생합성에 NADPH를 사용하는 대사계가 존재한다. 예를 들면, 지방산, 아미노산 및 스테로이드 등의 합성, 적혈구에서의 글루타치온의 환원 등을 들 수 있다. 따라서 이들과 관련한

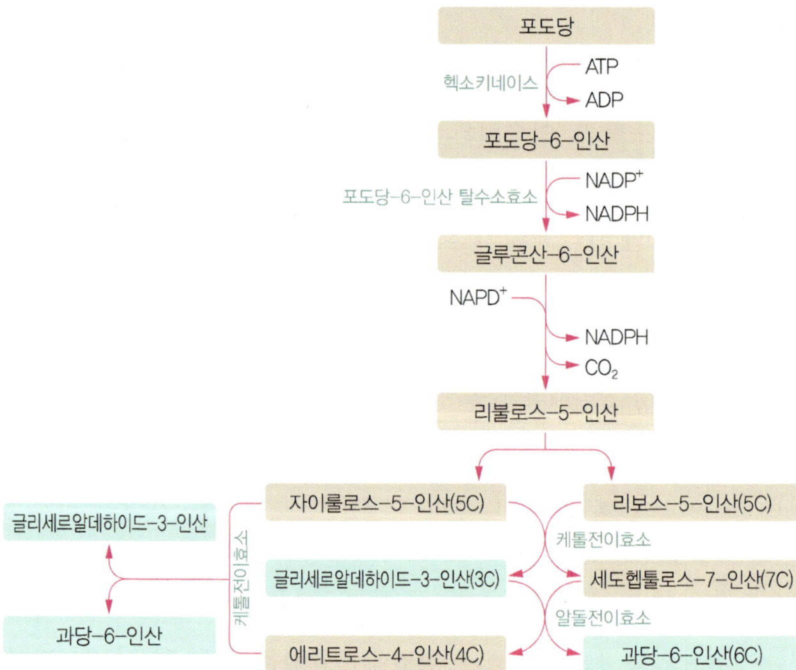

그림 12-9 오탄당인산 경로

효소들은 근육(심근 및 골격근)에는 없고 지방의 생합성이 왕성한 간과 지방조직이나 세포 분열이 활발한 골수, 피부 및 소장 점막세포 등의 세포질에 풍부하게 존재한다.

4. 기타 당질의 대사

포도당 이외의 단당류 중 특히 체내에서 중요한 역할을 하는 단당류인 과당(fructose), 갈락토스(galactose) 및 만노스(mannose)는 당 신생합성 경로에 합류하여 혈당을 공급하거나 해당과정에 합류하여 분해됨으로써 에너지원으로 사용된다.

1) 과당의 대사

식이로 섭취한 과당은 두 가지 경로를 거쳐 해당과정이나 당 신생합성 경로에 합류된다. 식이로 섭취한 과당은 주로 간에서 대사되는데, 프럭토키네이스(fructokinase)의 작용에 의해 과당-1-인산으로 전환된 후 알돌레이스에 의해 DHAP와 글리세르알데하이드(glyceraldehyde)로 해당되어 당 신생합성 경로나 또는 해당과정으로 유입된다. 이 대사 경로는 속도조절단계인 PFK-1이 관여하는 반응을 우회하므로 포도당보다 신속하게 대사된다. 과당의 다른 대사과정은 근육이나 지방조직에서 진행되는데, 헥소키네이스(hexokinase)의 작용으로 포도당-6-인산으로 인산화되어 해당과정이나 당 신생합성 경로에 합류되는 과정이다. 그러나 이때 헥소키네이스는 과당에 대한 친화력이 낮아 체내의 과당농도가 매우 높을 때만 작용하게 되므로 그다지 큰 의미를 지니지 않는다.

2) 갈락토스의 대사

갈락토스가 해당과정에 유입되기 위해서는 몇 가지 반응이 필요하다. 우선 갈락토키네이스(galactokinase)의 작용으로 인산화되어 갈락토스-1-인산(gal-1-p)이 되고 이어서 UDP-갈락토스와 UDP-포도당을 거쳐 포도당-1-인산으로 전환되어 해당과정이나 당 신생합성 경로에 합류된다. 갈락토스-1-인산을 UDP-갈락토스로 전환시키는 효소인 유리딜전이효소(gal-1-P uridyltransferase)가 부족하여 혈중 갈락토스 농도가 높아지면 갈락토스혈증(galactosemia)을 유발한다.

3) 만노스의 대사

만노스는 헥소키네이스의 작용으로 인산화되어 만노스-6-인산을 형성하고 이성화 작용으로 과당-6-인산으로 전환된 다음 해당과정 또는 당 신생합성 경로로 합류된다.

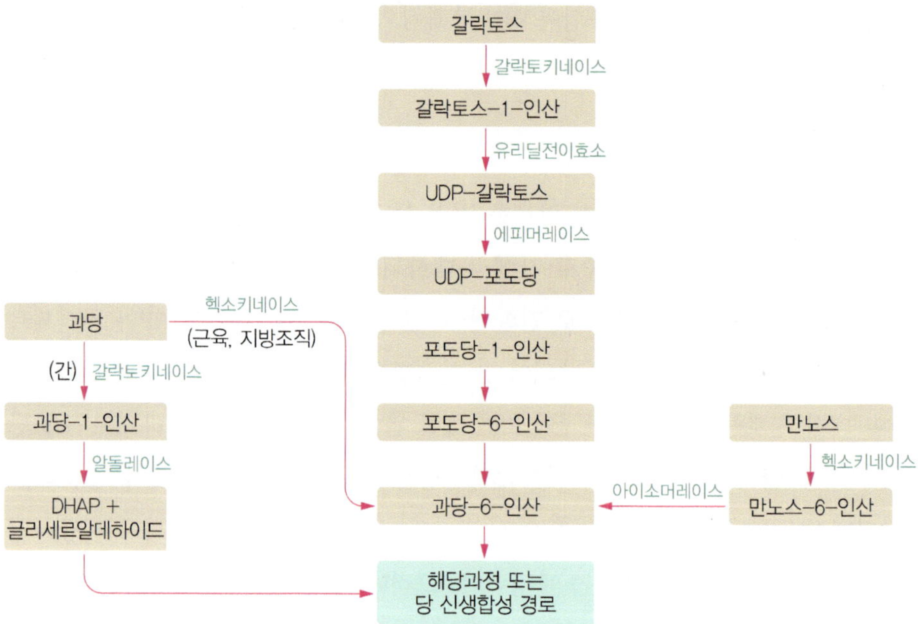

그림 12-10 기타 당질의 대사

연습문제

❶ 당 신생합성 경로와 해당과정에서 서로 다른 효소에 의해 촉매되는 반응과 이 반응을 촉매하는 효소에 대하여 설명하라.

❷ 피루브산으로부터 옥살로아세트산을 생성하는 탄산화반응에 관여하는 보조효소는 무엇인가?

❸ 다음 중 당질 공급이 충분하지 않을 때 당 신생과정이 필수적으로 요구되는 조직은 무엇인가?

① 근육 ② 지방조직 ③ 뇌 ④ 소장 ⑤ 심장

❹ 다음 중 인체 내에서 포도당이 될 수 없는 물질은 무엇인가?

① 젖산 ② 시트르산 ③ 피루브산 ④ 아세틸 CoA ⑤ 옥살로아세트산

❺ 글리코젠 합성에 이용되는 뉴클레오타이드는 무엇인가?

① CTP ② UTP ③ NAD^+ ④ FAD ⑤ $NADP^+$

❻ 글리코젠의 분해과정에서 에피네프린에 의해 활성이 증가하는 효소는 무엇인가?

❼ 근육의 글리코젠 분해과정에서 포도당-6-인산이 포도당으로 전환되지 않아 혈당으로 공급되지 못하는 이유는 무엇인가?

8. 지방산이나 콜레스테롤 생합성에 필요한 환원력인 NADPH를 공급하는 대사 경로는 무엇인가?

9. 오탄당인산 경로가 간보다는 지방조직에서 더 활발하게 일어나는 이유는 무엇인가?

10. 갈락토스혈증(galactosemia)은 갈락토스를 포도당으로 전환하는 데 필요한 어떤 효소가 선천적으로 결핍되어 일어나는가?

정답

1. 당 신생합성 경로는 해당과정의 경로 중 세 군데의 비가역적인 과정을 제외하고는 이 과정을 정확하게 거꾸로 거슬러 올라가는 반응 경로를 거치는데, 해당과정과 차이가 나는 세 군데의 과정은 피루브산을 포스포에놀피루브산으로 바꾸는 과정, 과당-1,6-이인산을 과당-6-인산으로 전환하는 과정, 그리고 포도당-6-인산을 포도당으로 바꾸는 반응이다. 이때 관여하는 효소는 피루브산카복실레이스, PEP 카복시키네이스, 과당-1,6-이인산가수분해효소, 포도당-6-인산가수분해효소이다.
2. 바이오틴(biotin)
3. ③
4. ④
5. ②
6. 단백질키네이스(protein kinase), 포스포릴레이스 키네이스(posphorylase kinase), 가인산분해효소(glycogen phosphorylase)
7. 근육에는 포도당-6-인산가수분해효소(glucose-6-phosphatase)가 존재하지 않기 때문에 포도당-6-인산을 포도당으로 전환하지 못하기 때문이다.
8. 오탄당인산 경로(pentose phosphate pathway)
9. 오탄당인산 경로에서 생성된 NADPH는 지방산, 아미노산 및 스테로이드 등의 합성, 적혈구에서의 글루타치온 환원 등에 이용되므로 지방의 생합성이 왕성한 간과 지방조직이나 세포 분열이 활발한 골수, 피부 및 소장 점막세포 등의 세포질에 풍부하게 존재한다.
10. 갈락토키네이스(galactokinase) 및 유리딜전이효소(gal-1-P uridyltransferase)

13
지질대사

1. 지질의 소화 흡수
2. 트라이아실글리세롤의 가수분해
3. 포화지방산의 β-산화
4. 불포화지방산의 β-산화
5. 홀수 탄소 지방산의 β-산화
6. 케톤체의 생성과 이용
7. 포화지방산의 생합성
8. 불포화지방산의 생합성
9. 콜레스테롤의 대사

앞장에서 신체활동에 필요한 에너지의 상당량을 탄수화물대사에서 얻는다고 배웠다. 지질은 생체막의 구성성분, 비타민 및 호르몬 등으로 작용할 뿐만 아니라 체내에서 저장성 에너지원으로서도 매우 중요한 역할을 담당한다. 저장지질의 대부분을 차지하는 트라이아실글리세롤(TG)은 사람이나 동물의 지방조직에 저장되며 세포 내에서 필요에 따라 가수분해되어 지방산과 글리세롤이 된다. 이때 생성된 지방산은 미토콘드리아 내에서 β-산화과정을 거쳐 아세틸 CoA를 생성하고 이어서 TCA회로와 전자전달계를 거쳐 대량의 ATP를 생성하게 된다. 지질은 열량소 중에서 최대의 에너지원으로 작용한다. 콜레스테롤은 동물 세포막의 구성성분으로 스테로이드 호르몬과 지방의 소화에 필요한 담즙산 생성의 전구물질이다. 지방산과 콜레스테롤 합성의 공통 전구물질은 아세틸 CoA이며 이는 탄수화물이나 아미노산으로부터도 공급될 수 있다(그림 13-1). 이 외의 다른 복합지질들도 이들을 근원으로 하여 체내에서 합성될 수 있다.

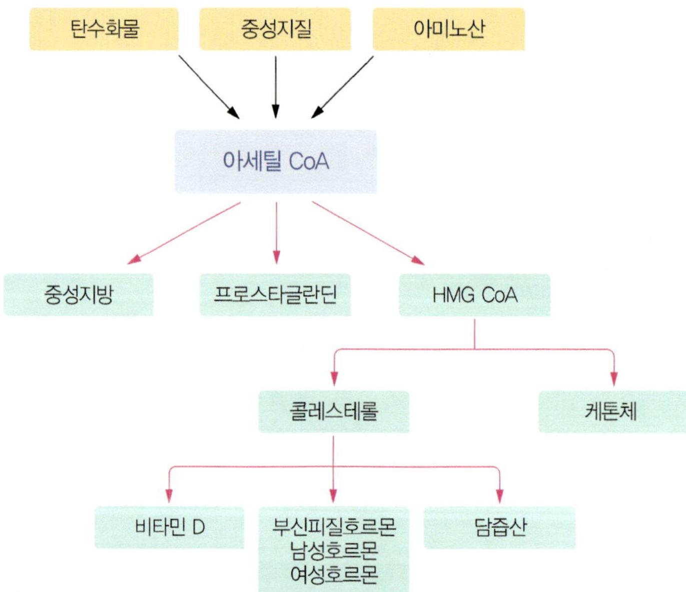

그림 13-1 **지질대사 개요**

1. 지질의 소화 흡수

식품 속의 지질은 입에서 기계적 소화과정을 거치고 위에서 염산의 영향을 받지만 실제 이루어지는 소화작용은 미미하다. 지질의 실제적인 소화 작용은 장에서 오랜 시간 머무르는 동안 이루어지는데, 담즙산염과 췌장 라이페이스(lipase)의 작용으로 유화되어 가수분해된다. 흡수된 지질 소화 생성물 중 대부분의 지방산과 모노아실글리세롤(MG)은 소장점막에 흡수되어 다시 트라이아실글리세롤(TG) 형태로 합성된다. 그 이후 장 세포는 트라이아실글리세롤과 식이로 섭취한 콜레스테롤 및 인지질, 단백질 등을 결합하여 지단백질인 킬로마이크론(chylomicron)을 형성하고 이러한 형태로 림프계를 거쳐 혈액으로 순환된다(그림 13-2).

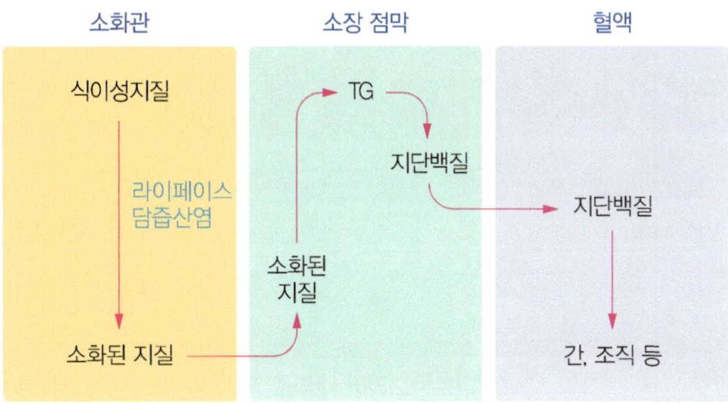

그림 13-2 지질의 소화와 흡수 개요

2. 트라이아실글리세롤의 가수분해

지질의 가장 대표적인 형태는 긴 사슬의 지방산(acyl)과 글리세롤의 하이드록실기(-OH)가 에스터결합을 이루고 있는 트라이아실글리세롤(TG)이다. TG는 지방질 가수분해효소(lipase)에 의해서 에스터결합이 분해되어 글리세롤과 3분자의 지방산을 형성한다. 이때 TG에서 생성된 글리세롤은 조직에 따라 다르기는 하지만 글리세롤키네이스(glycerol kinase)의 작용으로 글리세롤-3-인산을 거쳐 산화된다.

한편, TG에서 생성된 지방산은 아실 CoA 합성효소(acyl-CoA synthetase)의 작용에 의해 아실 CoA라고 하는 활성형이 되어 대사되는데, 이 아실 CoA는 미토콘드리아의 내막을 통과하지 못한다. 따라서 카니틴 아실 전이효소(cartitine acyl transrerase)의 작용에 의해 짧은 사슬을 가지고 있는 카니틴(carnitine)을 담체로 하여 아실카니틴이 된 후 미토콘드리아의 기질로 들어가고, 이어서 기질로 들어오기 전의 역반응으로 아실 CoA가 된다(그림 13-3). 이러한 과정을 거쳐서 미토콘드리아의 기질로 들어온 지방산은 β-산화과정에 의해서 분해된다.

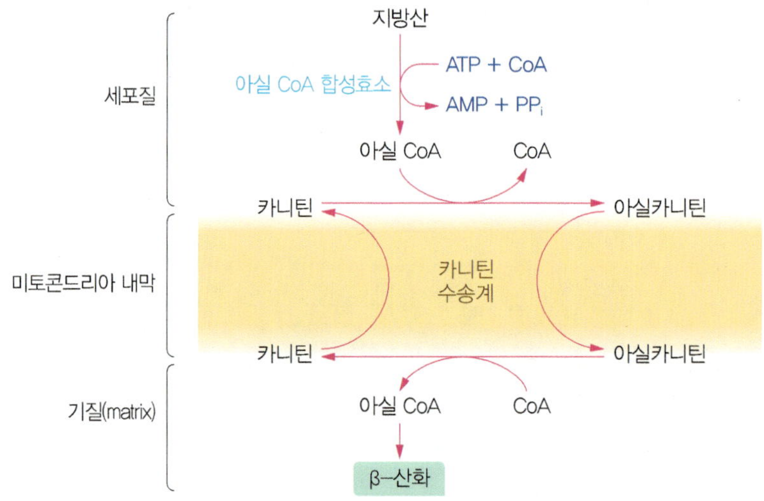

그림 13-3 **미토콘드리아 내부로 지방산의 수송**

3. 포화지방산의 β-산화

β-산화(β-oxidation)는 1사이클이 4단계로 구성되어 있으며 각 사이클마다 지방산은 탄소가 2개씩 줄어들며 마지막에는 아세틸 화합물(아세틸 CoA)이 된다. β-산화 과정을 요약하면 다음과 같다.

① 탈수소단계 : 보조효소 FAD의 도움을 받아 탈수소되어 지방산의 α, β-탄소 간에 이중결합이 형성된다.

② 수화단계 : 효소의 작용으로 물 분자가 첨가되고 β-탄소는 하이드록실화(-OH 기 첨가)된다.

③ 2차 탈수소단계 : 보조효소 NAD^+의 도움을 받아 β-하이드록실기는 β-케톤기 (C=O)로 바뀐다.

④ 개열단계 : CoA가 작용해서 α, β-탄소 간이 절단되고 탄소 수가 2개 감소된 아실 CoA와 탄소 2개의 아세틸 CoA가 형성된다.

⑤ 이때 생성된 아세틸 CoA는 탈수소단계로 되돌아가 다시 β-산화과정을 거치며 탄소가 2개 남을 때(아세틸 CoA 형태)까지 사이클을 반복한다.

이 과정에서 지방산은 점차 분해되어 아세틸 CoA 단위(탄소 2개)로 분자량이 작아진다. 이와 같이 β-위치 탄소의 산화가 반복된다고 하여 β-산화라는 이름이 붙여졌다. 그림 13-4는 β-산화의 복잡한 과정을 나타낸 것인데, 5종류의 효소와 4종류의 보조효소가 관계되고 있다.

β-탄소

탄소의 번호를 부를 때 숫자로 표현하는 법과 α, β, … 등으로 부르는 법이 있다. 카복실기가 있는 경우 바로 인접 탄소로부터 α, β, …라 부르게 된다.

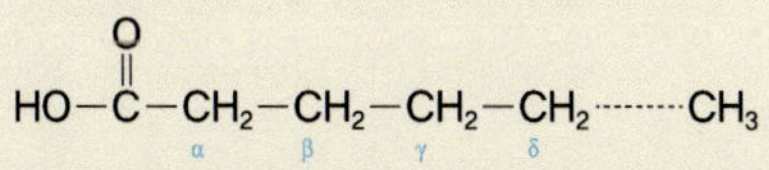

팔미트산의 산화

탄소가 16개인 팔미트산을 대상으로 β-산화과정을 연습해 보기로 하자.
팔미트산이 완전히 산화하려면 β-산화를 7번 거쳐야 한다(탄소가 16개이므로). 따라서 최종적으로 7 mol의 $FADH_2$와 NADH 그리고 8 mol의 아세틸 CoA가 생성된다. 그러므로 팔미트산의 완전한 산화과정에서 생성되는 ATP 양을 계산하면 다음과 같다.

7 $FADH_2$ × 1.5 ATP	=	10.5 ATP
7 NADH × 2.5 ATP	=	17.5 ATP
8 아세틸 CoA × 10 ATP	=	80 ATP
합계		108 ATP

한편, 팔미트산이 활성화될 때(palmitoyl CoA 형성 시) 2 mol의 ATP가 소비되는 것을 감안한다면 팔미트산 1 mol의 산화로부터 얻어지는 ATP양은 108-2=106 mol의 ATP이다. 이와 같이 지방산은 많은 양의 고에너지 화합물을 생성한다.

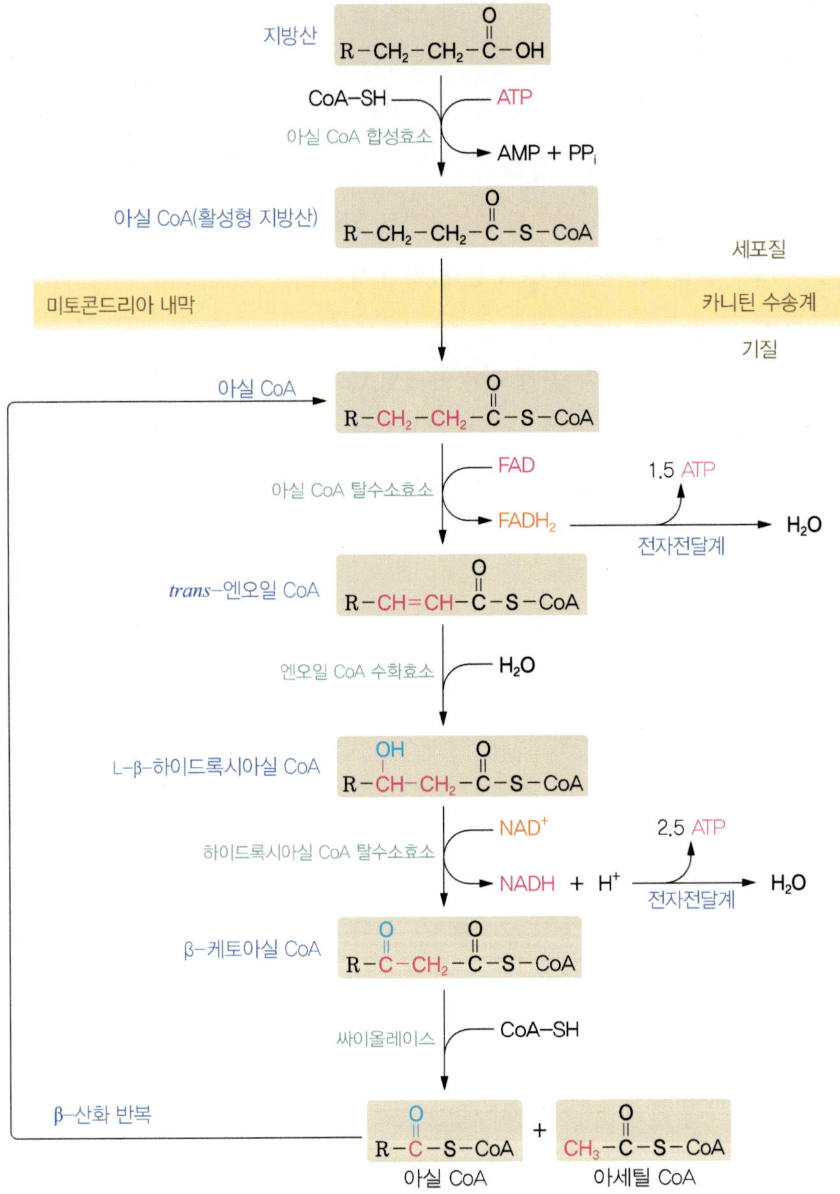

그림 13-4 **포화지방산의 β-산화과정**

4. 불포화지방산의 β-산화

이중결합을 지니는 불포화지방산의 경우 보통의 β-산화과정과 동일하게 산화과정이 진행되다가 이중결합의 2개 앞쪽 탄소에서 이성화효소의 작용으로 이중결합이 이동하여 엔오일 CoA를 형성하고 이후 동일한 β-산화과정을 거쳐 산화된다(그림 13-5). 이때 천연의 불포화지방산은 거의 시스(*cis*) 형태의 입체구조를 지니고 있기 때문에 이 부분이 β-산화되기 위해서는 트랜스(*trans*) 형태로 이성화되어야 한다. 불포화지방산의 β-산화과정에서는 원래 있던 이중결합의 숫자만큼 $FADH_2$가 생성되는 탈수소반응이 생략되므로 동일한 포화지방산에 비하여 ATP가 덜 생기게 된다. 한편, 다중불포화지방산의 경우 엔오일 CoA 환원효소(enoly-CoA reductase)가 추가로 개입되어 β-산화가 진행되는 점이 다르다.

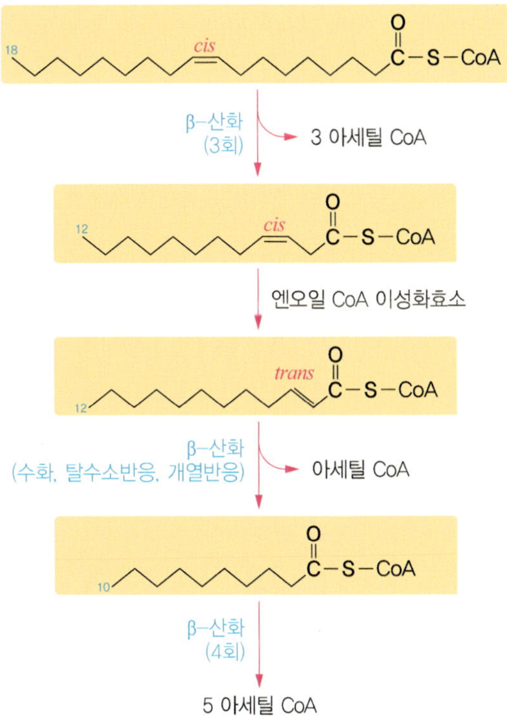

그림 13-5 **불포화지방산(올레산)의 β-산화과정**

5. 홀수 탄소 지방산의 β-산화

홀수 탄소 지방산이 산화되면 마지막에 아세틸 CoA가 아니라 프로피오닐 CoA가 생성된다(그림 13-6). 따라서 홀수 탄소를 가지는 지방산의 β-산화과정에서는 $\frac{\text{탄소 수}-3}{2}$개의 아세틸 CoA와 1개의 프로피오닐 CoA가 생성된다. 이때 형성된 프로피오닐 CoA는 석시닐 CoA(succinyl CoA)로 전환되어 TCA회로에서 대사된다.

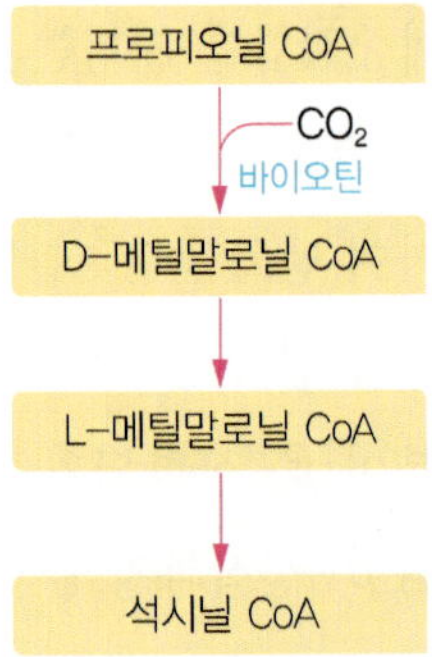

그림 13-6 **홀수 탄소 지방산의 β-산화과정**

6. 케톤체의 생성과 이용

당뇨병이 심해 혈중 포도당농도는 높으나 조직으로 포도당이 들어가지 못하거나, 간장질환 등에 의한 당질대사의 장애로 인해 옥살로아세트산(oxaloacetate)의 생성량이 부족하게 된 경우, 또는 기아상태에 의해 혈당농도가 허용 한계 이상으로 낮아질 경우 등의 상황에서는 유리지방산의 산화로 형성된 다량의 아세틸 CoA가 축적된다. 이때 과잉으로 생성된 아세틸 CoA는 다른 형태의 화합물, 이른바 케톤체(ketone body)의 형태로 대사된다(그림 13-7).

케톤체는 간의 미토콘드리아에서 아세틸 CoA로부터 생성되며 혈액을 통해 말초조직으로 이동하여 에너지원으로 사용된다. 평상시에 이들 케톤체는 일부조직에서 지방열량의 이동 형태로서 이용되어 β-산화과정을 거치지 않고 매우 간단한 과정을 통하여 빠르게 에너지를 공급하는 데 이용된다.

케톤체에는 β-하이드록시뷰티르산(β-hydroxybutyrate), 아세토아세트산(aceto-acetate), 아세톤(acetone) 등이 있는데, 건강한 사람의 경우 케톤체의 혈중 농도는 1 mg/dL 이하이다. 소변 중으로 하루에 배설되는 케톤체의 양은 1 mg 이하인데, 혈액 중에 정상 양 이상의 케톤체를 함유하게 되면 체액이 산성으로 기울고 식욕부진, 두통, 구토 등의 증상을 나타내게 된다. 케톤체가 정상치를 초과하는 경우 비교적 강한 산성을 띠는 아세토아세트산과 β-하이드록시뷰티르산이 요중으로 다량 배설될 때 Na^+와 대량의 물이 함께 배설되므로 케톤증(ketoacidosis)을 초래하고 또 탈수증상을 일으키기 쉬

우며 당뇨병 환자에 있어서 이것을 치료하지 않으면 치명적이다. 따라서 균형 있는 식사를 하여 지질 및 탄수화물대사 간에 균형을 이루는 것이 중요하다.

케톤체는 지방산 외에도 여러 가지 케톤생성성 아미노산(leucine, lysine, phenylalanine, tyrosine)으로부터도 생성된다.

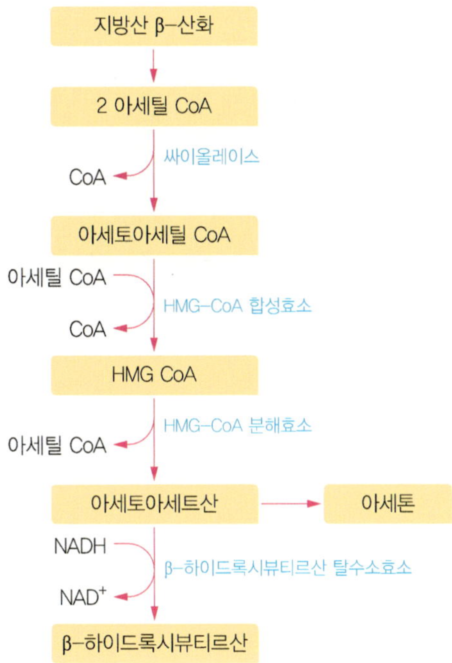

그림 13-7 **케톤체의 생성과정**

7. 포화지방산의 생합성

체내에서 이용되는 지방산의 대부분은 식이지방으로부터 공급되지만 포도당이나 케톤생성성 아미노산 등으로부터 공급되는 아세틸 CoA를 원료로 하여 합성되기도 한다. 체내에서 합성하지 못해 식이로부터 섭취해야 하는 필수지방산인 리놀레산(linoleic acid), α-리놀렌산(α-linolenic acid)을 제외하고 대부분의 지방산들은 체내에서 합성할 수 있다.

지방산의 생합성은 간과 지방조직 등의 세포질에서 진행되는데, 아세틸 CoA에

탄소 2개 단위씩 분자가 연장되면서 합성된다. 이 과정에서 탄소 3개로 된 말로닐 CoA(malonyl CoA)가 재료로 주어지고 이 중에서 탄소 2개만 합성에 사용되는데, 탄소 1개(이산화탄소)는 떨어져 나가는 반응으로 생합성이 진행된다. 지방산 합성은 환원반응으로서 이때 전자는 NADPH로부터 공급받는다.

지방산의 합성과 분해과정의 차이점을 요약하면 표 13-1과 같다.

표 13-1 지방산의 β-산화와 생합성과정의 차이점 비교

특성	β-산화과정	생합성과정
대사계 위치	미토콘드리아	세포질
대사 중간체	아세틸 CoA	아세틸 CoA와 말로닐 CoA
싸이올에스터결합	코엔자임 A	ACP(acyl carrier protein, 아실기 운반 단백질)
전자 수송체	FAD 및 NAD^+	NADPH
대사계 조건	고ADP, 기아 및 절식	고ATP, 다량의 탄수화물 섭취 시

말로닐 CoA는 아세틸 CoA 카복실레이스(acetyl CoA carboxylase)의 작용에 의해 아세틸 CoA와 CO_2로부터 생성된다(그림 13-8).

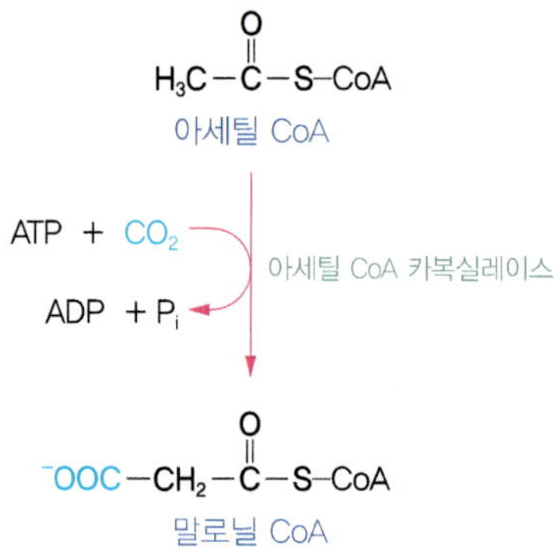

그림 13-8 말로닐 CoA 생성과정

말로닐 CoA 합성 후 지방산 합성과정은 지방산 합성효소 복합체(fatty acid synthase complex)에 의해 촉매된다. 지방산 합성효소는 종에 따라 차이는 있으나 기본적으로 지방산 합성과정에 필요한 6가지의 효소와 담체형성에 필요한 단백질로 구성되어 있다 (표 13-2).

표 13-2 **지방산 합성효소를 구성하는 효소와 단백질**

효소 또는 단백질	기능
아세틸-CoA-ACP 아실전이효소	CoA로부터 합성효소로 아실기를 운반한다.
말로닐-CoA-ACP 전이효소	CoA로부터 ACP로 말로닐기를 운반한다.
아실기 운반 단백질(ACP)	아실기와 결합한다.
β-케토아실-ACP 합성효소	아실기와 말로닐기를 축합시킨다.
β-케토아실-ACP 환원효소	케톤기를 하이드록실기로 환원시킨다.
β-하이드록시아실-ACP 탈수효소	탈수반응을 통해 이중결합을 형성한다.
엔오일-ACP 환원효소	이중결합을 환원시킨다.

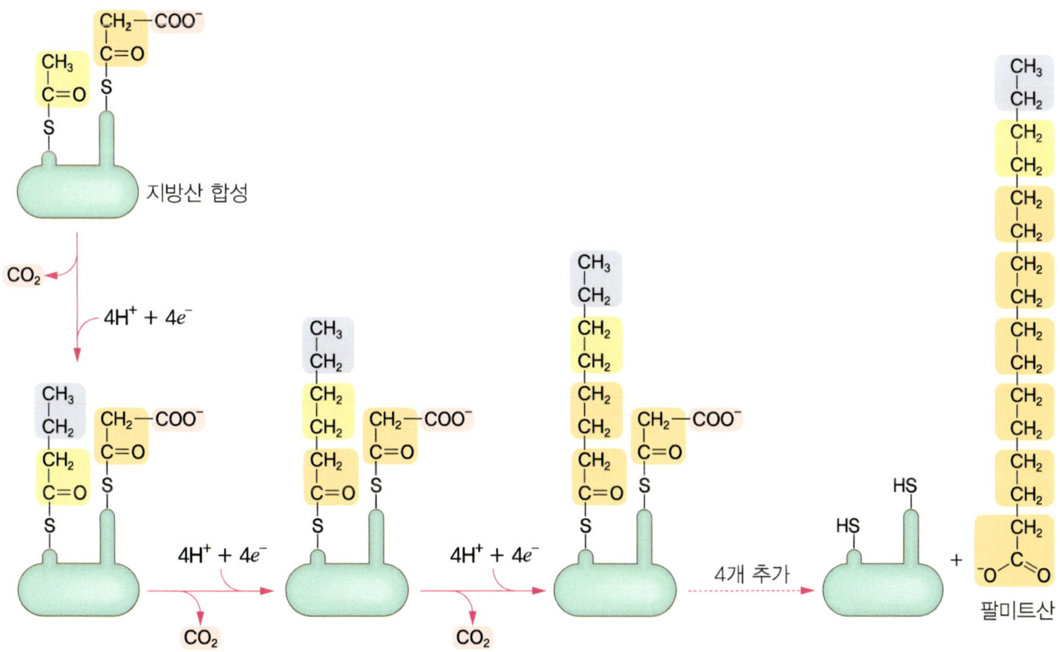

그림 13-9 **팔미트산의 생합성과정**

8. 불포화지방산의 생합성

불포화지방산의 생합성은 탈포화효소(desaturase)의 작용에 의해 포화지방산에 이중결합이 만들어져서 진행된다. 동물은 사슬의 연장과 포화지방산의 불포화과정을 통해 ω-9계열(올레산)의 불포화지방산은 합성할 수 있지만 리놀레산 및 아라키돈산, DHA 등과 같은 ω-6계열이나 리놀렌산과 같은 ω-3계열의 지방산은 생합성할 수 없다(그림 13-10). 인간은 식사로부터 섭취하는 필수지방산인 리놀레산과 α-리놀렌산으로부터 γ-리놀렌산, 아라키돈산, DHA 등을 생합성하여 이용한다.

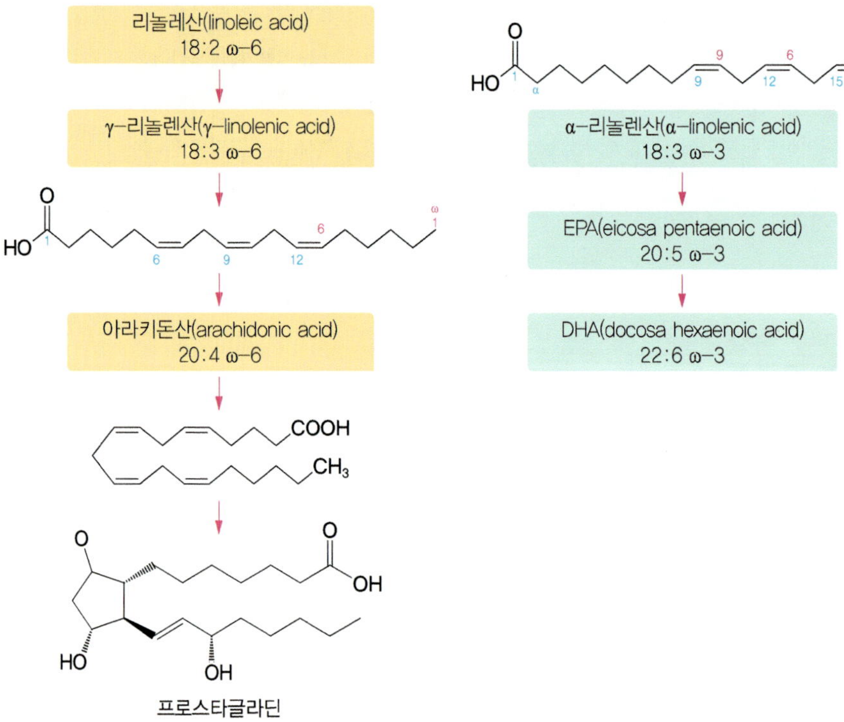

그림 13-10 필수지방산으로부터 불포화지방산의 생성과정

9. 콜레스테롤의 대사

생체 내에서 필요로 하는 콜레스테롤은 식이로부터 공급되는 것과 체내에서 합성되는 것에 의해 충당된다. 콜레스테롤은 거의 대부분의 조직에서 합성이 가능하나 간, 장, 부신, 정소 및 난소 등에서 주로 생성되며, 특히 간은 가장 대표적인 합성기관이다. 콜레스테롤은 긴 사슬의 지방산처럼 아세틸 CoA와 NADPH로부터 합성되나 그 과정은 매우 다르다. 콜레스테롤 생합성과정은 HMG CoA를 메발론산(mevalonate)으로 전환시키는 HMG CoA 환원효소(HMG CoA reductase)가 주요 속도조절단계로 작용하여 대사 조절을 받는다(그림 13-11).

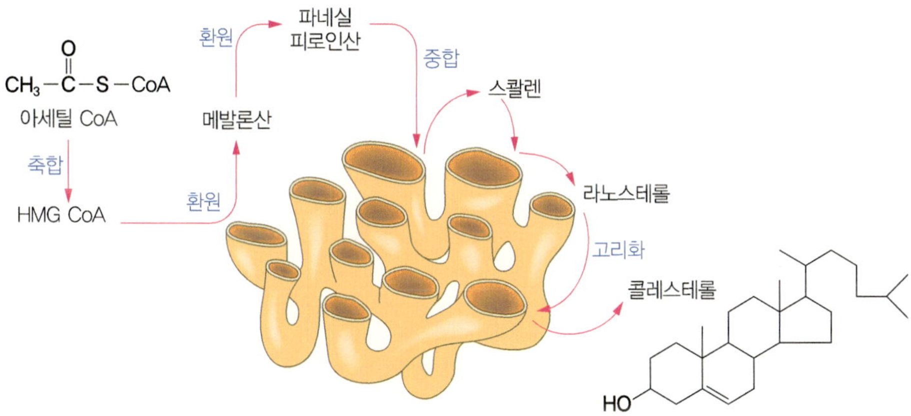

그림 13-11 콜레스테롤의 생합성과정

연습문제

❶ 다음 용어들을 간단히 설명하라.

1) 카니틴 수송계

2) 케톤증

❷ 지질의 소화과정에 대하여 설명하라.

❸ 스테아르산의 완전 산화 시 생산되는 에너지 양을 계산하라.

❹ 포화지방산과 비교하여 불포화지방산 산화 시 부가되는 반응에 대해 설명하라.

❺ 지방산의 합성과정과 분해과정의 차이점을 설명하라.

정 답

1. 1) 지방산이 β-산화되기 위해서는 아실 CoA가 미토콘드리아 기질로 이동해야 한다. 이때 아실 CoA의 형태로는 내막을 통과하지 못하므로 아실기가 카니틴과 결합하여 기질로 이동하는 과정을 말한다.
   2) 에너지원인 포도당이 부족한 경우 케톤체가 형성되는데, 다량의 케톤체는 체액을 산성화시키고 식욕부진, 두통, 구토 등의 증상을 유발하며 요중으로 다량의 케톤체가 배설된다.
2. 지질은 장에서 담즙산염에 의해 유화되고 췌장 라이페이스(lipase)의 작용으로 가수분해된다. 흡수된 지질 소화 생성물 중 대부분의 지방산과 모노글리세라이드는 소장점막에 흡수되어 다시 트라이아실글리세롤(TG) 형태로 합성된다. 그 이후 장 세포는 트라이아실글리세롤과 식이로 섭취한 콜레스테롤 및 인지질, 단백질 등을 결합하여 지단백질인 킬로마이크론(chylomicron)을 형성하고 이러한 형태로 림프계를 거쳐 혈액으로 순환하게 된다.
3. 탄소가 18개인 스테아르산이 완전히 산화하려면 β-산화를 8번 거쳐야 한다. 따라서 8 mol의 $FADH_2$와 NADH 그리고 9 mol의 아세틸 CoA가 생성된다. 그러므로 팔미트산의 완전한 산화과정에서 생성되는 ATP 양을 계산하면 다음과 같다.

8 $FADH_2$	× 1.5 ATP	= 12 ATP
8 NADH	× 2.5 ATP	= 20 ATP
9 아세틸 CoA	× 10 ATP	= 90 ATP
		합계 122 ATP

스테아르산이 CoA와 결합할 때 2 mol의 ATP가 소비되므로 총 120 mol의 ATP가 생산된다.

4. 이중결합을 지니는 불포화지방산의 경우 보통의 β-산화과정과 동일하게 산화과정이 진행되다가 이중결합의 2개 앞쪽 탄소에서 이성화효소의 작용으로 이중결합이 이동하여 엔오일 CoA를 형성하고 이후 동일한 β-산화과정을 거쳐 산화된다. 불포화지방산의 시스(*cis*) 형태의 입체구조는 β-산화되기 위해서는 트랜스(*trans*) 형태로 이성화되어야 한다.
5. 지방산의 합성은 세포질에서 이루어지며 과정 중 ACP와 결합하고 전자수송체로 NADPH를 이용하며 대사중간체로 아세틸 CoA와 말로닐 CoA를 형성한다. 지방산의 분해과정인 β-산화과정은 미토콘드리아에서 이루어지며 과정 중 CoA와 결합하고 전자수송체로 FAD 및 NAD^+를 이용하며 대사중간체로 아세틸 CoA를 형성한다.

14
아미노산대사

1. 단백질의 소화흡수
2. 아미노산의 분해

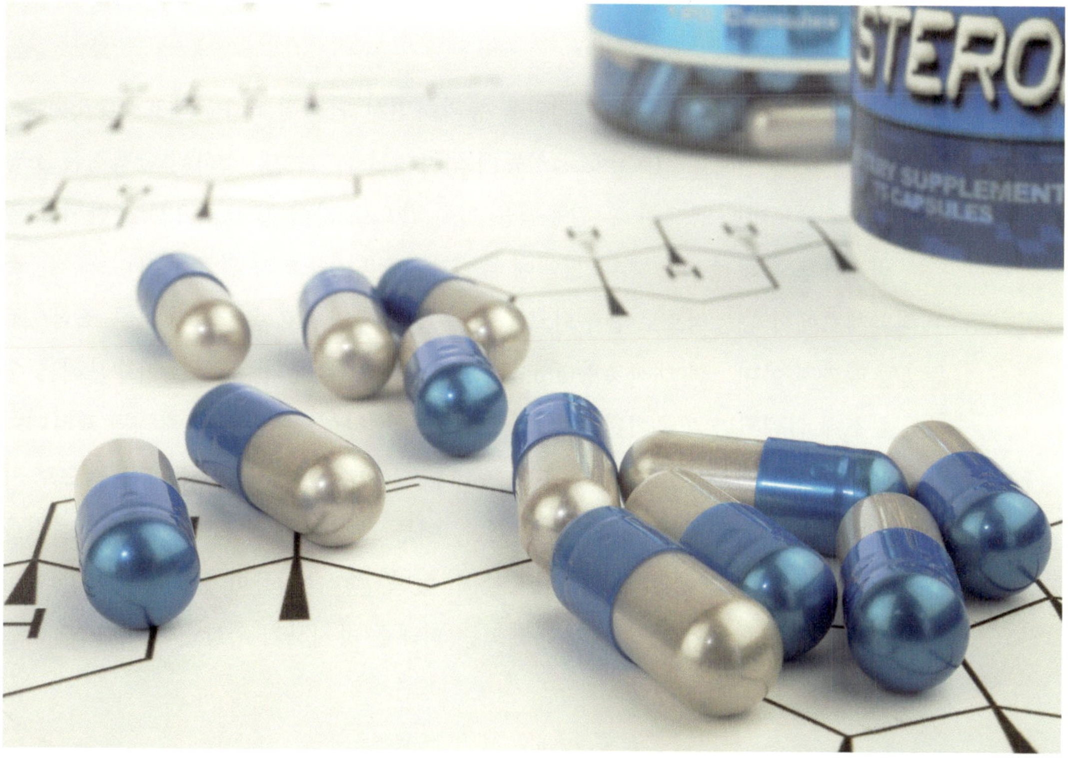

생체는 단백질이나 핵산 등 질소를 포함하는 유기물질로 되어 있을 뿐 아니라 요소, 요산, 크레아티닌(creatinine), 암모니아 등의 질소화합물을 끊임없이 몸 밖으로 배출하고 있다. 따라서 인체 내에서 단백질의 동적 평형을 유지하기 위해서는 지속적으로 질소화합물을 공급해 주어야 하는데, 그 방법은 주로 단백질이나 아미노산의 섭취로부터 얻어진다. 왜냐하면 식이성 핵산은 생체의 질소원이 되지 못하기 때문인데, 그만큼 아미노산이나 단백질의 의의가 크다고 할 수 있다.

생체 내 단백질은 근육, 혈장단백질이나 아미노산, 피부 및 각 세포 등을 구성하는 데 사용되며, 일부는 에너지를 합성하는 데 사용된다. 에너지 생합성은 아미노산의 탈아미노반응(deamination)을 거쳐서 생성된 탄소골격을 산화분해시키는 TCA회로를 통해서 이루어진다. 아미노산의 분해과정에서 생성된 암모니아는 세포 독성이 강하므로 독성이 없는 요소로 전환되어야 한다. 이것은 간에서 진행되는 요소회로(urea cycle)에서 이루어진다. 이때 합성된 요소는 신장으로 이송된 후 소변으로 배설된다. 요소 이외에도 암모니아는 크레아티닌이나 요산으로 전환되거나 소량이지만 암모니아 형태로도 직접 배설된다.

1. 단백질의 소화흡수

우리들이 섭취한 단백질은 소화기관을 통과하면서 단백질 가수분해효소(protease)와 펩타이드 가수분해효소(peptidase) 등에 의하여 소화되는데, 소화된 단백질은 소장 점막세포의 융모벽을 통과한 후 간문맥을 거쳐 간으로 가서 각 조직으로 운반되고 일부는 림프관을 통해 흉관을 지나 혈액에 들어가게 된다. 소화가 완료된 아미노산은 소장 점막세포에서 능동적으로 흡수되고 간문맥을 거쳐 간으로 운반되어 다른 조직으로 운반될 때까지 아미노산 대사총량(amino acid pool)을 이룬다. 단백질 가수분해는 순전히 효소에 의해서만 이루어진다. 이때 소단위의 펩타이드를 가수분해하는 펩티데이스 외에는 거의 모든 효소들이 전구효소(zymogen)이다. 이 전구효소는 부분적으로 가수분해되면 활성을 가지는 효소로 전환된다. 이는 조직을 구성하고 있는 체단백질을 보호하기 위한 일종의 보호 기작이라고 할 수 있다. 즉, 음식물이 있는 경우에만 활성형으로 바뀌게 됨으로써 몸 자체가 분해되는 피해를 방지하기 위함인 것이다. 단백질 가수분해효소는 분자량이 약 1만 이상의 단백질을 가수분해하는 효소를 의미하며 분자량이 1만 이하의 단백질, 즉 펩타이드들을 가수분해하는 효소를 펩타이드 가수분해효소라고 한다.

1) 가수분해효소의 종류

(1) 엔도펩티데이스

펩타이드 사슬의 중간 부분들을 가수분해하는 효소를 엔도펩티데이스(endo-peptidase)라고 한다. 즉, 펩타이드의 안쪽에 위치한 아미노산과 아미노산의 펩타이드결합만을 가수분해하는 것을 말한다.

(2) 엑소펩티데이스

펩타이드의 사슬 중 N-말단, C-말단부터 가수분해하는 효소를 말한다. 여기서 N-말단만을 찾아서 N-말단부터 아미노산을 한 잔기씩 가수분해하는 것을 아미노펩티데이스(aminopeptidase)라 하고 C-말단만을 찾아서 아미노산을 한 잔기씩 가수분해하는 효소를 카복시펩티데이스(carboxypeptidase)라 한다.

2) 소화에 관여하는 단백질의 예

(1) 펩신

펩신(pepsin)은 타이로신, 페닐알라닌, 트립토판과 같은 방향족 아미노산들의 아미노기 쪽 펩타이드결합을 가수분해한다.

(2) 트립신

트립신(trypsin)은 아르지닌, 라이신과 같이 염기성의 아미노산에 있는 카복실기 쪽의 펩타이드결합을 가수분해한다.

2. 아미노산의 분해

대부분의 아미노산은 간에서 대사되는데, 이 과정에서 생성된 암모니아의 일부는 아미노산, 뉴클레오타이드 또는 생리활성을 지닌 아민 등으로 재활용되어 이용되고, 나머지 암모니아는 주로 요소로 전환되어 배설된다. 아미노산의 탄소골격은 당질 및 지질의 합성에 이용되거나 TCA회로의 중간대사물로 전환되어 에너지대사에 이용된다(그림 14-1).

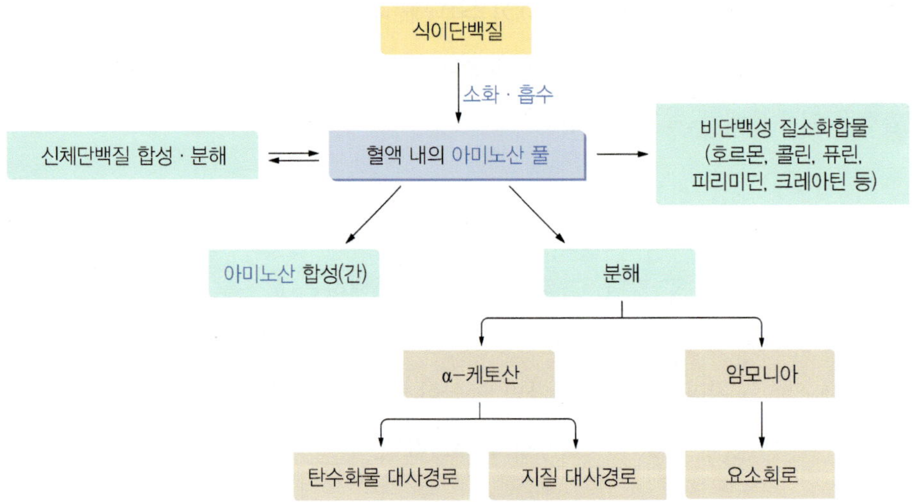

그림 14-1 질소화합물 대사 개요

1) 아미노산에서 질소의 제거

(1) α-아미노기의 전이반응

간에 도달한 대부분의 아미노산의 아미노기는 α-케토산에 전이되어 새로운 아미노산을 만들거나 요소로 전환되어 배설된다. 이때 후자에 해당하는 아미노산 분해과정의 첫 단계는 아미노기의 전이반응에 의해 진행된다.

아미노기 전이반응(transamination)이란 아미노산의 아미노기가 α-케토산(주로 α-케토글루타르산)에 전이되는 반응을 말한다. 이 반응은 아미노기전이효소(transaminase)에 의해 촉매되며 보조효소로서 피리독살인산(pyridoxal phosphate, PLP)을 필요로 한다.

$$\text{아미노산}^{1} + \alpha\text{-케토글루타르산}^{2} \underset{\text{PLP}}{\overset{\text{아미노기 전이효소}}{\rightleftharpoons}} \alpha\text{-케토산}^{1} + \text{아미노산}^{2}$$

이 보조효소는 아미노산과 시프 염기(Schiff base)를 형성하고 피리독사민 인산(pyridoxamin phosphate)으로 전환되어 아미노기 수용체인 *α*-케토산에 아미노기를 운반해 주는 역할을 한다(그림 14-2). 아미노기 전이반응은 양쪽성 반응이므로 아미노산과 *α*-케토산의 양적 균형에 의하여 반응의 방향이 정해진다. 특히, 간에서는 많은 아미노산들로부터 글루탐산 형태로 아미노기를 모으는 역할을 하는데, 이때 관여하는 효소 중에 아스파트산아미노기전이효소(aspartate aminotransferase, AST)와 알라닌아미노기전이효소(alanine aminotransferase, ALT)는 임상적으로 매우 유용하게 사용된다(그림 14-3). 왜냐하면 이들 효소는 여러 장기에 분포하여 장기마다 일정한 농도를 유지하고 있기 때문에 특정 기관에 손상이 발생하는 경우 혈액에서 검출되는 이들 효소의 농도에 변화를 나타내게 된다. 따라서 이들 효소의 활성을 측정하면 손상된 장기를 쉽게 진단할 수 있다.

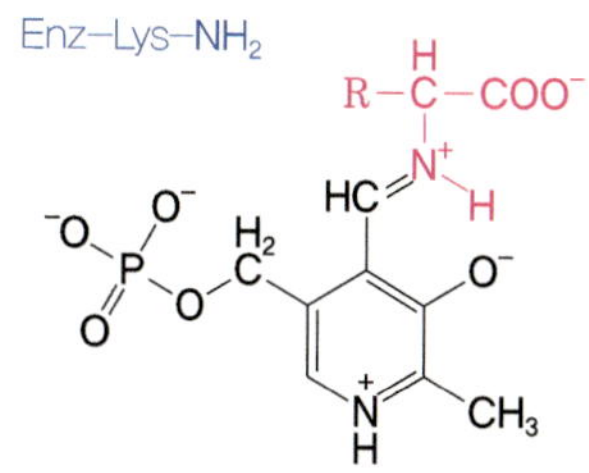

그림 14-2 아미노산과 PLP 간의 시프 염기

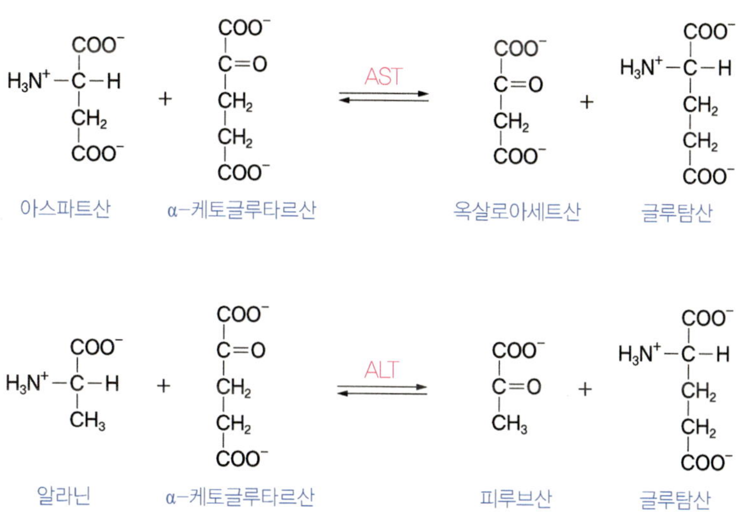

그림 14-3 AST, ALT에 의한 *α*-아미노기의 전이반응

AST · ALT 수치

혈액검사 시 반드시 포함되는 항목이 있다. 바로 AST · ALT 수치인데, 이들 수치가 높으면 간장기능에 문제가 있다는 징후로서 정밀검사를 받아야 한다. 잘 알고 있듯이 간은 우리 몸의 장기 중 가장 많은 일을 하고 있는 핵심적인 부위 중의 하나이다. 각종 영양소를 분해, 합성하여 저장하거나 에너지원으로 만들고 각종 독소를 해독하는 일 또한 간의 몫이다. AST · ALT는 아미노기 전이효소(transaminase)들이다. 그렇다면 간 기능과 이들 수치는 어떤 관계가 있는 것일까?

간세포가 손상을 받게 되면 상대적으로 간 세포 내에 높은 농도로 존재하는 AST · ALT가 혈액 중으로 흘러 들어가게 되므로 쉽게 간 기능의 이상을 발견할 수 있다는 얘기이다. 간기능 장애의 원인은 여러 가지가 있는데, 병원성 바이러스나 알코올 등에 의하는 경우가 많다. 한마디로 술은 적당히 마셔야 한다는 것이다. 급성 간기능 장해의 경우, 특히 ALT수치가 높은 것이 보통이다. AST는 ALT보다 쉽게 유출되지 않으므로 AST 수치가 매우 높다는 것은 상당한 손상을 입었다는 얘기이다. 따라서 술 마실 때 생각하면서 마셔야 할 것이다. 적당히 먹고 적당히 즐기자.

(2) 탈아미노반응

간세포에서 글루탐산은 미토콘드리아로 운반되어 글루탐산 탈수소효소(glutamate dehydrogenase)에 의해 산화적으로 탈아미노화되어 암모니아를 분리시킨다. 결과적으로 아미노기 전이반응과 산화적 탈아미노반응의 연속적인 작용에 의해 간에서 아미노산의 아미노기가 암모니아로 방출되는 것이다(그림 14-4).

신장에서는 글루타민이 글루타민분해효소(glutaminase)에 의하여 암모니아를 분리시켜 소변으로 배설한다.

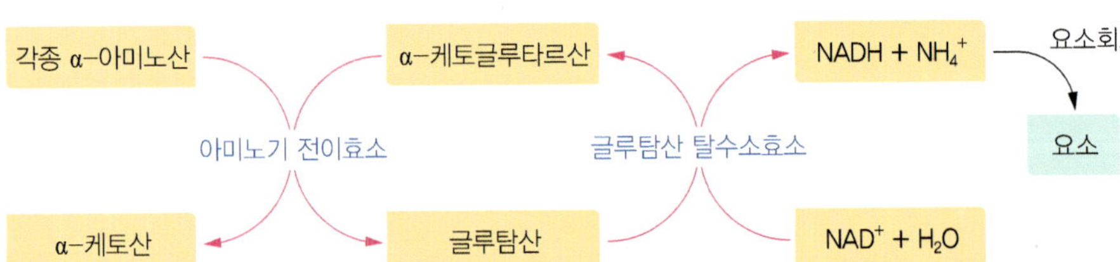

그림 14-4 α-아미노기의 전이반응과 탈수소적 탈아미노반응의 연결

2) 암모니아의 포집 및 운반

생체 pH에서 암모니아는 대부분 암모늄이온(NH_4^+) 형태로 존재하기 때문에 생체막을 통과하지 못한다. 그러나 약 1% 정도의 유리 암모니아(NH_3)는 세포막을 통과하여 뇌신경계에 독성을 나타내게 된다. 암모니아의 독성을 제거하기 위하여 인체에서는 암모니아를 포집하여 처리기관으로 운반하는 몇 가지 기작을 운용하고 있다.

(1) 글루타민 형태로 포집 및 운반

대부분의 조직에서 생성된 과잉의 암모니아는 글루타민 합성효소(glutamine synthetase)에 의해 암모니아와 글루탐산이 결합하여 암모니아의 독특한 운반 형태인 글루타민(glutamine)으로 포집된다. 글루타민은 전하를 띠고 있지 않기 때문에 세포막을 쉽게 통과하므로 뇌세포나 말초조직에서 생성된 암모니아를 포집하여 간으로 운반하는 역할을 한다(그림 14-5).

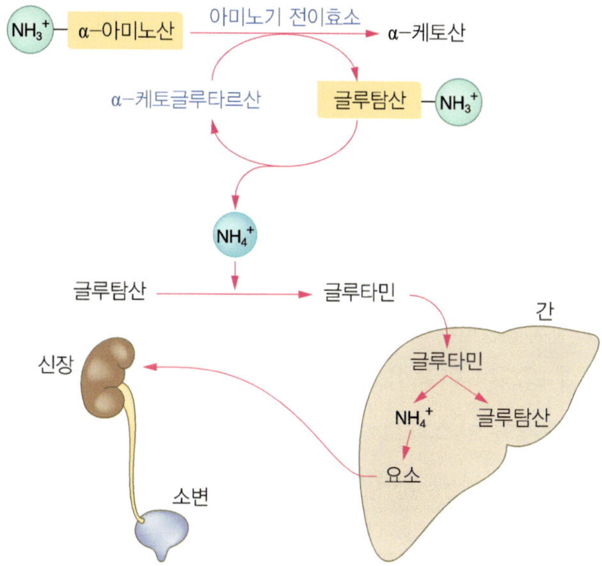

그림 14-5 아미노산 질소배설의 개요

(2) 글루코스-알라닌회로

근육조직에서 아미노산들로부터 생성된 암모니아는 먼저 **α**-케토글루타르산과 결합하여 글루탐산 형태로 포집되고, 이어서 아미노기가 피루브산으로 옮겨져 알라닌(alanine)을 생성한다. 알라닌은 독성이 없으므로 혈액을 통해 간으로 이동하여 암모니아를 방출하고, 나머지 탄소골격은 피루브산으로 전환되어 당 신생합성 경로에 의해 포도당으로 합성된 다음 근육으로 이동되어 에너지원으로 이용된다(글루코스-알라닌회로, 그림 12-3 참조).

(3) 글루탐산 형태로 포집

혈액 중 암모니아가 뇌세포에 들어오면 글루탐산 탈수소효소(glutamate dehydrogenase)에 의해 암모니아를 α-케토글루타르산과 반응시켜 글루탐산 형태로 포집하여 암모니아농도를 저하시킨다. 그러나 이 반응이 계속되면 TCA회로를 구성하고 있는 구성체를 제거하여 포도당의 산화 속도를 저하시키므로 뇌세포의 에너지 공급에 장애를 유발하게 된다.

3) 암모니아의 처리

(1) 요소회로

새로운 아미노산이나 다른 질소화합물을 합성하는 데 재사용되지 않은 아미노기는 배설 최종산물을 생성하게 된다. 이때 사람의 경우에는 세포에 대한 독성과 수분 손실을 최소화하는 요소(urea)의 형태로 전환하여 배설하게 된다. 요소회로(urea cycle)의 처음 두 반응은 간세포의 세포질에서 진행되지만 나머지 반응은 미토콘드리아의 매트리스(matrix)에서 분리되어 반응이 진행된다. 이때 요소의 아미노기는 아미노산에서 유리된 암모니아 1분자와 아스파트산에 의해 제공되며 탄소와 산소는 TCA회로나 아미노산의 탈탄산반응 등에서 생성된 이산화탄소 1분자에 의해 제공된다.

암모니아는 세포에 강한 독성을 나타내므로 이 회로는 일종의 해독기구라고 할 수 있는데, 한 분자의 요소가 합성되는 과정에서 4 mol의 ATP가 소비된다(그림 14-6). 폐기물 처리 비용이 꽤나 비싸게 드는 셈이다. 요소회로에서 생성된 요소는 간세포 밖으로 운반되어 혈액을 통해 신장으로 운반되어 소변에 섞여 체외로 배설된다. 동물은 종류에 따라 암모니아(어류, 양서류), 트라이메틸아민(일부 해수어류), 요소(포유류, 개구리), 요산(조류, 파충류, 곤충류) 등으로 질소를 배설한다.

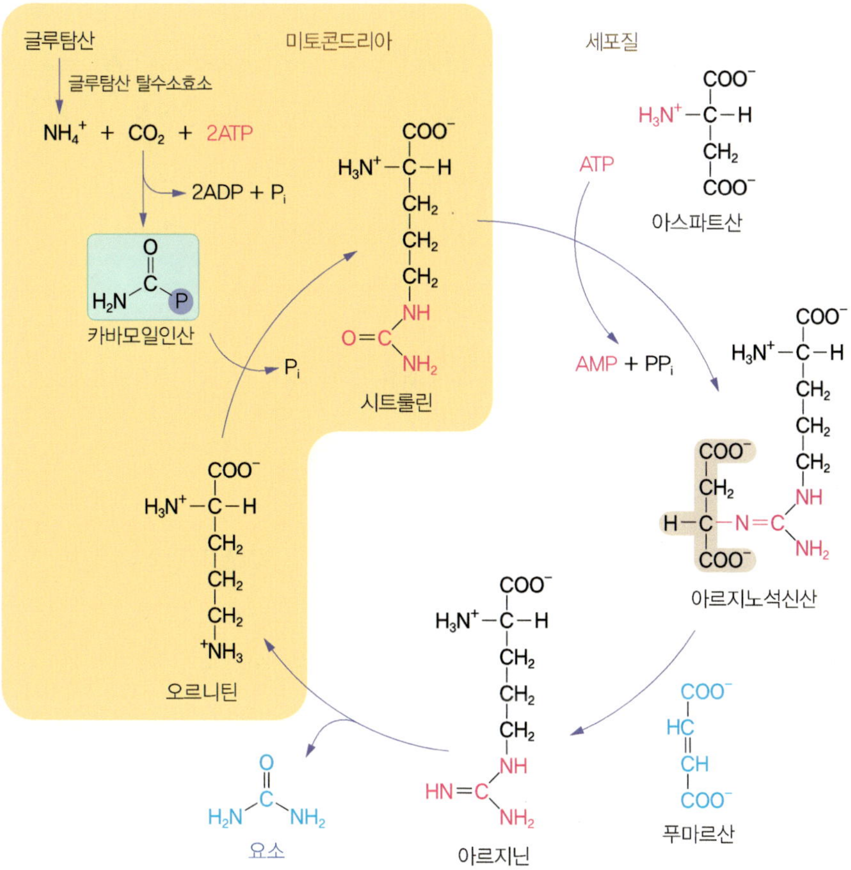

그림 14-6 **요소회로**

(2) 크레아틴 합성

크레아틴은 아르지닌, 글리신 그리고 메싸이오닌으로부터 합성된다(그림 14-7). 크레아틴은 ATP와 반응하여 크레아틴인산(creatine phosphate)이 되는데, 크레아틴인산은 혐기적 조건하에서 근수축 시 ADP가 증가하면 ATP를 재생하여 근수축의 에너지원으로 이용되고 크레아티닌으로 전환된다(소변으로 배설).

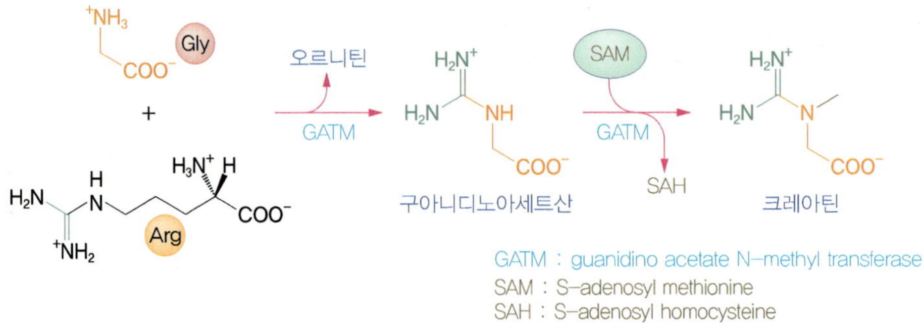

그림 14-7 **크레아틴 합성과정**

4) 아미노산 탄소 사슬의 대사

아미노산의 탄소골격은 대사되기 위해 당질대사나 지질대사 경로에 유입되어 이용되는데, 이를 분류해 보면 대사과정에서 ① 피루브산, ② 아세틸 CoA, ③ 아세토아세틸 CoA(이것은 아세틸 CoA로 분해된다), ④ TCA회로 중의 여러 중간대사물(α-케토글루타르산, 석시닐-CoA, 푸마르산, 옥살로아세트산) 등으로 대사된다(그림 14-8). 피루브산이나 또는 TCA회로 중간대사물로 분해되는 아미노산은 포도당을 합성하는 데 쓰일 수 있는데, 이들 아미노산을 당원성 아미노산(glucogenic aminoacid)이라고 한다. 한편, 아세토아세틸 CoA와 같이 케톤체가 된 다음 아세틸 CoA를 거쳐 지질대사 경로에 합류하는 아미노산을 케톤생성성 아미노산(ketogenic amino acid)이라고 한다. 그러나 이들 분류에는 매우 모호한 점이 있다. 케톤생성성 아미노산인 라이신, 류신은 유리형의 아세토아세틸 CoA를 생성하지만 페닐알라닌, 타이로신, 아이소류신, 트립토판 등은 케톤생성성도 되고 당원성도 되는 양원성 아미노산으로 분류된다(표 14-1).

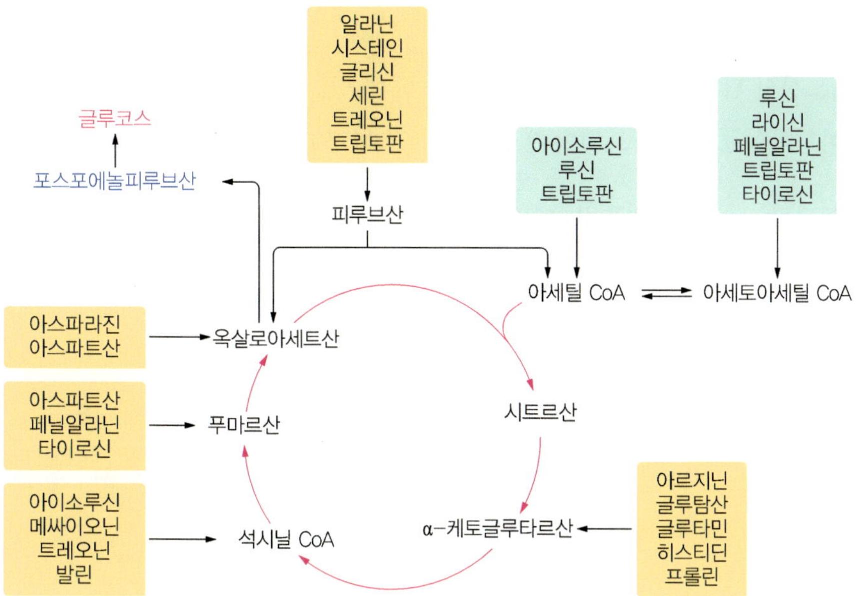

그림 14-8 아미노산의 이화과정

표 14-1 분해 경로에 따른 아미노산의 분류

케톤생성성	케톤생성 및 당원성	당원성
루신(leucine) 라이신(lysine)	아이소루신(isoleucine) 페닐알라닌(phenylalanine) 트립토판(tryptophan) 타이로신(tyrosine)	알라닌(alanine) 아르지닌(arginine) 아스파트산(aspartate) 아스파라진(asparagine) 시스테인(cysteine) 글루탐산(glutamate) 글루타민(glutamine) 글리신(glycine) 히스티딘(histidine) 메싸이오닌(methionine) 프롤린(proline) 세린(serine) 트레오닌(threonine) 발린(valine)

5) 신경전달물질의 합성

아미노산의 탈탄산반응과 관련하여 인체 내에 중요한 역할을 하는 신경전달기능을 지닌 아민화합물 등이 유도되어 생성된다(그림 14-9).

① 도파민, 노르에피네프린, 에피네프린을 포함하는 카테콜아민류는 타이로신으로부터 생성된다.

② γ-아미노뷰티르산(γ-aminobutyrate, GABA)은 중추신경계에서 억제성 신경전달물질로서 글루탐산으로부터 생성된다.

③ 세로토닌은 트립토판에서 생성된다.

④ 히스타민은 알레르기와 염증반응 등에 관여하는데, 히스티딘으로부터 생성된다.

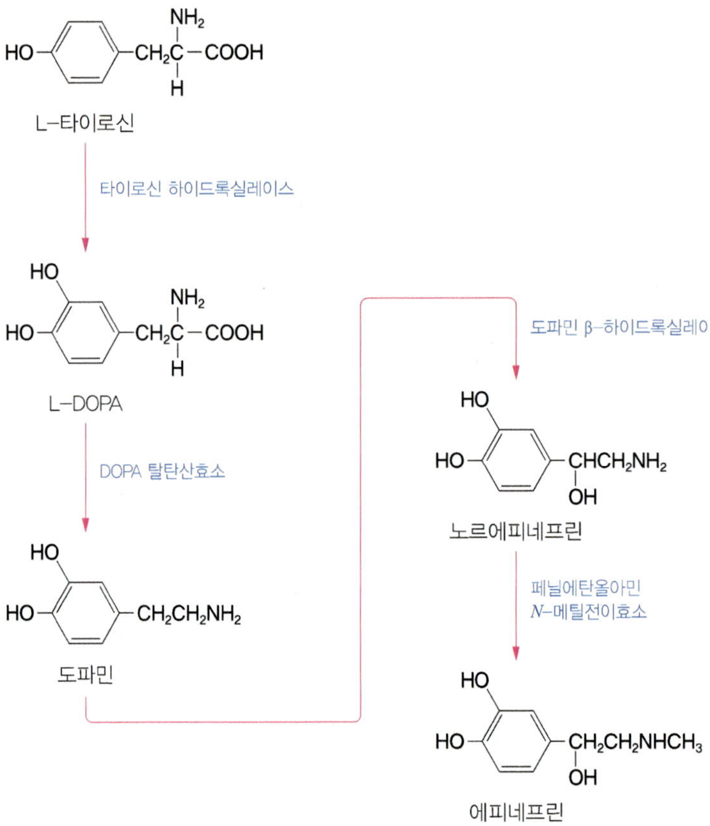

그림 14-9 몇 가지 카테콜아민의 생합성과정

연습문제

❶ 간기능검사 항목 중에서 혈액의 GPT, GOT 수치를 확인한다. GPT와 GOP는 어떤 인자인가?

❷ 아미노기 전이반응에서 아미노산으로부터 아미노기를 받아들이는 화합물은 무엇인가?

❸ 요소회로의 생리적 의미는 무엇인가?

❹ 당원성 아미노산과 케토원성 아미노산들을 구분하라.

❺ 아미노산으로부터 생성되는 신경전달물질들은 어떤 것들이 있는가?

❻ 질소평형(nitrogen balance)이란 무엇인가?

정 답

1. 둘다 아미노기전이효소로서 각각 glutamate-oxaloacetate transaminase(GOT)와 glutamate-pyruvate transaminase(GPT) 이다.
2. α-케토글루타르산
3. 요소회로는 아미노산대사에서 생성된 독성의 암모니아와 체내 대사생성물인 CO_2를 무독성의 요소로 전환하여 체외로 배설시킨다.
4. 표 14-1 참조
5.

아미노산	신경전달물질
타이로신	도파민, 노르에피네프린, 에피네프린
글루탐산	γ-아미노뷰티르산(GABA)
트립토판	세로토닌
히스티딘	히스타민

6. 질소평형이란 섭취질소총량과 배설질소총량(대·소변, 피부, 손톱, 모발)의 차이를 말한다. 배설질소총량이 섭취질소총량보다 작으면 양의 질소평형이며 성장기 어린이, 임산부, 회복기 환자 등이 해당한다. 반대의 경우인 음의 질소평형은 단백질 섭취 부족, 열성질환, 전염병, 소모성질환 환자, 화상, 수유, 갑상선기능항진 등의 경우이다.

15 뉴클레오타이드의 대사

1. 퓨린 뉴클레오타이드의 대사
2. 피리미딘 뉴클레오타이드의 대사

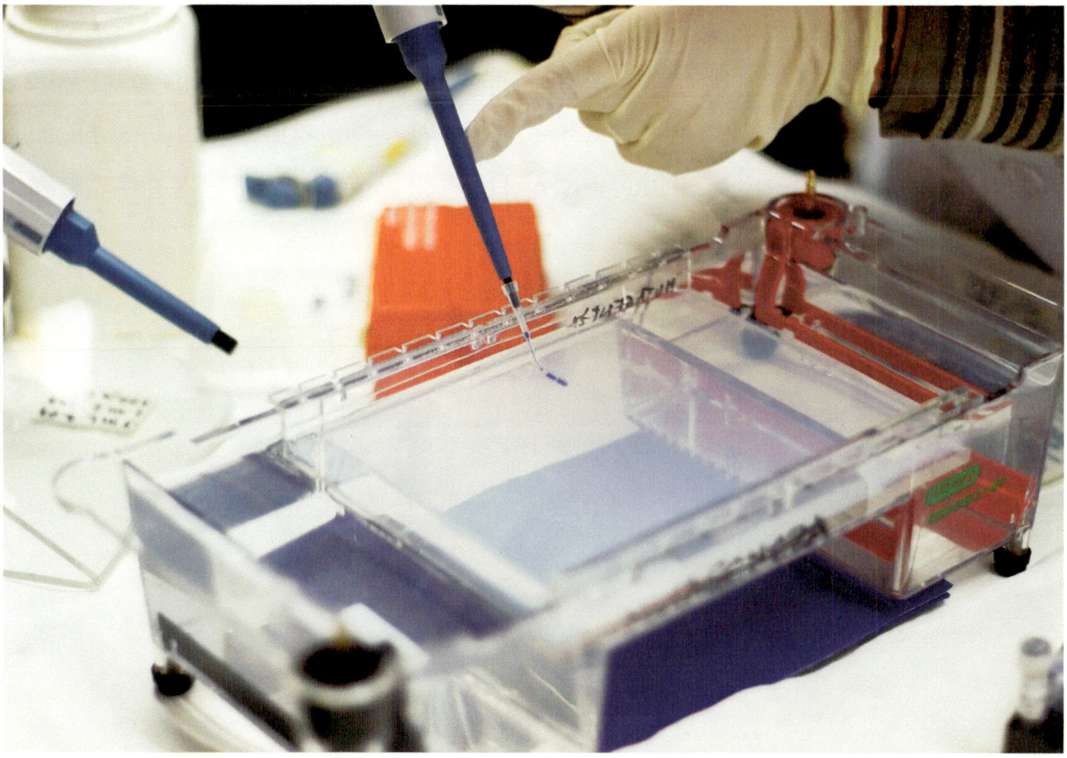

뉴클레오타이드는 세포의 성장과 발달에 필요한 질소 함유물질로서 핵산을 구성하는 단위체이며 보조효소 및 에너지 저장물질로서의 역할 등을 담당하고 있다. 앞에서 살펴본 바와 같이 뉴클레오타이드는 질소를 포함하고 있는 염기와 인산 그리고 오탄당으로 구성되어 있다. 이 중 인산은 음식물 및 체내에 다량 존재하므로 쉽게 얻을 수 있으며 리보스와 데옥시리보스는 포도당 및 다른 대사물질로부터 얻어진다. 따라서 이 장에서는 특별히 퓨린 염기와 피리미딘 염기의 대사에 대해서만 살펴보고자 한다. 퓨린 및 피리미딘 염기는 재생 경로(salvage pathway) 또는 신생합성 경로를 통해 합성되며, 분해되면 퓨린(purine)은 요산으로 피리미딘(pyrimidine)은 β-알라닌, β-아미노아이소뷰티르산, NH_3 및 CO_2를 형성한다.

1. 퓨린 뉴클레오타이드의 대사

1) 퓨린 뉴클레오타이드의 생합성

퓨린 뉴클레오타이드(purine nucleotide) 신생합성 경로에서 퓨린 고리는 많은 전구체로부터 여러 단계의 합성 경로를 통하여 합성된다. 글리신, CO_2, 테트라하이드로폴산(tetrahydrofolate, THF) 유도체는 탄소골격을 제공하고 아스파트산과 글루타민은 질소원자를 공급한다(그림 15-1). 퓨린 뉴클레오타이드의 생합성과정은 그림 15-2와 같이 HMP 경로에서 유래한 리보스-5-인산에서 5-인산리보실피로인산(5-phospho ribosyl pyrophosphate, PRPP)을 합성하는 과정에서부터 시작하는 복잡한 경로를 거쳐 진행된다.

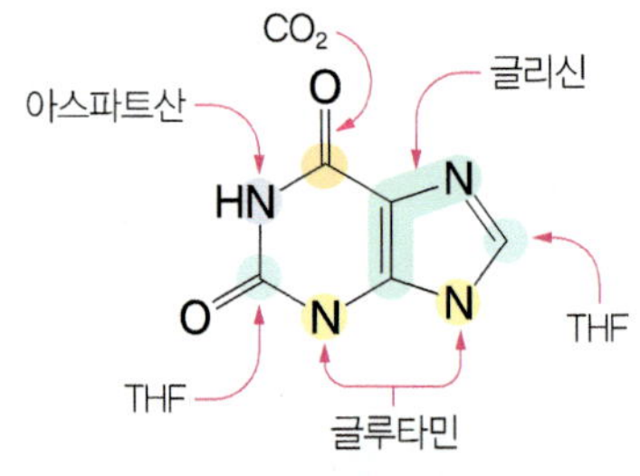

그림 15-1 퓨린 고리를 구성하는 원자의 기원

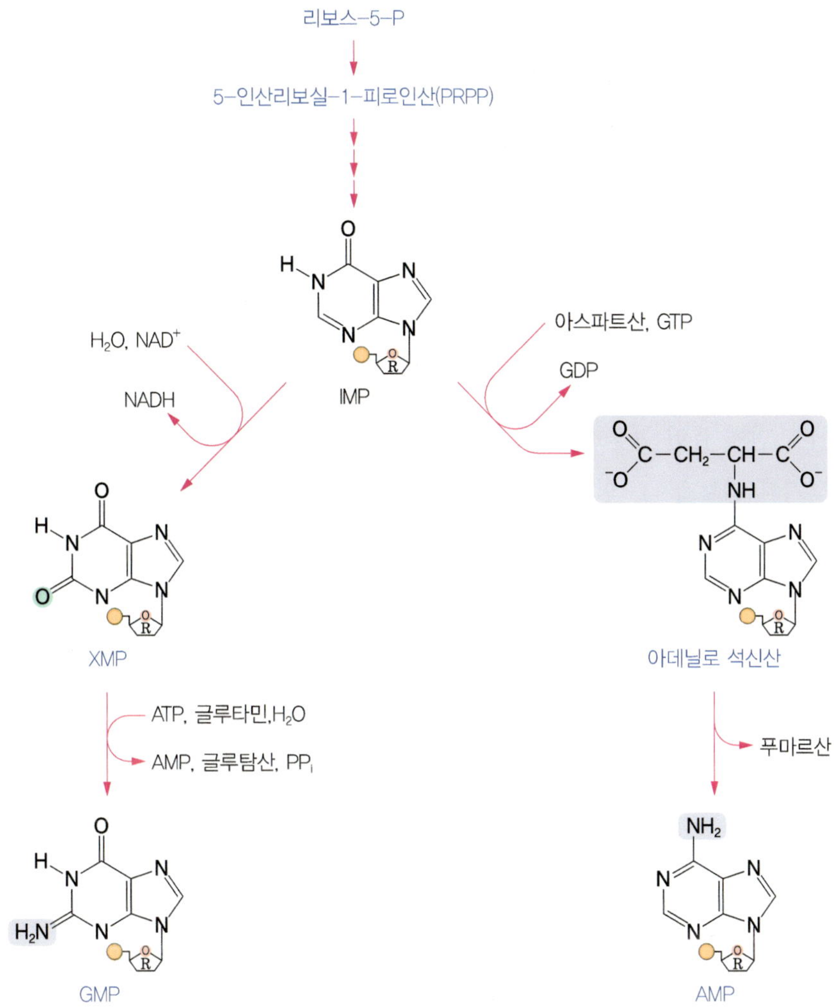

그림 15-2 퓨린 뉴클레오타이드의 생합성과정

2) 퓨린 뉴클레오타이드의 재생 경로

뉴클레오타이드의 신생합성과정은 많은 에너지를 필요로 하기 때문에 섭취한 음식물로부터 유리되거나 또는 대사과정에서 생성된 아데닌, 구아닌 및 하이포잔틴과 같은 퓨린 염기를 재생 경로(salvage pathway)로 활용한다(그림 15-3).

리보스-5-P + PRPP ⟶ IMP + PP_i

구아닌 + PRPP ⟶ GMP + PP_i

아데닌 + PRPP ⟶ AMP + PP_i

그림 15-3 퓨린 뉴클레오타이드의 재생 경로

3) 퓨린 뉴클레오타이드의 분해

퓨린 유도체는 특정 효소에 의해 연속적으로 분해되어 최종적으로 요산(uric acid)을 형성한다. 먼저 퓨린 뉴클레오타이드는 효소 작용에 의해 뉴클레오시드로, 그리고 이어서 염기와 리보스-1-인산으로 가수분해된다. 이때 염기들은 잔틴(xanthine)을 거쳐 요산으로 전환되어 대사된다(그림 15-4). 일반적으로 식이 퓨린은 조직의 핵산 합성에 많이 이용되지 않기 때문에 대부분 요산으로 전환되는데, 퓨린대사의 결함에 따라 요산의 과잉 생성 또는 요산의 배설 저하로 혈액에 요산 농도가 높아지면(과요산혈증) 관절 안쪽과 주위에 요산나트륨 결정이 침착되어 급성 염증과 함께 심한 통증을 유발하게 되고(통풍, 급성관절염) 신장에 요산 결석을 형성할 수 있다.

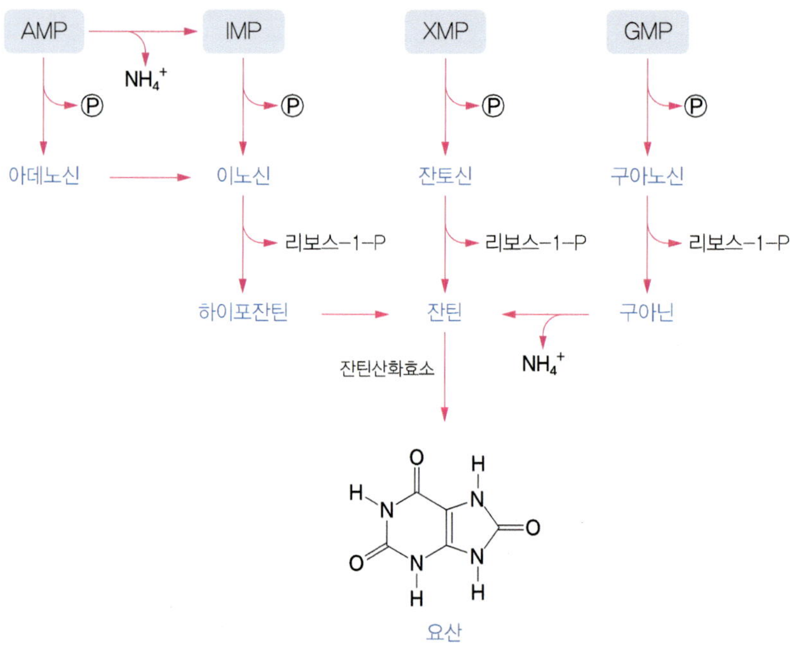

그림 15-4 퓨린 뉴클레오타이드의 분해과정

2. 피리미딘 뉴클레오타이드의 대사

1) 피리미딘 뉴클레오타이드의 생합성

피리미딘(pyrimidin) 골격의 생합성에는 그림 15-5에서 보는 바와 같이 아스파트산, NH_3 및 CO_2가 필요하다. 암모니아 및 이산화탄소는 글루타민으로부터 유래되며 이로부터 카바모일인산(carbamoyl phosphate)이 형성되고 이것이 아스파트산과 축합된 다음 고리가 만들어지며, 산화 등의 과정을 거쳐 유라실(uracil)이 형성된다(그림 15-6). 사이토신(cytosine)이나 티민(thymine)은 유라실로부터 생성된다.

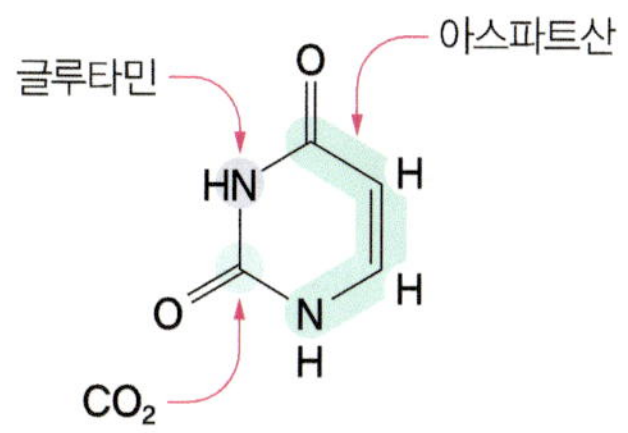

그림 15-5 피리미딘 골격의 기원

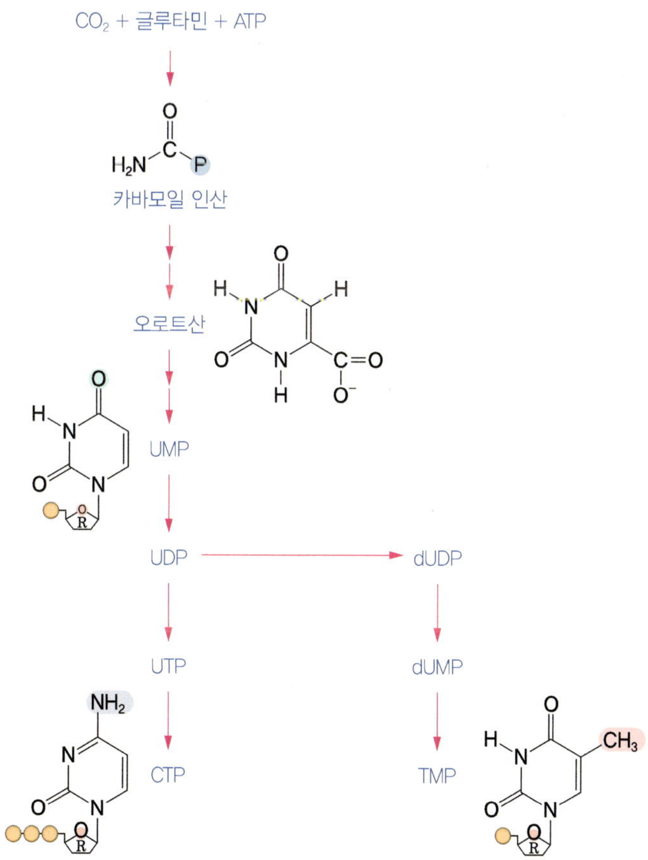

그림 15-6 피리미딘 뉴클레오타이드의 생합성과정

2) 피리미딘의 분해

인체에 있어 분해되지 않는 퓨린 고리와는 다르게 피리미딘 고리는 분해되어 매우 잘 녹는 생성물인 β-알라닌(β-alanine)과 β-아미노아이소뷰티르산(β-aminoisobutyrate)을 거쳐 최종적으로 암모니아와 이산화탄소로 대사된다(그림 15-7). 유라실은 β-알라닌, NH_3 및 CO_2가 되고 티민은 β-아미노아이소뷰티르산, NH_3 및 CO_2로 분해된다. 사이토신은 먼저 탈아미노화되어 유라실로 전환된 후에 대사된다.

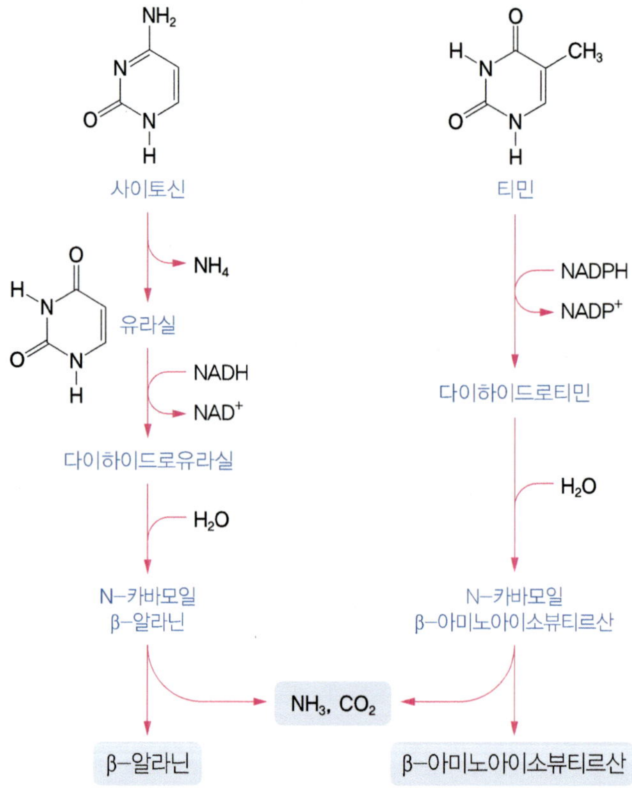

그림 15-7 피리미딘의 분해과정

연습문제

❶ 다음 중 생합성 시 엽산을 필요로 하는 뉴클레오타이드는 무엇인가?

① ATP ② TTP ③ GTP ④ CTP

❷ 퓨린 염기의 분해 시 생성되어 통증을 유발시키는 원인이 되는 물질은 무엇인가?

❸ 피리미딘 염기 분해 시 소변에서 검출되는 것은 무엇인가?

① β-알라닌 ② 요산 ③ β-아미노아이소뷰티르산 ④ 요소

❹ 피리미딘 염기의 생합성에서 출발물질은 무엇인가?

① CMP ② 글리신 ③ 글루탐산 ④ 오로트산 ⑤ 카바모일인산

❺ 퓨린과 피리미딘의 생합성에 공동으로 이용되는 물질은 무엇인가?

① 아스파트산 ② THF ③ 이산화탄소 ④ 글리신

❻ 인체 내에서 요산이 만들어지는 곳은 어디인가?

정답

1. ①, ③
2. 요산(uric acid)
3. ①, ③
4. ⑤
5. ①, ③
6. 간(퓨린 염기의 최종 산물인 요산은 간에서 생성되어 신장을 거쳐 소변으로 배설된다)

APPENDIX

부록

I. pH 측정과 이온화 상수
II. 아미노산의 정색반응
III. 단백질의 분리/정제 및 아미노산 서열 결정법
IV. 혈액
V. 기타

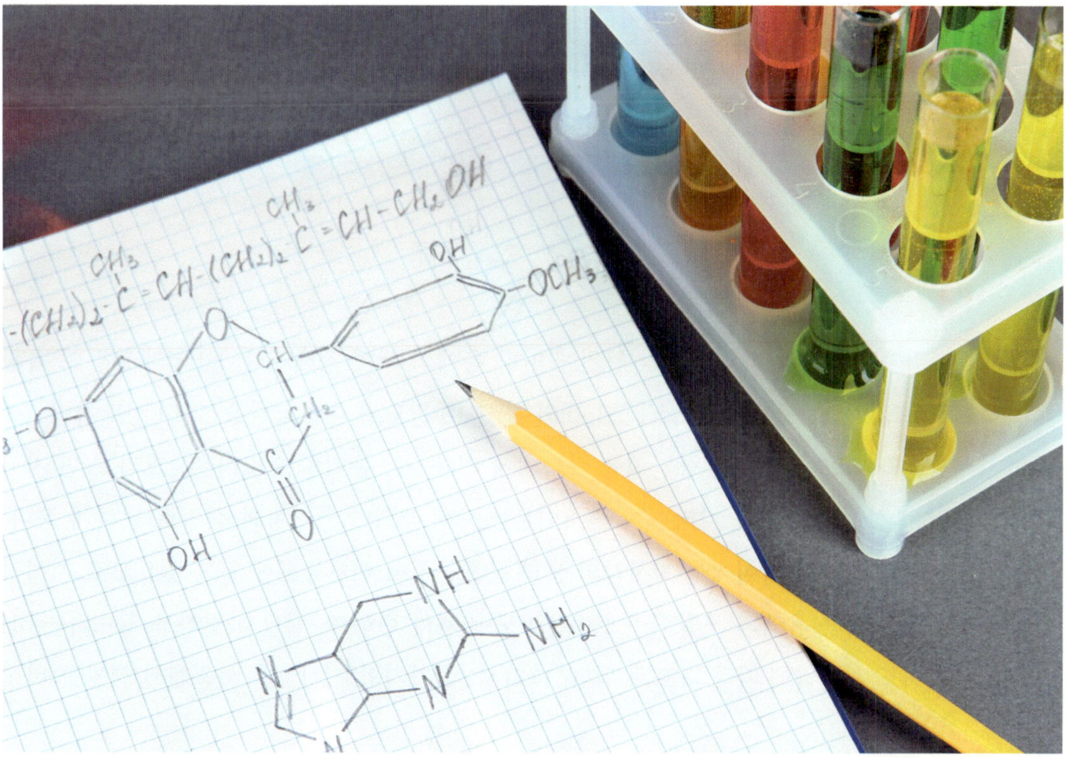

I. pH 측정과 이온화 상수

산-염기 지시약과 유리전극 pH미터로 수용액의 pH를 측정하면 산·염기의 이온화 상수를 결정할 수 있다. 제3장에서 살펴본 바와 같이 pH는 용액의 산성 또는 알칼리성의 정도를 나타내는 수단으로 몰농도로 나타낸 수소이온농도의 역수를 취한 값의 대수값을 의미한다.

$$pH = -\log[H^+]$$

pH를 측정하는 방법은 여러 가지가 있으나 산·염기 지시약이 수소이온농도에 의하여 변색되는 것을 보고 pH를 결정하는 방법과 pH미터를 이용한 전기적 측정법이 가장 널리 사용된다.

1. 지시약을 사용한 pH 측정

우리가 지시약을 사용하여 용액의 pH를 추정할 수 있는 것은 pH지시약이 프로톤(proton)화된 상태와 해리된 상태의 초기 흡수 스펙트럼이 다르기 때문이다. 산-염기 지시약은 산형과 그의 짝 염기형이 다른 색깔을 나타내는 약한 산 혹은 약한 염기이며 산형인 HInd와 염기형인 Ind^-의 농도는 지시약의 해리상수와 관련된다.

$$\text{HInd(색A)} \rightleftharpoons H^+ + \text{Ind}^-\text{(색B)}$$

$$K_{HInd} = \frac{[H^+][Ind^-]}{[HInd]}$$

위 반응식에서 해리평형의 위치에 따라 용액의 색이 정해진다. HInd와 Ind^-의 흡광도 크기가 비슷하다면 $[Ind^-]/[HInd]$의 값이 10 정도일 때는 B색을, 1/10 정도이면 A색을, 그리고 1 정도이면 중간색을 나타내게 된다. 즉, 용액의 수소이온농도가 크면 지시약은 산형의 색깔을 나타내며 수소이온농도가 작으면 염기형의 색깔로 변하게 된다. 산형과 염기형 사이에서 지시약의 분자 분포는 수소이온농도에 달려 있으므로 지시약을 포함하는 용액의 색깔도 수소이온농도에 따라 변하며, 색깔의 변화를 일으키는 pH 범위도 지시약에 따라 다르게 된다. 따라서 몇 가지의 지시약을 사용해서 색깔을 비교함으로써 대략적인 pH값을 알아낼 수 있는 것이다. 표 1에는 여러 가지 지시약의 변색 범위를, 표 2에는 각 지시약들의 pH 조건이 변화함에 따라 어떤 색을 나타내는지를 각각 표시하였다. 일반적으로 지시약은 유기화합물이기 때문에 극성이 큰 원자단($-SO_3H$, $-COOH$ 등)을 가진 것은 물에 잘 녹지만 그렇지 않은 것들은 알코올과 같은 극성이 작은 용매에 녹여서 사용하는데, 보통 적정용액 약 100 mL에 대하여 약 0.1% 정도로 조제한 지시약 용액 2~3방울씩을 넣어 사용한다.

표 1 지시약의 변색 pH 범위

지시약	변색범위(pH))
티몰블루	1.2~2.8
브로모페놀블루	3.0~4.6
메틸오렌지	3.2~4.4
브로모크레졸	3.8~5.4
메틸레드	4.4~6.2
브로모크레졸퍼플	5.2~6.8
브로모티몰블루	5.3~6.8
페놀레드	6.8~8.2
크레졸레드	7.2~8.8
페놀프탈레인	8.3~10.0
티몰프탈레인	9.4~10.6
알리지린옐로 R	10.0~12.0
인디고카민	11.4~13.0

표 2 pH에 따른 지시약의 색

지시약 \ pH	1	2	3	4	5	6	7	8
브로모페놀블루	노란색	진레몬색	레몬색	연보라	보라	보라색	보라색	연연보라
메틸레드	다홍색	분홍색	분홍색	연분홍	연분홍	연주황	레몬색	레몬
브로모크레졸퍼플	진레몬색	연레몬색	레몬색	연레몬색	연레몬	연연보라	연보라	연보라
브로모티몰블루	레몬색	레몬색	노란색	레몬색	레몬색	연레몬색	초록색	연파랑
페놀레드	주황색	노란색	레몬색	노란색	진레몬	노란색	주황색	분홍
페놀프탈레인	무색	무색	무색	무색	무색	무색	무색	무색

2. pH미터를 사용한 pH 측정

pH미터는 시료 용액에 전극을 잠기게 한 후 이때 발생되는 전위를 측정하여 수소이온농도를 측정하는 기기이다. pH미터를 사용한 전기적 측정방법은 용액 속에 담근 지시전극(indicator electrode)과 기준전극(reference electrode) 간의 전위차를 측정하여 pH를 결정하는 방법이다. 이때 지시전극은 용액의 pH 변화에 비례하여 전위가 변하는 특성을 지니고 있다. 지시전극에는 수소전극, 퀸히드론전극, 안티몬전극, 유리전극 등이 있는데, 일반적으로 유리전극이 가장 널리 사용되고 있다. 표준이 되는 기준전극은 수소전극(hydrogen electrode)이지만 사용하기가 불편하므로 유리전극의 내부전극과 같은 종류, 같은 조성을 가진 포화 칼로멜 전극(saturated calomel electrode)이 보통 사용된다. 이 전극은 용액의 pH와 관계없이 일정한 전극전위를 나타내는 특징이 있다. 최근에는 기준전극과 유리전극을 하나로 만든 복합전극이 많이 사용되고 있다(그림 1).

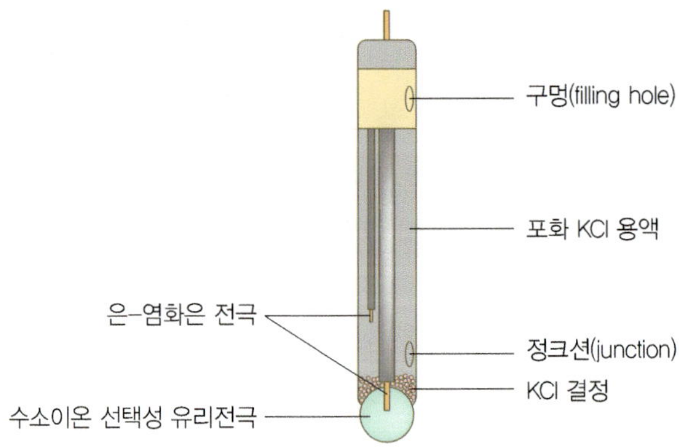

그림 1 **pH미터 전극(복합전극)**

pH미터를 사용할 때에는 반드시 pH미터를 보정한 후에 사용해야 한다. pH미터의 보정(calibration)이란 표준 완충용액의 pH를 pH미터가 정확히 인식하여 정해진 값으로 읽도록 맞춘 후, 이를 근거로 하여 pH미터 자체에서 기계적으로 검량선을 작성하는 작업을 말한다. 즉, 표준 완충용액에 전극을 담그고 측정한 전위값과 pH값과의 상관관계를 검량선으로 작성하고 이 검량선을 이용하여 미지의 시료에서 측정된 전위값을

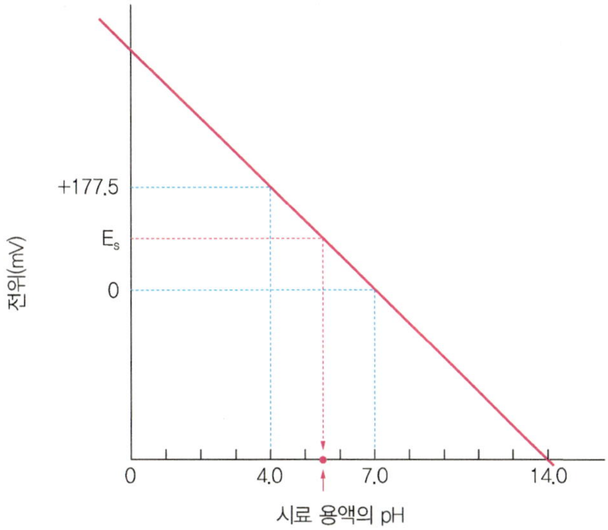

그림 2 pH미터의 보정

pH값으로 환산하여 나타내는 것이다. 이때 시료 용액이 산성일 때는 pH 7.0과 4.0 사이, 시료가 염기성일 때는 pH 7.0과 10.0 두 종류의 표준 완충용액 쌍을 일반적으로 사용한다(그림 2). pH 보정용 표준 완충용액은 장기간 보존하게 되면 pH가 변화될 수 있기 때문에 주기적으로 폐기하고 새로운 용액을 사용해야 하는데, 일반적으로 한번 대기 중에 방치했던 표준 완충용액은 다시 사용하지 않는다.

II. 아미노산의 정색반응

1. 닌히드린반응

아미노산은 산화제인 닌히드린(ninhydrin)과 반응하여 암모니아를 생성한다. 이때 생성된 암모니아는 닌히드린 및 환원형 닌히드린과 함께 결합하여 570 nm에서 흡광 특성을 지니는 자색의 화합물을 형성한다(그림 3). 이 반응은 모든 아미노산에 공통적인 반응이므로 아미노산의 정성 및 정량분석에 널리 이용되고 있다.

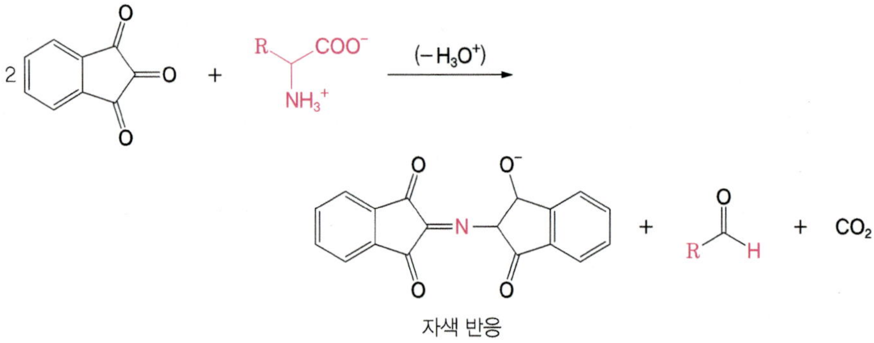

그림 3 닌히드린반응에 의한 아미노산의 검출

2. DNFB(2,4-다이니트로플로오르벤젠)반응

DNFB(2,4-dinitrofluorobenzene)는 아미노산의 아미노기와 반응하여 황색의 화합물을 생성한다. DNFB는 폴리펩타이드의 N-말단 아미노기와도 반응하므로 생거(Sanger)의 DNP법이라고도 불리고 있으며, 단백질의 N-말단 아미노산 분석에 이용되고 있다.

3. 기타 정색반응

표 3과 같이 아미노산에 대한 정색반응은 특정 아미노산의 정성 및 정량분석에 널리 활용되고 있다.

표 3 아미노산 및 단백질의 정색반응

아미노산	반응명	반응시약	색깔
타이로신	밀론(Millon)반응	$HgNO_3$의 질산용액 및 미량의 아질산과 가열	적색
아르지닌	사카구치(Sakaguchin)반응	α-나프톨과 차아염소산나트륨	적색
트립토판	홉킨스-콜(Hopkin-Cole)반응	글라이옥실산의 진한 황산용액	자색
시스테인	설리반(Sullivan)반응	Na-1,2-나프토퀴논-4-설폰산과 Na-하이드로설파이트	적색
히스티딘 타이로신	파울리(Pauly)반응	다이아조타이즈드설파닐산의 염기용액	적색

III. 단백질의 분리/정제 및 아미노산 서열 결정법

천연물 중에서 순수한 단백질을 추출하여 정제하는 과정은 여러 단계에 걸쳐 진행되는데, 단백질을 추출하고 분리/정제하는 데 있어서는 단백질의 물리적·화학적 성질을 이용한 여러 가지 방법들이 사용되고 있다. 그러나 실제로 현장에서 천연물 중의 단백질을 추출하고 분리할 때는 일반적으로 '단백질 추출과정'과 '단백질 정제과정'의 두 단계로 구분하여 진행하고 있다.

1. 단백질 추출

단백질을 천연물 내에서 추출해 내는 방법은 대상이 되는 천연물의 종류에 따라 다르다. 즉, 식물이나 동물에서 단백질을 추출해 내는 방법과 미생물에서 단백질을 추출하는 방법이 서로 다르지만 여기에서는 일반적으로 적용되는 방법에 대하여 살펴보고자 한다.

1) 세포의 파괴

단백질을 추출하기 위해서는 먼저 세포를 파괴해야 하는데, 이때 다음의 방법들이 널리 이용된다.

(1) 기계적 방법

재료를 완충액과 함께 넣고 볼밀(ball mill) 등을 사용하여 마쇄한다. 이때 재료에 따라 세포벽의 강도가 현저한 차이를 보일 수 있으므로 적절한 보조제를 사용하기도 한다.

(2) 효소처리 방법

미생물체로부터 단백질을 추출해 낼 경우에는 라이소자임(lysozyme)과 같은 효소로 세포벽을 소화시키면 원형질막이 삼투압 차이에 의해 파괴되므로 세포 내용물을 추출해 낼 수 있다.

(3) 초음파 처리법

초음파를 세포에 조사하여 세포를 파괴하는 방법인데, 미생물 세포를 파괴시키거나 과립체 안에 함유되어 있는 효소를 가용화하는 수단으로 주로 이용되고 있다.

(4) 고압법

밀폐용기 중에 시료를 넣고 900 psi 이상의 고압을 가하여 세포벽을 파괴하는 방법이다.

(5) 화학적 추출법

세포 내의 가용성 단백질은 적당한 pH를 지닌 수용액으로 추출할 수 있다. 즉, 산성에서 안정한 효소를 0.25 N 황산용액으로 추출하거나 또는 막에 결합된 단백질을 가용화하기 위해서 pH 8~11로 pH를 조절하여 추출하는 방법 등이 있다.

2) 예비정제

이상의 방법들로 세포를 파괴한 후에는 예비 분별조작을 거쳐서 정제과정을 진행한다. 세포 파쇄액 중에는 세포액 이외에도 여러 가지의 세포 구성물질들이 현탁되어 존재하는데, 이들 성분들은 원심분리를 이용하여 분별할 수 있다. 고속회전에 의한 원심력이 작동하는 분리관 내에서 입자의 침강속도는 시료의 점도나 물리적 특성 등에 영향을 받게 되지만, 다른 조건이 동일할 때에는 시료 입자의 크기(혹은 분자량) 차이나 용액과 입자의 밀도 차이에 비례하여 차이를 나타나게 된다. 그 결과 시료 내 성분들은 각 입자의 밀도차에 의해 층을 형성하기도 한다.

원심분리는 분리 방법에 따라 크게 두 가지 종류로 나누어지는데, 첫째 편차 원심분리(differential centrifugation)는 원심분리 후 상징액과 침전물로 시료가 분리되는 것을 말한다. 원심분리를 할 때 가장 큰 입자가 먼저 침전되고 질량과 밀도가 같을 때는 보다 구형의 입자가 비대칭형 입자보다 빨리 침전된다. 편차 원심분리는 크기 차이뿐 아니라 같은 질량의 밀도가 큰 입자와 작은 입자를 분리할 수도 있다. 이러한 특성은 크기는 비슷하지만 밀도가 다른 입자를 분리하는 데 있어 매우 유용하다. 편차 원심분리는 물질의 분리에 소요되는 시간이 매우 짧고 분리 매질이 간단하며 비용이 적게 드는 장점 때문에 실험실이나 산업현장에서 일반적으로 많이 이용되고 있다.

두 번째, 밀도 기울기 원심분리(density gradient centrifugation) 방법은 밀도 경사가 있는 매질에서 시료를 원심분리하는 방법으로서 입자성분이 부분적으로 혹은 완전하게 분리되는 것이 특징이다. 용액의 밀도는 튜브 아래로 내려갈수록 증가하기 때문에 원심분리 중의 대류(convection)에 의한 혼합을 방지할 수 있다. 밀도 기울기 원심분리에는 속도침강 원심분리와 등밀도 원심분리의 두 가지 형태가 있다. 속도 침강 원심분리(rate-zonal centrifugation)는 밀도기울기(density gradient)를 이용한 방법으로 크기가 다른 입자가 동시에 침전하는 문제점을 극복할 수 있으므로 크기가 확실한 단백질, RNA, 리보솜 등의 분리에 이상적으로 활용할 수 있다. 등밀도 원심분리(isopycnic centrifugation)는 밀도에 기초하여 입자를 순수하게 분리하는 방법으로 이때 입자의 크기는 입자의 등밀도 위치에 도달하는 속도에만 영향을 주게 된다.

2. 단백질의 정제법

단백질을 추출 및 가용화한 다음에는 단백질의 정제방법에 따라 정제를 진행해야 한다. 단백질이 지니고 있는 고유한 성질에 따라 여러 가지 다양한 정제법이 적용될 수 있는데, 이들 방법 중에서 실제로 단백질 정제과정에 널리 사용되고 있는 몇 가지 방법의 원리를 살펴보도록 하겠다.

1) 염석법(salting-out method)

염석법은 단백질 추출액에 다량의 염류를 가하여 용해도를 감소시키면 단백질이 침전되는 현상을 이용하는 정제방법이다. 이때 단백질마다 침전되는 염 농도가 다르므로 염 농도를 점차 증가시켜가면서 분별침전을 얻을 수 있다. 이 방법으로 얻은 단백질 침전물에는 대개 2~3개의 단백질이 섞여 있는 혼합물로 존재한다. 따라서 이후에 또 다른 방법으로 정제를 해야 한다는 불편함이 따르지만 쉽게 단백질을 회수할 수 있다는 장점이 있어 단백질 정제과정의 초기 단계에 널리 이용되고 있다.

2) 유기용매에 의한 침전법

에탄올, 아세톤 등과 같은 유기용매를 단백질 용액에 가하여 단백질을 침전시킴으로써 분리/정제하는 방법이다. 이때 사용하는 유기용매의 종류 및 농도에 따라 침전되는 단백질의 종류가 다르므로 목적하는 단백질을 함유하는 침전물을 다량 모을 수 있기 때문에 이후에 이어지는 정제과정의 수고를 덜 수 있게 한다.

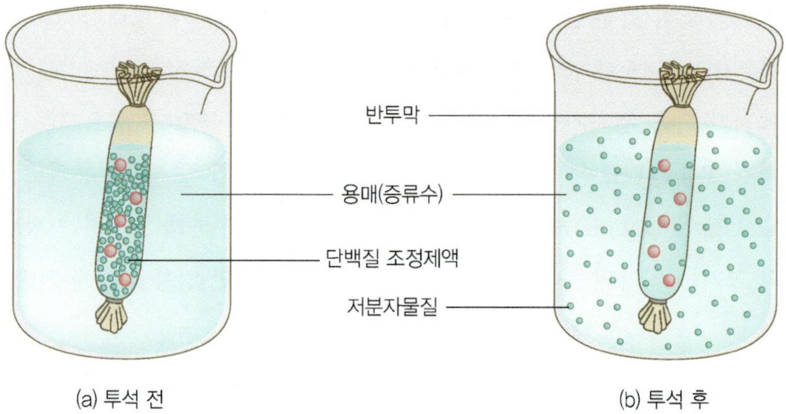

그림 4 단백질 용액의 투석

3) 투석(dialysis)

투석은 그림 4와 같이 무기염류나 저분자물질은 통과할 수 있으나 단백질이나 고분자물질은 투과하지 못하는 성질을 지닌 반투막을 사용하여 단백질의 조정제액으로부터 무기염류 등의 저분자물질을 제거하는 정제 방법을 말한다.

4) 컬럼 크로마토그래피

원통형의 관(column)에 충진제를 채우고 단백질을 포함하고 있는 혼합물을 이 관에 흘려보내면서 정제하는 방법으로서 이때 충진제와 단백질 사이의 상호작용 차이에 따라서 단백질이 분리/정제된다. 일반적으로는 이온교환방식, 흡착방식, 여과방식, 친화작용방식 등의 원리를 활용한 컬럼 크로마토그래피가 널리 사용되고 있다.

(1) 이온교환 크로마토그래피(ion-exchange chromatography)

이온교환 크로마토그래피는 혼합물 속에 함유된 각 아미노산이나 단백질을 분리/정제할 때 가장 널리 이용되는 방법이다. 이 방법은 각 단백질마다 아미노산 조성이 달라서 일정 pH에서 나타내는 표면 전하가 각기 다르므로 전해질 고분자물질로 충진되어 있는 컬럼을 통과하는 과정에서 이들 단백질이 지니고 있는 전하와 충진제 이온 사이의 상호작용에 따라 분획이 일어나는 원리를 적용한다. 이때 표면 전하가 양(+) 전하를 띤 단백질은 CM-셀룰로스(CMC)와 같은 음이온을 띠는 수지에 결합하게 되고 음(-) 전하를 가지는 단백질은 컬럼 밖으로 용출된다. 반대로 양(+) 이온을 띠고 있는 DEAE-셀룰로스와 같은 양이온 수지는 표면 전하가 음(-) 전하인 단백질을 결합시킨다. 이때 수지에 결합된 단백질은 이온강도가 큰 용액으로 용출시키면 분리해 낼 수 있다.

(2) 젤 여과 크로마토그래피(gel-filtration chromatography)

이 방법은 단백질 분자 크기의 차이에 따라 단백질을 분리하는 방식으로, 가교한 덱스트란 젤이나 폴리아크릴아마이드 젤 등의 작은 입자가 채워진 관에 시료를 통과시키면 충진제 내부의 체 구멍보다 큰 지름을 가진 단백질 분자는 충진제 내부로 확산되지 않은 채 그냥 유출되고, 체 구멍을 통과할 수 있는 작은 분자는 충진제 안으로 확산되어 통과되므로 관 안에서 체류하는 시간이 길어진다(그림 5). 따라서 이 체류시간의 차이를 이용하여 단백질을 분자량에 따라 분리하는 정제 방법이다.

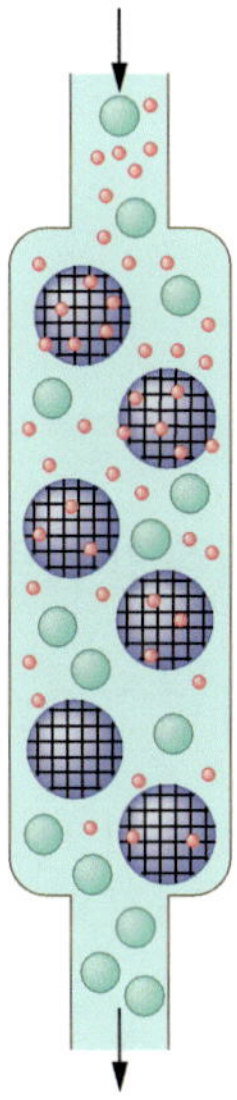

그림 5 젤 여과 크로마토그래피

(3) 친화 크로마토그래피(affinity chromatography)

단백질이 특정한 물질과 강한 친화력에 의해 선택적으로 결합하는 성질을 이용하여 분리/정제하는 방법이다. 예를 들면, 효소 단백질의 경우 그 기질이나 보조효소 분자와 결합하는 성질을 지니고 있는데, 이러한 보조효소 유도체가 결합된 컬럼에 단백질 용액을 통과시키면 이 보조효소와 결합하는 효소만을 따로 분리할 수 있게 된다.

5) 전기영동(electrophoresis)

일정한 pH값을 나타내는 완충용액 중에 용해되어 있는 단백질에 직류 전류를 가하게 되면 단백질은 표면 전하에 따라 양극 또는 음극으로 이동하게 된다. 이때 단백질의 전하량 또는 분자의 크기에 따라서 이동하는 속도에 차이가 나타나는 성질을 이용하여 단백질을 분리/정제할 수 있다(그림 6). 이때 단백질을 여과지, 전분, 아가로스 등의 다당류 젤이나 폴리아크릴아미드 젤 등과 같은 담체를 통해 전기영동하게 되면 밴드를 형성하여 분리되므로 분리/정제 조작이 간편해진다.

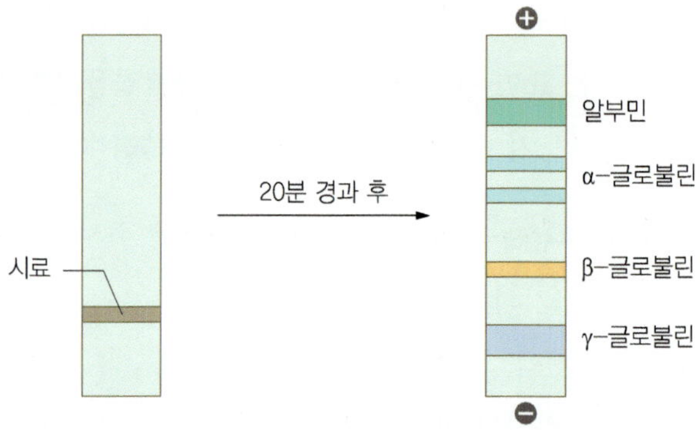

그림 6 전기영동에 의한 혈청알부민 단백질의 분리

3. 단백질의 총량 분석법

1) 뷰렛법(Biuret test)

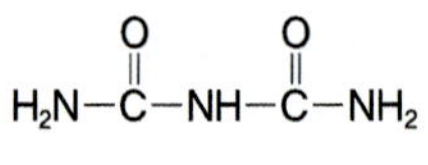

뷰렛의 구조식

두 개 이상의 펩타이드결합을 지니고 있는 화합물들은 알칼리 용액에서 황산구리($CuSO_4$)로 처리하면 자주색을 띠는 물질을 생성한다. 이 색은 구리원자와 두 개의 펩타이드에 포함된 4개의 질소원자들 사이에서 킬레이트가 생성됨으로써 생기는 반응이다(그림 7). 이렇게 해서 생성된 킬레이트는 분광광도계를 이용하여 흡광도를 측정함으로써 단백질의 양을 정량할 수 있다. 물론 분광광도계를 사용하는 다른 모든 실험과 마찬가지로 정량을 위해서는 단백질 표준용액을 미리 제조하여 정량곡선을 그려서 정량하는 방법을 사용한다. 뷰렛법은 보통 1~10 mg의 단백질을 정량할 수 있지만 미량 뷰렛법은 약 0.25~2.0까지도 정량할 수 있는 감도를 가진다.

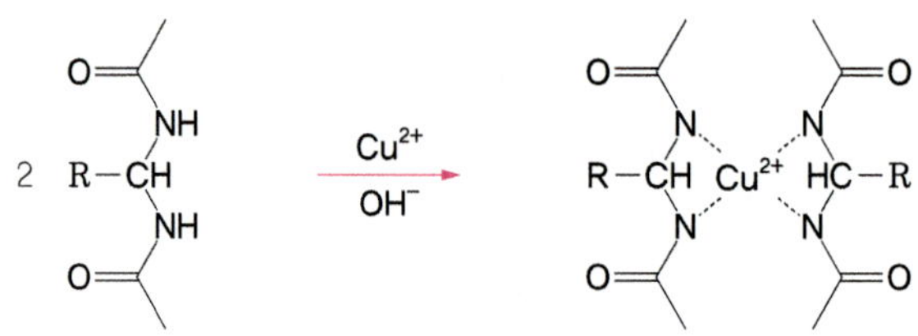

그림 7 뷰렛과 펩타이드가 생성하는 킬레이트

2) 로리법(Lowry test)

로리법은 용액에 있는 단백질뿐만 아니라 건조된 시료에도 이용될 수 있다. 특히, 이 정량방법은 5 μm/mL 정도의 단백질도 정량할 수 있는 대단히 민감한 방법이어서 널리 사용되고 있다. 로리법에 사용하는 폴린(folin) 시약은 뷰렛법과 마찬가지로 단백질과 황산구리의 반응에 의한 것과 포스포몰리브덴산-포스포텅스텐산 염들이 단백질 중의 타이로신과 트립토판에 의해 환원됨으로써 생긴다. 물론 이 두 아미노산의 함량은 단백질의 종류에 따라서 상당히 다르므로 다른 단백질을 정량할 때는 1 mg의 단백질에 대한 색의 세기가 일정하지는 않으며 표준곡선을 결정하는 데 사용된 단백질이 나타내는 색의 세기와 다를 가능성이 있다. 이 방법은 단백질을 정제하는 과정에 있어서 단백질의 함량 변화를 측정하는 데 매우 유용하게 사용하는 방법이다.

3) UV 흡광도 측정법

타이로신, 페닐알라닌, 트립토판 등의 방향성 아미노산은 각각 275 nm와 280 nm의 UV 광을 흡수하는 성질을 지니고 있다. 많은 단백질들에 있어서 이들 아미노산의 함유량 수준은 거의 일정하므로 단백질의 농도는 280 nm에서의 흡광도에 비례하게 된다. 순수한 단백질의 경우 단백질의 농도가 1 mg/mL이고 자외선이 통과하는 경로가 1 cm일 때 280 nm에서의 흡광도는 1.0이다. 따라서 대부분의 순수한 단백질의 농도는 280 nm에서의 흡광도를 측정함으로써 신속히 결정할 수 있다. 이 방법은 정량 방법이 간단하고 정량한 다음에 단백질을 완전히 회수하여 다시 활용할 수 있다는 장점이 있다.

4. 단백질의 아미노산 서열 결정법

정제된 단백질의 아미노산 서열을 결정하기 위해서는 먼저 단백질의 분자량을 파악하고 구성 아미노산의 종류와 아미노산 조성을 분석해야 한다. 일단 아미노산 조성이 확인되면 다음 단계는 단백질을 저분자 펩타이드로 분해하고, 이들 펩타이드 조각의 아미노산 조성을 분석한 후 종합하여 단백질 중의 전체 아미노산 서열을 결정한다(그림 8).

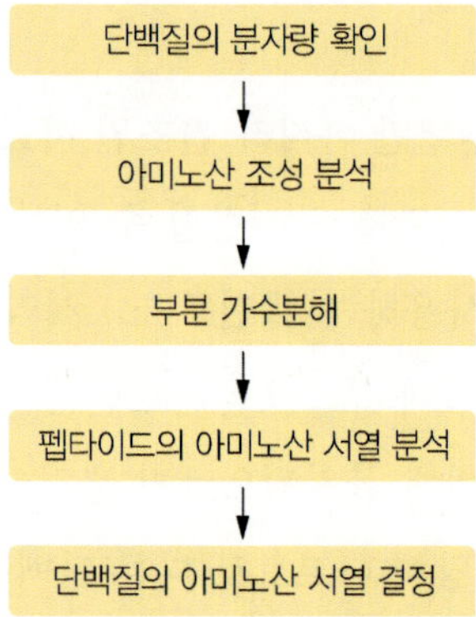

그림 8 단백질의 아미노산 서열 결정 절차

1) N-말단 결정법

(1) 생거법

N-말단 결정법 중에서 가장 고전적인 방법으로는 생거(Sanger)가 개발한 DNFB법이 있다. DNFB는 펩타이드의 아미노기와 반응하는데, 이때 형성된 DNP-펩타이드를 6N 염산으로 가수분해하면 N-말단 아미노산이 DNP-아미노산으로 분리된다(그림 9). 이들 DNP-아미노산은 360 nm 부근에서 흡광 특성을 나타내므로 표준물질과 비교하여 비색 정량할 수 있다.

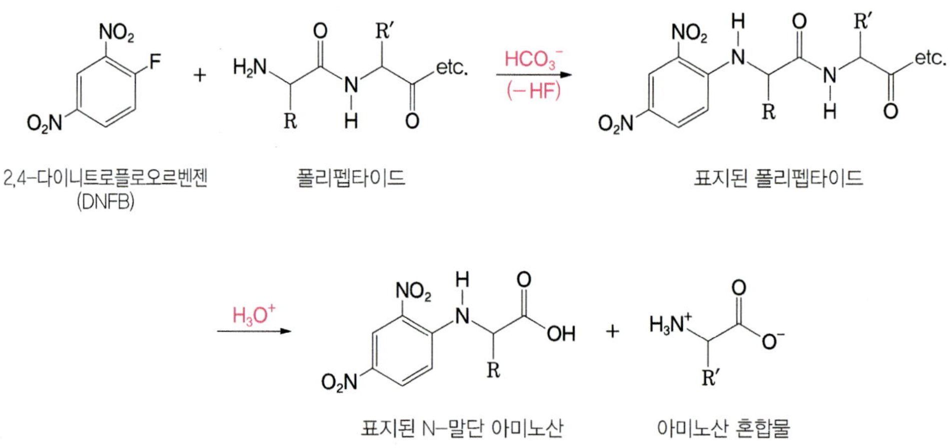

그림 9 생거법에 의한 N-말단 결정법

(2) 염화단실법

생거법과 마찬가지로 N-말단 아미노기를 표지물질과 반응시켜 유도체를 형성하는 방법인데, 이때 표지물질로서 염화단실(dansyl chloride)을 사용하여 유도체를 형성시킨 다음 이를 가수분해할 때 형성되는 아미노산 유도체를 정량하는 방법이다. 단실 유도체는 DNP 유도체보다 감도가 매우 높은 장점을 지니고 있다.

(3) 에드먼법

에드먼(Edman)이 고안한 방법으로 펩타이드를 PTC(phenyisothiocyanate)와 반응시켜 N-말단이 티오카브아밀화된 PTC-펩타이드를 형성시키고 이것을 3N 염산으로 가수분해하면 N-말단 아미노산이 분해되어 PTH(phenylthiohydartoin) 유도체를 형성하는데, 이를 이용하여 N-말단 아미노산을 정성 및 정량분석하는 방법이다(그림 10). 이 방법은 반응 후 남은 다음 잔기에도 계속해서 반응을 진행시켜 펩타이드 전체의 아미노산 배열 순서를 쉽게 확인할 수 있는 장점을 지니고 있다.

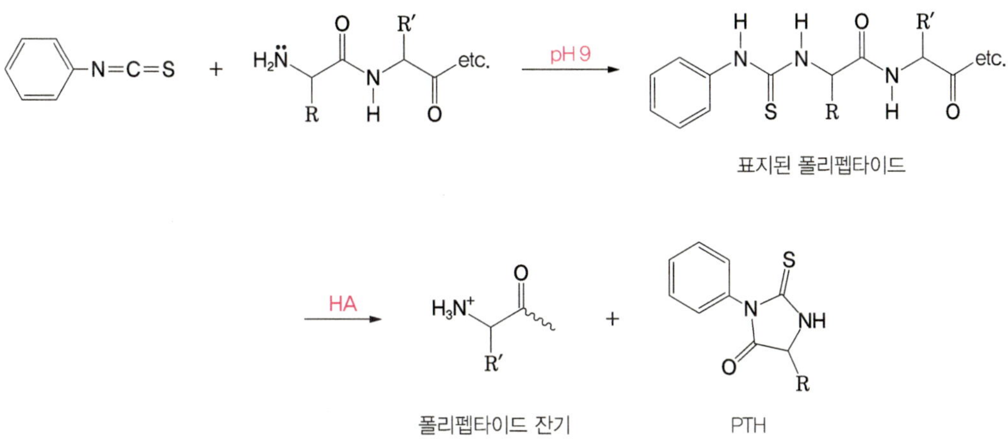

그림 10 에드먼법에 의한 N-말단 결정법

2) C-말단 결정법

(1) 히드라진 분해법

이 방법은 아카보리(Akabori)가 개발한 방법으로 펩타이드를 무수 히드라진에 넣고 가열분해시키면 C-말단 이외의 카복실기는 히드라자이드를 형성하고 C-말단 아미노산은 유리 아미노산으로 분해되어 분리되므로 이를 분리 동정하는 방법이다.

(2) 카복시펩티데이스법

카복시펩티데이스가 펩타이드의 C-말단으로부터 순차적으로 아미노산을 가수분해하는 성질을 이용하여 순차적으로 펩타이드를 가수분해시킨 다음, 생성된 아미노산을 차례로 동정하여 C-말단 부근의 아미노산을 결정하는 방법이다.

IV. 혈액

혈액(blood)은 각 조직에 산소와 영양물질을 공급하고 물질대사에서 발생하는 노폐물을 운반하여 체외로 배출되도록 하며 다음과 같이 생체의 내부 환경을 조절하는 역할을 하고 있다.

① 폐에서 체 조직으로 산소를 운반하고 조직으로부터 이산화탄소를 폐로 운반하는 호흡기능
② 흡수된 영양분을 수송하고 대사 노폐물을 체외로 배출하는 영양 조절 기능
③ 체내의 산-염기 평형을 이루며 호르몬을 운반하여 대사를 조절하는 기능
④ 수분대사를 조절하여 체온을 유지하는 기능
⑤ 혈액 항체에 의한 생체 방어기능 등

여기에서는 혈액의 조성과 생화학적 기능과 관련된 몇 가지 내용에 대하여 살펴보고자 한다.

1. 혈액의 구성

혈액은 액체로 되어 있는 혈장과 고형성분을 이루고 있는 적혈구, 백혈구, 혈소판 등으로 구성되어 있으며 체중의 약 8%를 차지하고 있다.

1) 적혈구

적혈구(erythrocyte, RBC)는 핵이 없는 원판 모양의 세포로서 색소 단백질인 헤모글로빈(hemoglobin)을 함유하고 있다. 적혈구의 평균 수명은 약 120일이며 매일 2,000억

개의 새로운 적혈구가 골수에서 만들어지고 있다. 수명을 다한 적혈구는 간이나 비장에서 파괴되며 이때 헤모글로빈은 담즙의 구성성분인 빌리루빈 색소가 되어 장으로 배설된다.

2) 백혈구

백혈구(leucocyte, WBC)는 적혈구보다 크고 핵을 지니고 있으며 과립성의 호중구, 호산구, 호염기구와 비과립구인 림프구와 단핵구의 총 다섯 가지 종류가 있다. 백혈구는 세균이 침입하면 식균작용을 통해 신체를 감염으로부터 보호하는 역할을 한다.

3) 혈소판

혈소판은 혈관이 상처를 입어 출혈이 생길 경우에 지혈작용을 하는 역할을 한다.

4) 혈장

혈장은 약 90%가 물로 이루어져 있으며 7% 정도의 단백질과 무기염류, 영양분 및 노폐물 등으로 구성되어 있다. 혈장 안에 함유된 주요 단백질 성분으로는 혈청 알부민, 글로불린, 피브리노겐 등이 있다(표 4).

표 4 혈액의 화학성분

성분		함유량
단백질	총단백질	6,500~8,000 mg/dL
	혈청 알부민	3,500~5,500 mg/dL
	혈청 글로불린	1,500~3,000 mg/dL
	혈장 피브리노겐	200~600 mg/dL
	헤모글로빈(혈액)	14,000~18,000 mg/dL(남) 12,000~16,000 mg/dL(여)
당질	혈중 포도당(혈액)(Folin)	80~120 mg/dL
	혈중 포도당(혈액)(true)	60~100 mg/dL

(계속)

성분		함유량
지질	총지질	500~600 mg/dL
	중성지질(혈청)	<165 mg/dL
	인지질(혈청)	145~200 mg/dL
	콜레스테롤(혈청)	150~280 mg/dL
	카로티노이드(혈청)	50~300 μg/dL
	케톤체(혈장)	0.3~2.0 mg/dL
	젖산(혈액)	동맥혈 : 0.36~0.75 mmol/L
		정맥혈 : 0.5~1.3 mmol/L
	피루브산(혈액)	0.7~2.0 mg/dL
무기질	Na(혈청)	310~340 mg/dL
	K(혈청)	14~20 mg/dL
	Ca(혈청)	9~10.6 mg/dL
	Mg(혈청)	1~3 mg/dL
	I_2(BEI, 혈청)	3.0~6.5 mg/dL
	I_2(단백질 결합성, 혈청)	4~8 μg/dL
	Fe(혈청)	남성 : 60~150 μg/dL
		여성 : 50~130 μg/dL
	염화물(혈청)	350~375 mg/dL
	Cu(혈청)	100~200 μg/dL
	P(혈청)	3.0~4.5 mg/dL
	황산염(혈장 또는 혈청)	0.5~1.5 meg/dL
비타민	A(혈청)	24~60 μg/dL
	B_1(혈청)	5~14 μg/dL
	C	혈장 : 0.4~1.5 mg/dL(절식)
		백혈구 : 25~40 mg/dL
	D(혈청)	1.5~4.5 μg/dL
	E(혈청)	0.9~1.9 mg/dL
비단백질성 질소화합물	NPN(혈청 또는 혈액)	15~35 mg/dL
	요소질소(혈청 또는 혈액)	8~20 mg/dL
	크레아틴(혈청)	남성 : 0.6~1.2 mg/dL
		여성 : 0.5~1.0 mg/dL

(계속)

성분		함유량
비단백질성 질소화합물	크레아티닌(혈장)	2.0~6.0 mg/dL
	아미노산질소(혈장)	3.0~5.5 mg/dL
	글루타민(혈장)	5~12 mg/dL
	요산 (혈청)	남성 : 3.5~7.2 mg/dL
		여성 : 2.6~6.0 mg/dL

2. 혈액과 호흡

조직이 정상적인 대사과정을 수행하려면 지속적으로 산소를 공급받고 대사과정에서 발생하는 이산화탄소를 조직으로부터 제거해 주어야 한다. 폐로부터 공급되는 산소는 적혈구에 있는 헤모글로빈을 통해 조직으로 수송된다. 헤모글로빈이 산소와 결합하는 산소포화곡선은 S자형 곡선을 나타내는데(그림 11), 이때 산소와 결합하는 성질은 산소 분압과 밀접한 관련이 있다. 즉, 산소 분압이 높은 폐에서는 헤모글로빈이 산소와

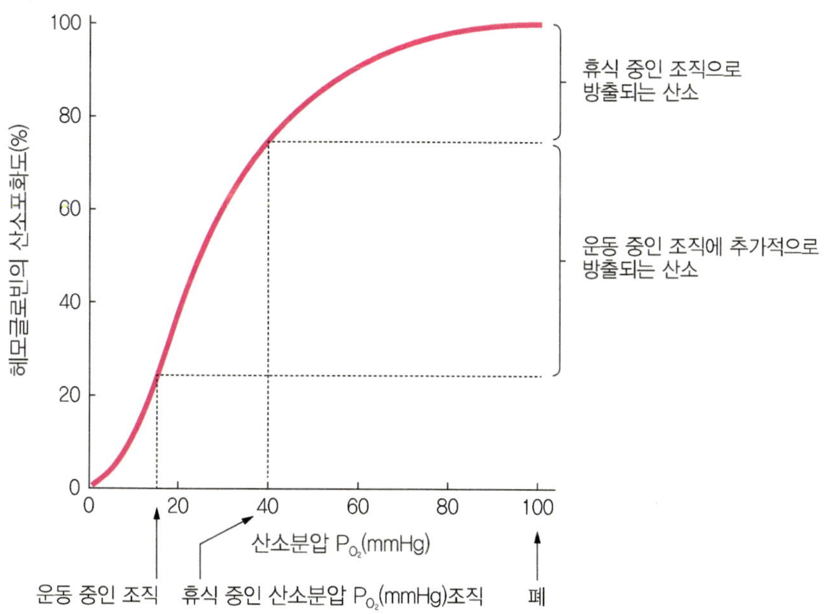

그림 11 헤모글로빈의 산소 포화곡선

결합하여 산화형(HbO_2^-)이 되고 산소 분압이 낮은 조직에서는 산소를 쉽게 방출하여 환원형(HHb)이 된다.

$$HHb + O_2 \rightleftharpoons HbO_2^- + H^+$$

조직에서 이산화탄소의 농도가 높아 수소이온 농도가 높아지면, 즉 pH가 낮아지면 헤모글로빈은 산소결합력이 낮아져 조직에 산소를 방출하게 만든다.

한편, 대사과정에서 생성된 이산화탄소는 적혈구에 녹아 들어가 중탄산염을 형성한다.

$$CO_2 + H_2O \rightleftharpoons H_2CO_3 \rightleftharpoons HCO_3^- + H^+$$

중탄산염은 폐로 운반되어 이곳에서 헤모글로빈이 산화될 때 방출되는 수소이온과 결합하여 탄산(H_2CO_3)을 형성하고 이어서 이산화탄소를 유리하여 호흡으로 배출하게 된다.

3. 혈액의 응고

혈액의 응고는 일련의 반응을 거쳐 용해되어 있던 혈장 피브리노젠이 불용성의 피브린으로 전환될 때 나타난다. 피브린은 섬유상을 이루고 있는데, 서로 달라붙으면서 덩어리를 형성하고 여기에 적혈구가 달라붙어 덩어리(혈병)를 형성하면 지혈이 되는 것이다. 지혈은 세 가지 메커니즘으로 진행되는데, 즉 혈관 수축, 혈소판 마개 형성, 혈액의 응고과정을 거치게 된다(그림 12). 혈관 수축은 손상 부위에서 즉시 나타나 출혈을 줄여주고 혈소판을 응집하여 손상된 모세혈관에 마개를 형성한다. 이때 프로스타글란딘과 트롬복신이 관여된다.

4. 혈액과 산 염기 평형

혈액의 pH는 7.35~7.45로 일정한 값을 유지하고 있는데(표 5), pH 값이 ±0.2~0.4 정도만 변화해도 인체에 매우 심각한 결과를 초래하게 된다. 이와 같이 혈액의 pH를 일정하게 유지시키는 데 있어서는 몇 가지 완충계가 작동하고 있는데, 주요한 완충계로는 중탄산염 완충계, 헤모글로빈 완충계, 인산 완충계 등이 있다. 이 중 여기에서는

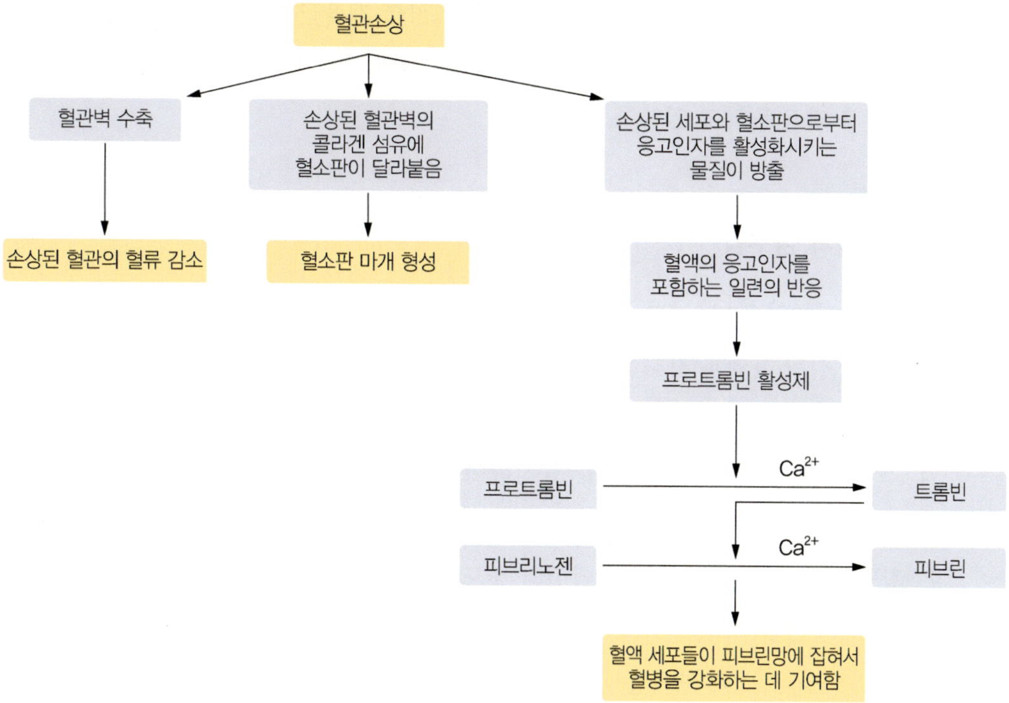

그림 12 **혈액응고와 지혈에 관련된 메커니즘**

중탄산염 완충계에 대해서만 살펴보고자 한다.

이미 살펴본 바와 같이 혈액에서 이산화탄소는 물에 녹아 탄산을 형성하고 탄산은 중탄산이온과 수소이온으로 해리되는 평형관계를 이룬다.

$$CO_2 + H_2O \rightleftharpoons H_2CO_3 \rightleftharpoons HCO_3^- + H^+$$

폐와 신장은 대사의 종말 산물이 되는 수소이온과 이산화탄소 농도를 조절하여 완충작용에 중요한 역할을 하고 있다. 만일 체액의 pH가 낮아져 반응이 왼쪽으로 치우치면 폐에서 호흡 수를 증가시켜 이산화탄소 배출량을 증가시키고 반대로 pH가 높아지는 경우는 호흡 수를 감소시켜 반응을 오른쪽으로 이동시켜 수소이온농도의 균형을 맞추게 된다. 화학적 완충계는 일시적으로 과도한 산이나 염기와 결합하지만 이들을 체내에서 완전히 제거시키지는 못한다. 폐에서는 이산화탄소를 제거하여 탄산을 제거할 수 있지만 다른 형태의 산(인산, 요산, 유산, 케톤체 등)이나 혈중의 염기성 물질은 단지 신장을 통해서만 제거가 가능하다. 신장에서는 재흡수되거나 새로 생성되는 중탄산이온이나 수소이온의 배출량을 조절하여 혈액의 수소이온농도가 일정하게 유지되도록 완충 작용을 하고 있다.

5. 혈액과 삼투압

혈액의 삼투압은 289 mOsm/kg·water로서 0.9% 생리적 식염수, 5% 포도당 용액 또는 0.25M 설탕 용액과 같다. 혈장과 조직액은 각각이 함유하고 있는 단백질농도 및 염류의 농도에 의하여 일정한 삼투압 차이를 유지하고 있는데, 혈장이 조직액에 비하여 약 15 mmHg 정도 높은 삼투압을 유지하여 수분이나 용해된 물질을 조직에서 혈관 중으로 흡인하는 효과를 나타낸다. 단백질 섭취가 부족하거나 신장염, 신증후군 등과 같은 질병이 원인이 되어 혈장 단백질의 농도가 감소하면 혈장의 삼투압이 감소하여 수분이 조직 쪽으로 이동하여 조직이 부풀어 오르는데, 이를 부종이라고 한다. 또 부종은 열상 및 동상 등으로 모세혈관의 투과성이 증대하여 조직 단백질이 증가하거나 심장질환으로 정맥 혈압이 증가하여 조직액의 흡수가 방해될 때도 발생할 수 있다.

표 5 체액의 임상화학적 수치

물질명	체액	농도
혈액 pH	혈액(동맥)	7.35~7.45
혈액용량	총혈액(성인)	60~70 mL/kg
단백질(전기영동결과)	혈청	알부민 : 총량의 52~67%
		α_1-글로불린 : 총량의 2.4~4.6%
		α_2-글로불린 : 총량의 6.6~13.6%
		β-글로불린 : 총량의 9.1~14.7%
		γ-글로불린 : 총량의 9.0~20.6%
산소용량	총혈액(동맥혈액)	1.34 mL/g m Hb
산소분압	총혈액(동맥혈액)	12~40yr : 83~108 mmHg
		40~80yr : 72~104 mmHg
이산화탄소(총 CO_2)	동맥혈액	19~25 mmol/L
	정맥혈액	22~27mmol/L
이산화탄소분압(P_{CO_2})	동맥혈액	35~45 mmHg
	정맥혈액	38~50 mmHg
중탄산염(HCO_3^-)	동맥혈액	21~28 mmol/L
	정맥혈액	22~29 mmol/L
위액	위액	총산량 : 10~50 mmol/L
		pH : 1.5~3.5
		용적 : 20~100 mL
담즙산염	분변(24h)	0.8 g/일
아밀레이스	혈청	15~90 U/L
크레아틴 키네이스(CK or CPK)	혈청	남성 : 12~65 U/L
		여성 : 10~50 U/L
젖산 탈수소효소(LDH)	혈청	85~190 U/L
라이페이스	혈청	28~280 U/L
산성 포스파테이스	혈청	남성 : 2.5~11.7 U/L
		전립선 분획 : 0.2~5.0 U/L
		여성 : 0.3~9.2 U/L
알칼리성 포스파테이스	혈청	성인 : 25~95 U/L
		어린이 : 20~150 U/L

(계속)

물질명	체액	농도
에피네프린	혈장	18~26 ng/100 mL
에스트로젠(총량)	소변(24h)	남성 : 5~18 μg/일 여성 : (a) 불임신 배란전기 : 4~25 μg/일 배란기 : 28~99 μg/일 황체기 : 22~105 μg/일 (b) 임신 : 45,000 μg/일 이상 (c) 폐경 후 : 1.4~19.6 μg/일 성인 : <6 g/일
난포자극호르몬(FSH)	혈장(여성)	폐경직전 : 4~30 mLU/L
인슐린	혈장(절식)	4~24 μIU/L
프로제스테론	혈장(여자)	(a) 난포기 : 40~60 ng/100 mL
프로제스테론	혈장(여자)	(b) 황체기 : 1,000~2,000 ng/100 mL
프로제스테론	혈장(여자)	(c) 임신 중 9~32주에 증가
테스토스테론	혈장	남성 : 500~860 ng/100 mL
테스토스테론	혈장	여성 : 26~54 ng/100 mL
티록신(T_4)	혈청	4.4~10.7 μg/100 mL
소변 용량		남성 : 800~1,800 mL/일
소변 용량		여성 : 600~1,600 mL/일
요소	소변(24h)	12~20 g/일
단백질	소변(24h)	50~100 mg/일
암모니아성 질소	혈청	40~80 μg/100 mL
암모니아성 질소	소변(24h)	500~1,200 mg/일
지방질	분변(24h)	남성 : 40~160 mg/100 mL

V. 기타

표 6 미터(Meta)법의 십진 단위

배수	접두어	기호	예
10^9	기가(giga)	G	
10^6	메가(mega)	M	
10^3	킬로(kilo)	K	Km
10^2	헥토(hecto)	h	
10^1	데카(deca)	da	
1			m
10^{-1}	데시(deci)	d	
10^{-2}	센티(centi)	c	cm
10^{-3}	밀리(milli)	m	mm
10^{-6}	마이크로(micro)	μ	μm
10^{-9}	나노(nano)	n	nm
10^{-10}	옹스트롬(angstrom)	Å	$=10^{-8}$ cm

표 7 희립문자

발음	대문자	소문자	발음	대문자	소문자
알파(Alpha)	A	α	누(Nu)	N	ν
베타(Beta)	B	β	싸이(Xi)	Ξ	ξ
감마 (Gamma)	Γ	γ	오미크론 (Omicron)	O	o
델타(Delta)	Δ	δ	피(Pi)	Π	π
엡실론(Epsilon)	E	ε	로(Rho)	P	ρ
제타(Zeta)	Z	ζ	시그마(Sigma)	Σ	σ
에타(Eta)	H	η	타우(Tau)	T	τ
세타(Theta)	Θ	θ	윕실론(Upsilon)	Y	υ
아이오타(Iota)	I	ι	파이(Phi)	Φ	φ
카파(Kappa)	K	κ	카이(Chi)	X	χ
람다(Lambda)	Λ	λ	프사이(Psi)	Ψ	ψ
무(Mu)	M	μ	오메가(Omega)	Ω	ω

참고문헌

국내문헌

권한영 외 8인(2009). **생화학**. 제12판. 정문각.

김나현 외 7인(2012). **생명과학을 위한 생화학**. 제2개정판. 지구문화사.

유민(2011). **포스트게놈 시대의 전문인을 위한 유전학**. 월드사이언스.

국외문헌

Akoh, C. C. & Min, D. B. Ed.(2002). ***Food Lipids***, 2nd edition. Marcel Kekker, Inc. USA.

Campbell, M. K. & Farrell, S. O.(2012). ***Biochemistry***, 7th edition. Brooks/Cole, Cengage Learning. International Edition.

David P. Clark, Lonnie Dee Russell,(2005). ***Molecular Biology made simple and fun***, 3th edition. Walker Books, Limited.

Lehninger, A. L., Nelson, D. L. & Cox, M. M.(1993). ***Principles of Biochemistry***, 2nd edition, Worth Publishers. Seoul Foreign Books Publishers Co., LTD.

McKee, T. & McKee, J. R.(2003). ***Biochemistry: The Molecular Basis of Life***, 3rd edition. McGraw-Hill Education, USA.

Murray, R. K., Granner, D. K., Mayes, P. A. & Rodwell, V. W.(2000). ***Harper's Biochemistry***, 25th edition. McGraw-Hill Lange Medical Publications, Stamford, Connecticut, USA.

Nelson, D. L. & Cox, M. M.(2007). ***Lehninger Principles of Biochemistry***, 5th edition. W. H. Freeman and Company, New York, USA.

Potter, N. N. & Hotchkiss, J. H.(1998). ***Food Science***, 5th edition. Aspen Pubishers, Inc. USA.

Pratt, C. W. & Cornely, K.(2004). ***Essential Biochemistry***. John Wiley & Sons, Inc., NJ., USA.

Stryer, L.(1988). ***Biochemistry***, 3rd edition. W. H. Freeman and Company, New York, USA.

Tymoczko, J. L., Berg, J. M. & Stryer, L.(2009). ***Biochemistry: A short Course***. W.H. Freeman and company. USA.

ㄱ

ㄴ

ㄷ

ㄹ

ㅁ

ㅂ

ㅅ

ㅇ

ㅈ

ㅊ

ㅋ

ㅌ

ㅍ

저자소개

이호재

서울대학교 식품공학과 석사
서울대학교 식품공학과 박사
미국 오하이오 주립대학교 박사 後 과정
현재 동의과학대학교 식품과학계열 교수

김나현

전남대학교 석사
전남대학교 박사
현재 광양보건대학교 임상병리과 교수

배지현

이화여자대학원 식품영양학과 석사
미국 펜실베이니아 주립대학교 박사
미국 코넬대학교 미생물학과 연구원
미국 하버드대학교 의과대학 교환교수
현재 계명대학교 식품영양학과 교수

윤기남

한양대학교 생물교육 석사
인천대학교 생명과학과 박사
한양대학교병원 진단검사의학과 근무
현재 안산대학교 임상병리과 조교수

조남철

전남대학교 석사
전남대학교 박사
현재 동강대학교 호텔조리영양학부 교수

최성희

미국 일리노이대학교 석사
미국 일리노이대학교 박사
현재 선문대학교 식품과학과 교수

한인화

서울대학교 식품영양학과 석사
미국 위싱턴 주립대학교 식품영양학과 박사
미국 미네소타대학교 식품영양학과 박사 후 과정
현재 광주여자대학교 식품영양학과 교수

재미있는 생화학

2019년 8월 1일 초판 5쇄 발행
2013년 8월 20일 초판 1쇄 발행

지은이 이호재 · 김나현 · 배지현 · 윤기남
조남철 · 최성희 · 한인화
발행인 이 영 호
발행처 수 학 사
06653 서울특별시 서초구 효령로 263
출판등록 1953년 7월 23일 No.16-10
전화번호 02) 584-4642(代) 팩스 02) 521-1458
http://www.soohaksa.co.kr
디자인 북큐브

Printed in Korea

정가 26,000

ISBN 978-89-7140-406-5 93430